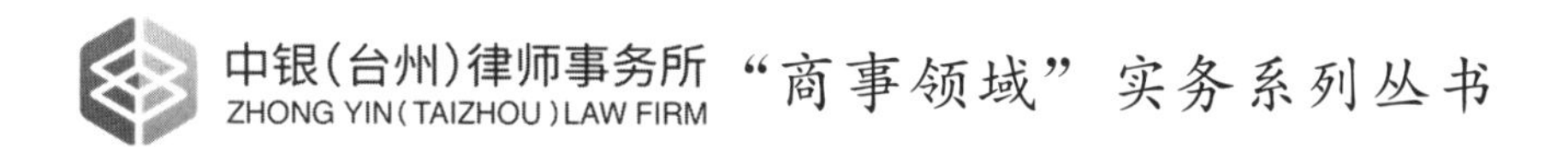

建设工程法律实务热点200问

徐先宝　主　编
黄文刚　潘新国　洪　加　副主编

中国建筑工业出版社

图书在版编目（CIP）数据
建设工程法律实务热点 200 问/徐先宝主编；黄文刚，潘新国，洪加副主编．--北京：中国建筑工业出版社，2024.6．--（“商事领域”实务系列丛书）．
ISBN 978-7-112-30058-7
Ⅰ．D922.297.5
中国国家版本馆 CIP 数据核字第 2024PW2442 号

北京中银（台州）律师事务所深耕建设工程领域十余年，已积累诸多建设工程争议解决法律实务经验，其中大多为重大疑难的典型案件。本书编委会立足于历年实务经验，不断研究建设工程领域热点、难点、高发的法律问题及合规问题，将近年来相关法律问题及建筑企业合规问题的研究成果集结成本书。在体例上，本书分为上、下两篇，形成诉讼与非诉相结合的全景视角；在内容上，本书上、下两篇分别具有诉讼实务和合规实务的不同切面，旨在为实践中处理各类建设工程案件提供争议问题参考，以及为当前新形势下建筑企业的合规体系建设提供指引。

责任编辑：曹丹丹
责任校对：赵　力

“商事领域”实务系列丛书
建设工程法律实务热点 200 问
徐先宝　主　编
黄文刚　潘新国　洪　加　副主编
*
中国建筑工业出版社出版、发行（北京海淀三里河路 9 号）
各地新华书店、建筑书店经销
北京龙达新润科技有限公司制版
北京云浩印刷有限责任公司印刷
*
开本：787 毫米×1092 毫米　1/16　印张：17½　字数：426 千字
2024 年 11 月第一版　2024 年 11 月第一次印刷
定价：**75.00** 元
ISBN 978-7-112-30058-7
（43126）

如有内容及印装质量问题，请与本社读者服务中心联系
电话：（010）58337283　QQ：2885381756
（地址：北京海淀三里河路 9 号中国建筑工业出版社 604 室　邮政编码：100037）

《建设工程法律实务热点200问》

编委会

主　　编　徐先宝

副 主 编　黄文刚　潘新国　洪　加

编 写 组（排名不分先后）

潘世岳　应佳佳　章雨竹

项　剑　邱文泳

主编单位　北京中银（台州）律师事务所

凡　例

1. 本书中法律、行政法规名称中的“中华人民共和国”省略，例如《中华人民共和国民法典》简称《民法典》。

2. 本书中下列司法解释及司法指导性文件使用简称：

文件名称	发文日期	施行日期	发文字号	简称
《最高人民法院关于审理建设工程施工合同纠纷案件适用法律问题的解释(一)》	2020年12月29日	2021年1月1日	法释〔2020〕25号	《建设工程施工合同司法解释(一)》
《最高人民法院关于审理建设工程施工合同纠纷案件适用法律问题的解释》	2004年10月25日	2005年1月1日	法释〔2004〕14号	《建设工程施工合同司法解释》
《最高人民法院关于审理建设工程施工合同纠纷案件适用法律问题的解释(二)》	2018年12月29日	2019年2月1日	法释〔2018〕20号	《建设工程施工合同司法解释(二)》
《全国法院民商事审判工作会议纪要》	2019年11月8日	2019年11月8日	法释〔2019〕254号	《九民会议纪要》
《最高人民法院关于适用〈中华人民共和国民法典〉总则编若干问题的解释》	2022年2月24日	2022年3月1日	法释〔2022〕6号	《民法典总则编司法解释》
《最高人民法院关于适用〈中华人民共和国民法典〉合同编通则若干问题的解释》	2023年12月4日	2023年12月5日	法释〔2023〕13号	《民法典合同编通则司法解释》
《最高人民法院关于适用〈中华人民共和国民事诉讼法〉的解释》	2022年4月1日	2022年4月10日	法释〔2022〕11号	《民事诉讼法司法解释》
《最高人民法院关于民事诉讼证据的若干规定》	2019年12月25日	2020年5月1日	法释〔2019〕19号	《民事诉讼证据规定》

3. 特别说明：《民法典》自2021年1月1日起施行，《民法总则》《民法通则》《合同法》《建设工程施工合同司法解释》《建设工程施工合同司法解释（二）》等同时废止。

前　言

北京中银（台州）律师事务所深耕建设工程领域十余年，已积累诸多建设工程争议解决法律实务经验，其中大多为重大疑难的典型案件。本书编委会立足于历年实务经验，不断研究建设工程领域热点、难点、高发的法律问题及合规问题，并将近年来相关法律问题及建筑企业合规问题的研究成果集结成本书，旨在为实践中处理各类建设工程案件提供参考，以及为当前新时代新形势下建筑企业的合规体系建设提供指引。

本书是北京中银（台州）律师事务所“商事领域”实务系列丛书之一，为使读者更好理解和品读本书内容，本书以解决实务问题、回应合规需求为价值导向，成书具有以下特点：

第一，在体例上，本书分为上下两篇，形成诉讼与非诉相结合的全景视角。上篇为建设工程法律实务热点问题，侧重于研究争议法律问题，分为建设工程招标投标、建设工程相关主体、建设工程合同效力、建设工程价款、建设工程价款优先受偿权等十二章，涵盖工程招标投标、施工履约、竣工验收等工程施工全过程的法律实务。下篇为新形势下建筑企业合规体系建设，主要从法律合规的视角，描绘新时代新形势下建筑企业合规管理的重要性与必要性，更进一步分析总结建筑企业合规体系管理的实务要点。

第二，在内容上，本书上、下两篇分别展示诉讼实务和合规实务的不同切面，互为补充，完善本书实务性和实用性的独特内涵。本书上篇通过设置问题场景，辅以相关司法裁判观点，重在对争议法律问题进行分析与评述，并适时站在建设单位、施工单位等不同角度提供相应实务建议。本书下篇以宏观视角与微观视角相互融合的写作逻辑，在企业大合规视野下，洞察建筑行业整体的合规现状，着手于建筑企业个体的合规管理，体系化地介绍与分享建筑企业合规体系管理建设的实务要义。

为最大程度延展本书的适用面，本书上篇广泛择取具有代表性的司法判例，并不拘于《民法典》施行后的司法判例，同时选取了《民法典》施行前的部分司法判例。因为该部分司法判例虽然适用《民法典》施行前的旧法，但该部分司法判例的裁判规则或仍适用于当下的司法实践，或其适用的旧法仍为现行《民法典》及相关法律法规、司法解释等所继承，或其争议的法律问题仍然是当前的实务热点问题，故该部分司法判例仍具有阐述实务热点问题、重点问题或难点问题的现实意义。

第三，在立意上，本书坚持实用性、参考性、普惠性的原则，力求成为读者方便实用的实务参考书。一方面，本书紧贴建设工程领域裁判规则新动态，努力回应工程领域疑难热点问题，兼顾近年来建筑企业的合规建设需求。另一方面，本书以解决问题、广泛使用为初衷，在行文上避免“掉书袋”，力求“能简则简”，尽可能简明扼要，做到通俗易懂。

本书由北京中银（台州）律师事务所建设工程业务部门成员合力撰写而成。本书撰写分工如下：

上篇

潘世岳（第三章、第五章）；

应佳佳（第六章、第十二章）；

章雨竹（第一章、第二章）；

项剑（第四章、第八章、第十章）；

邱文泳（第七章、第九章、第十一章）。

下篇

徐先宝、洪加（第十三章）。

本书由徐先宝进行指导，黄文刚、洪加进行统稿与定稿。

尽管各位作者倾力写就本书，但难免有疏漏谬误。欢迎各位读者批评指正，多提宝贵意见，以便我们在北京中银（台州）律师事务所“商事领域”实务系列丛书中的下一部作品写作时加以改进。

本书成书过程中也受到各界同仁关心和支持，在此表示诚挚感谢。

志合者，不以山海为远。我们希望通过本书，加深在建设工程领域的研究，加强与各位建设工程领域相关法律实务工作者的协作与联动，共同助力新时代新形势下建筑行业的高质量发展，力所能及为全面建成新时代中国特色社会主义法治社会作出积极贡献！

目 录

上篇 建设工程法律实务热点问题

第二章　建设工程相关主体　29

第三章　建设工程合同效力　52

第四章 建设工程价款 73

第五章　建设工程工期　92

第六章　建设工程价款优先受偿权　110

第七章　建设工程签证与索赔　133

第八章　建设工程竣工验收　151

第九章 建设工程质量 170

第十章 建设工程鉴定 188

下篇　新形势下建筑企业合规体系建设

第十三章　大合规视野下建筑企业合规体系建设与实践研究　246

上　篇

建设工程法律实务热点问题

第一章

建设工程招标投标

问题一 非必须招标项目未招标，施工合同是否有效?

【问题概述】

招标投标程序在建设工程领域中经常直接影响施工合同的效力，《建设工程施工合同司法解释（一）》第一条明确规定，必须招标项目如果未经招标程序，则发承包人签署的施工合同无效。而现行法律法规对非必须招标项目则没有进行具体的规定。随着政府进一步限定必须招标的项目范围，越来越多非必须招标项目因未经招标程序而陷入施工合同的效力争议，那么非必须招标的项目未招标，施工合同是否有效呢?

【相关判例】

江苏省某建设集团股份有限公司与包头市某房地产开发有限责任公司建设工程施工合同纠纷［最高人民法院（2018）最高法民终 620 号］

【法院观点】

关于案涉《建设工程施工合同》效力的问题。《招标投标法》第三条第一款规定："在中华人民共和国境内进行下列工程建设项目包括项目的勘察、设计、施工、监理以及与工程建设有关的重要设备、材料等的采购，必须进行招标：（一）大型基础设施、公用事业等关系社会公共利益、公众安全的项目；（二）全部或者部分使用国有资金投资或者国家融资的项目；（三）使用国际组织或者外国政府贷款、援助资金的项目。"该条规定的主要立法目的和功能在于，一是规制大型基础设施、公用事业等关系社会公共利益、公众安全的项目建设，即强调的是对诸如民生工程等公共事务范畴的规制；二是规制国有资金或者国际组织、外国政府借款、援助资金等公共资金的使用，防止在使用该类资金的工程项目中的资金被滥用。因此，对于必须进行招标的工程项目，应严格限定而不得随意扩大其范围，除非法律、行政法规或根据其授权颁布实施的其他规范性文件另有明确规定，否则，对于纯民营资本投资且不涉及社会公共利益、公众安全的建设工程，一般不应认定其属于必须进行招标的工程项目范围。

该案中，案涉工程建设的项目内容是酒店、写字楼、商业、地下停车场及附属设备用房。工程开始施工于2011年，2015年竣工验收，2017年当事人对结算事宜达成一致。从行为发生时有效的规范性法律文件的规定看，该案工程显然不属于《工程建设项目招标范围和规模标准规定》第二条规定的关系社会公共利益、公众安全的基础设施项目的范围。此外，包头市某房地产开发有限责任公司为“有限责任公司（自然人独资）”，故案涉工程也非《工程建设项目招标范围和规模标准规定》第四条规定的使用国有资金投资项目的范围。而从《工程建设项目招标范围和规模标准规定》第三条规定的表述看，亦未明确将五星级酒店、写字楼、商业、地下停车场及附属设备用房工程纳入“关系社会公共利益、公众安全的公用事业项目的范围”，将案涉工程认定为必须招标的工程项目，依据不足。

综上所述，案涉工程项目并不属于《招标投标法》第三条规定的必须招标的工程范围，是否经过招标投标并不影响案涉《建设工程施工合同》的效力。法院认为，案涉《建设工程施工合同》系当事人真实意思表示，并不违反法律、行政法规的强制性规定，应为有效。

【律师评析】

随着建筑行业的不断改革，为防止工程项目招标“一刀切”，政府出台了一系列相关文件严格限制必须进行招标的建设工程项目的范围。2017年修正的《招标投标法》第三条规定：“在中华人民共和国境内进行下列工程建设项目包括项目的勘察、设计、施工、监理以及与工程建设有关的重要设备、材料等的采购，必须进行招标：（一）大型基础设施、公用事业等关系社会公共利益、公众安全的项目；（二）全部或者部分使用国有资金投资或者国家融资的项目；（三）使用国际组织或者外国政府贷款、援助资金的项目。前款所列项目的具体范围和规模标准，由国务院发展计划部门会同国务院有关部门制订，报国务院批准。法律或者国务院对必须进行招标的其他项目的范围有规定的，依照其规定。”2018年3月27日，国家发展改革委发布《必须招标的工程项目规定》，确定除法律法规明确规定的情形外必须招标的具体范围按照确有必要、严格限定的原则制定。2018年6月6日，国家发展改革委发布《必须招标的基础设施和公用事业项目范围规定》进一步明确限制必须招标的项目范围。上述规定的出台，大幅缩减了必须招标工程项目范围，这将导致原定必须招标的工程项目根据新的规定可能不再需要招标，从而影响到当事人之间签订的施工合同的效力认定。

从目前裁判结果来看，在招标投标项目改革的背景下，工程项目存在从原来必须招标到现在非必须招标的情形，对于新规定出台前已签订的未经招标投标的施工合同，在效力方面应当遵循最新规定，若不属于现行必须招标的工程项目范围，则应当认定已签订的未经招标投标的施工合同合法有效。

问题二　非必须招标项目，当事人选择招标投标程序，中标前签订的建设施工合同是否有效?

【问题概述】

非必须招标项目未经招标投标程序而签署的施工合同一般被认定合法有效，司法实践中存在着大量非必须招标项目的发包人自愿选择招标投标程序来进行招标，但其在招标前已与意向施工单位就投标价格、投标方案等实质内容进行了谈判磋商，或者直接就工程范围、工期、价款等具体内容签署施工合同。那么非必须招标项目，在当事人选择招标投标程序后，这种“先定后招”过程中签订的施工合同是否有效呢?

【相关判例】

四川某房地产开发有限公司与重庆某建设集团有限公司建设工程施工合同纠纷［最高人民法院（2022）最高法民终 65 号］

【法院观点】

关于该案的合同效力问题。双方当事人于 2010 年 11 月 19 日签订《施工合同》，后又在《施工合同》的基础上陆续签订相关补充协议。2011 年 7 月 22 日和 2012 年 12 月 1 日双方当事人还订立了《备案合同》。2011 年 6 月 7 日，渠县发展改革局向四川某房地产开发有限公司作出的《关于核准渠城某国际房产开发项目一期工程建设项目招标事项的函》载明，同意实行邀请招标。2011 年 7 月 5 日，渠城某国际房地产开发项目一期工程施工招标《开评标情况报告》载明，包括重庆某建设集团有限公司在内的 3 家公司递交了投标文件、缴纳了投标保证金。2011 年 7 月 12 日《中标通知书》载明：重庆某建设集团有限公司确定为中标人；中标价 285167145 元；工期 645 天。根据该案一审法院查明的事实，2011 年 3 月 20 日、2011 年 3 月 22 日、2011 年 4 月 1 日、2011 年 5 月 22 日工程名称为“嘉煜·某国际”、归属合同名称为《嘉煜·某国际建设工程施工合同》的数份“合同外工程及零星工程”“前期工程”签证单上，均有重庆某建设集团有限公司、四川某房地产开发有限公司对签证内容的签章确认。因此，在签订《备案合同》及招标投标之前，重庆某建设集团有限公司已经进场施工，双方签订并履行《施工合同》的行为发生在招标投标之前。

自 2018 年 6 月起，《必须招标的工程项目规定》《必须招标的基础设施和公用事业项目范围规定》相继经国务院批准施行。随着国家深化建筑行业改革，缩小并严格界定必须进行招标的工程建设项目范围，放宽有关规模标准，招标范围应当按照确有必要、严格限定原则确定，成为工程建设项目招标投标改革趋势。按照最新《必须招标的工程项目规定》《必须招标的基础设施和公用事业项目范围规定》的规定，案涉项目已不属于必须招标的工程项目。但四川某房地产开发有限公司经渠县发展改革局的核准对案涉工程采取邀请招标的方式进行了招标，招标投标行为应受《招标投标法》的约束。《招标投标法》第四十三条规定："在确定中标人前，招标人不得与投标人就投标价格、投标方案等实质性内容进行谈判。"第五十五条规定："依法必须进行招标的项目，招标人违反本法规定，与投标人就投标价格、投标方案等实质性内容进行谈判的，给予警告，对单位直接负责的主管人员和其他直接责任人员依法给予处分。前款所列行为影响中标结果的，中标无效。"因此案涉招标投标行为无效。《建设工程施工合同司法解释》第一条规定："建设工程施工合同具有下列情形之一的，应当根据合同法第五十二条第（五）项的规定，认定无效……（三）建设工程必须进行招标而未招标或者中标无效的。"根据上述规定，案涉《施工合同》应属无效合同。因无效合同不存在解除的问题，故对重庆某建设集团有限公司第一项诉讼请求不予支持。

对于双方当事人 2011 年 10 月 30 日签订的《边坡合同》、2011 年 7 月 22 日签订的《建设工程施工合同》（一期备案合同）、2012 年 7 月 22 日签订的《补充协议一》、2012 年 12 月 1 日签订的《建设工程施工合同》（二期备案合同）、2014 年 4 月 16 日签订的《补充协议二》，虽然签订时间在确定中标人之后，表面上似乎符合法律规定的程序要件，但如前所述，在确定中标人前，双方已经就案涉工程的工期、工程价款及支付方式等达成合意，双方当事人的行为在实质上违反了《招标投标法》的强制性规定，故上述的合同、协议均为无效。

【律师评析】

《招标投标法》第四十三条规定："在确定中标人前，招标人不得与投标人就投标价格、投标方案等实质性内容进行谈判。"第五十五条规定："依法必须进行招标的项目，招标人违反本法规定，与投标人就投标价格、投标方案等实质性内容进行谈判的，给予警告，对单位直接负责的主管人员和其他直接责任人员依法给予处分。前款所列行为影响中标结果的，中标无效。"

对于非必须招标项目，虽然并未有强制性规定要求履行招标投标程序，但是如果当事人自愿选择通过招标投标程序订立合同，那么应当视为当事人同意受到《招标投标法》的约束。这就要求在确定中标人前，招标人不得与投标人就投标价格、投标方案等实质性内容进行谈判，若在招标投标前发包方与施工单位就招标投标的实质性内容进行谈判、签订施工合同甚至进场施工，那么应当按照《招标投标法》第五十五条之规定认定中标无效，相应的施工合同效力也因中标无效而无效。

问题三 非必须招标项目，当事人选择招标投标程序，是否以中标合同作为结算依据？

【问题概述】

在工程实务中，对于非必须招标项目，当事人经常自愿选择通过招标投标程序订立合同，施工单位中标并签署中标合同后，发承包人往往另行订立背离中标合同实质性内容的协议，那么当发承包人对结算方式发生争议时，是以中标合同还是以另行订立的施工合同作为结算依据？

【相关判例】

湘潭市某土地开发有限公司、湖南某建设工程有限公司与李某、某区城乡建设管理局建设工程施工合同纠纷［最高人民法院（2017）最高法民申 3589 号］

【法院观点】

2010 年 11 月 16 日，某区城乡建设管理局、湘潭市某土地开发有限公司与湖南某建设工程有限公司签订了《湖南省建设工程施工合同》并经备案。但同日湘潭市某土地开发有限公司又与湖南某建设工程有限公司另行签订了未备案的《建设工程施工合同》。就双方结算的合同依据，《建设工程施工合同司法解释》第二十一条规定，当事人就同一建设工程另行订立的建设工程施工合同与经过备案的中标合同实质性内容不一致的，应当以备案的中标合同作为结算工程价款的根据。

关于“实质性内容不一致”的判断，应结合当事人另行签订的合同是否变更了备案的中标合同实质性内容、当事人就实质性内容享有的权利义务是否发生较大变化等因素来判断。通常招标人与中标人另行签订的改变工程范围、工期、工程价款等中标结果的约定，应当认定变更中标合同实质性内容。该案一审法院委托湖南某项目管理有限公司作出鉴定报告：依据已备案的《湖南省建设工程施工合同》及招标投标文件出具的鉴定意见为，项目总造价为 26196817.97 元；而依据未备案的《建设工程施工合同》出具的鉴定意见为，项目总造价为 17527659.05 元。由此可以证实湘潭市某土地开发有限公司与湖南某建设工程有限公司另行签订的施工合同变更了备案的中标合同实质性内容。依照上述司法解释的规定，该案应当以备案合同作为双方结算的依据。该案二审判决以《湖南省建设工程施工合同》为结算依据适用法律并无不当。

【律师评析】

《招标投标法》第一条明确规定该法的制定是为了规范招标投标活动，保护国家利益、社会公共利益和招标投标活动当事人的合法权益，提高经济效益，保证项目质量。对于非必须招标项目，当事人可以选择多种形式缔结合同，但当事人选择通过招标投标方式缔结合同，则自然必须遵守法律确定的规则，而不能将招标投标程序视为可有可无的存在，一旦违反了法律规定，就必须承担相应的法律后果。

发承包人就非必须招标项目签订中标合同后又另行订立背离中标合同实质性内容的协议，表面上看是合同自由，但其背后却是对《招标投标法》的违背。在客观情况没有发生重大变化的情况下，招标人、投标人另行订立背离中标合同实质性内容的协议不仅会造成其他投标人的损失，更会严重影响招标投标秩序。因此非必须招标项目，在当事人选择招标投标程序，且招标投标程序合法有效的情况下，应当以中标合同作为结算依据。

问题四 民间投资的房屋建筑工程未经招标投标程序而签署的施工合同是否有效?

【问题概述】

国家发展改革委于2000年5月1日发布的《工程建设项目招标范围和规模标准规定》第三条规定，商品住宅工程建设项目属于必须进行招标的项目。后国家发展改革委于2018年3月27日发布《必须招标的工程项目规定》、于2018年6月6日发布《必须招标的基础设施和公用事业项目范围规定》，该《工程建设项目招标范围和规模标准规定》即被废止，民间资本投资的商品住宅工程建设项目不再属于《招标投标法》规定的必须招标项目。那么在2018年6月1日之前未经招标投标而签订的民间资本投资的商品住宅项目建设工程施工合同，在2018年6月1日之后涉诉的，其合同效力如何呢?

【相关判例】

某建设集团有限公司与云南某置业有限公司建设工程施工合同纠纷［最高人民法院（2018）最高法民终475号］

【法院观点】

二审法院认为，首先，双方在2014年已签订《建设工程施工合同》并实际履行的情况下，又于2015年9月15日经招标投标程序后签订一份落款为2015年（无具体月日）的《建设工程施工合同》，根据《招标投标法》第四十三条的规定，该中标应归于无效，该案一审法院并未认定2015年（无具体月日）的《建设工程施工合同》有效。其次，根据《招标投标法》第三条第一款及第二款的规定，对于大型基础设施、公用事业等关系社会公共利益、公众安全的项目，全部或者部分使用国有资金投资或者国家融资的项目，以及使用国际组织或者外国政府贷款、援助资金的项目，必须进行招标。

该案中，某建设集团有限公司二审庭审中称案涉工程虽名为公务员小区，但建设资金均为开发商自筹，双方均未主张项目资金源于国家投融资，亦不存在使用国际组织或者外国政府贷款、援助资金的情形，案涉项目不属于《招标投标法》第三条第一款第二项、第三项所规定的必须进行招标的项目；另外，由国家发展改革委制定，且经国务院批准的《必须招标的工程项目规定》第四条规定，对于大型基础设施、公用事业等关系社会公共利益、公众安全的项目，如果不涉及国有资金投资、国家融资，不涉及国际组织或者外国政府贷款、援助资金，必须招标的具体范围由国务院发展改革部门会同国务院有关部门按照“确有必要、严格限定”的原则制定，报国务院批准。该案中，案涉项目虽属商品房项目，但《必须招标的工程项目规定》中并未明确规定商品房项目属于关系社会公共利益、公众安全的项目，且行政主管部门对《必须招标的工程项目规定》第四条下必须进行招标的项目所确立的原则是“确有必要、严格限定”。因此，该案一审法院对2014年《建设工程施工合同》的效力予以认定并无不妥。

虽然《必须招标的工程项目规定》系自 2018 年 6 月 1 日起实施，但将该原则适用于既往签订的合同，有利于最大限度尊重当事人的真实意思，且并无证据证明适用的结果将损害公共利益和公众安全。

【律师评析】

一、从法律、司法解释及最高人民法院会议纪要等法律规定中明确的法律溯及力问题来看，均是采用从旧兼从宽原则。

《九民会议纪要》第 4 条规定："民法总则施行前成立的合同，根据当时的法律应当认定无效，而根据民法总则应当认定有效或者可撤销的，应当适用民法总则的规定。"《〈全国法院民商事审判工作会议纪要〉理解与适用》对该条的释义指出："无效合同的本质特征在于其违法性。但是，裁判时民法总则却认为其不是无效，不具有违法性，那么此时裁判者适用当时的法律认定无效，显然不妥，因为裁判时该合同已不具有违法性，此时适用民法总则裁判案件，符合双方当事人签订合同的目的，又符合民法总则对该合同的评价，具有法律适用的正当性、妥当性。"❶

参照上述会议纪要的精神，案涉合同签订时，虽然国家发展改革委于 2000 年 5 月 1 日发布的《工程建设项目招标范围和规模标准规定》尚在施行过程中，但是在该案发生争议且提起诉讼时，《工程建设项目招标范围和规模标准规定》已被废止，而现行有效的《必须招标的工程项目规定》以及《必须招标的基础设施和公用事业项目范围的规定》均明确商品住宅不属于必须招标的工程项目，该案应当根据现行有效的规范性文件来认定案涉施工合同效力。

二、最高人民法院已通过解答的形式明确《必须招标的工程项目规定》的适用规则。

《最高人民法院第六巡回法庭裁判规则》第 1 部分建设工程纠纷问题四："如何理解和把握《建设工程施工合同司法解释（一）》第 1 条第 1 款第 3 项规定，建设工程必须进行招标而未招标或中标无效的，建设工程施工合同是否应认定无效？"

答："根据《建设工程施工合同司法解释（一）》第 1 条第 1 款第 3 项的规定，建设工程必须进行招标而未招标或中标无效的，建设工程施工合同应认定无效。准确把握该条文含义，应当区分两种情况：一是必须进行招标而未招标；二是中标无效。对于必须进行招标的工程，相关国家部委曾经先后作出有关规范性规定，应当以有关规定为准来确定必须进行招标的工程范围。2018 年 6 月 1 日施行的《必须招标的工程项目规定》及 2018 年 6 月 6 日施行的《必须招标的基础设施和公用事业项目范围规定》规定，商品住宅项目已不属于必须招标工程范围，如果仍然以此为依据认定相关施工合同未经招投标程序因此无效就属于适用法律错误。如果签订施工合同时属于应当招标的工程项目，但诉讼中按照新的规定已不属于应当招标的工程项目，则不应以必须进行招标而未招标为由认定合同无效。"❷

三、适用新法，有利于最大限度尊重当事人的真实意思表示，符合诚实守信原则，更

❶ 最高人民法院民事审判第二庭．《〈全国法院民商事审判工作会议纪要〉理解与适用》[M]．北京：人民法院出版社，2019.

❷ 最高人民法院第六巡回法庭．《最高人民法院第六巡回法庭裁判规则》[M]．北京：人民法院出版社，2022.

有利于保障交易的稳定与高效。

司法实践中，主张合同无效的一方或多或少是为了规避违约责任等不利于其的合同约定，一旦合同被认定无效，其所承担的责任远远小于合同有效情形下的责任，反而使其因违法行为而变相获益，有违公平原则。因此，适用《必须招标的工程项目规定》有利于降低施工合同的无效化的风险，更加彰显公平原则。

问题五　必须招标项目中，招标程序启动前的实质性磋商对中标合同效力有何影响？

【问题概述】

根据《招标投标法》第四十三条的规定，招标人不得与投标人就投标价格、投标方案等实质性内容进行谈判。但在实践中，某些必须招标工程项目中，发包人为了事先锁定承包人，将实质性磋商以及协议的签订时间提前至招标投标程序启动之前，这种现象又被称为“先定后招”或“未招先定”。在“先定后招”情形下，招标投标人在招标投标程序前所签署的合同因违反法律强制性规定必然被认定无效，但是经过招标程序后所签署的中标合同是否也应当被认定无效？

【相关判例】

新疆某房地产开发有限公司与某工程局集团有限公司建设工程施工合同纠纷［最高人民法院（2019）最高法民终 347 号］

【法院观点】

关于案涉《建设工程施工合同》是否有效的问题。《民法总则》第五条规定：“民事主体从事民事活动，应当遵循自愿原则，按照自己的意思设立、变更、终止民事法律关系。”《合同法》第六条规定：“当事人行使权利、履行义务应当遵循诚实信用原则。”第八条规定：“依法成立的合同，对当事人具有法律约束力。当事人应当按照约定履行自己的义务，不得擅自变更或者解除合同。”该案中，某工程局集团有限公司 2012 年 5 月 8 日通过招标投标取得合作区蓝领公寓项目工程，2012 年 5 月 9 日，新疆某房地产开发有限公司与某工程局集团有限公司签订案涉《建设工程施工合同》。该合同系当事人真实意思表示，内容不违反相关法律法规强制性规定，系合法有效的合同，双方当事人应严格履行合同约定的义务。

《合同法》第五十二条规定：“有下列情形之一的，合同无效：（一）一方以欺诈、胁迫的手段订立合同，损害国家利益；（二）恶意串通，损害国家、集体或者第三人利益；（三）以合法形式掩盖非法目的；（四）损害社会公共利益；（五）违反法律、行政法规的强制性规定。”《建设工程施工合同司法解释》第一条规定：“建设工程施工合同具有下列情形之一的，应当根据合同法第五十二条第（五）项的规定，认定无效……（三）建设工程必须进行招标而未招标或者中标无效的。”《招标投标法》第四十三条规定：“在确定中标人前，招标人不得与投标人就投标价格、投标方案等实质性内容进行谈判。”第五十五条规定：“依法必须进行招标的项目，招标人违反本法规定，与投标人就投标价格、投标方案等实质性内容进行谈判的，给予警告，对单位直接负责的主管人员和其他直接责任人员依法给予处分。前款所列行为影响中标结果的，中标无效。”第六十五条规定：“投标人和其他利害关系人认为招标投标活动不符合本法有关规定的，有权向招标人提出异议或者依法向有关行政监督部门投诉。”该案中，新疆某房地产开发有限公司上诉主张，其与某工程局集团有限公司在招标投标之前，就施工合同实质性内容进行了谈判磋商，该行为属于通过“明招暗定”形式规避《招标投标法》等法律、行政法规规定的行为，该项目中标无效，《建设工程施工合同》无效。

该案二审法院认为，根据前述法律法规的规定，招标人与投标人就合同实质性内容进行谈判的行为影响了中标结果的，中标无效，中标无效将导致合同无效。就招标投标过程中的违法违规行为，利害关系人有权提出异议或者依法向有关行政监督部门投诉，对违法违规行为负有直接责任的单位和个人，将受到行政处分。该案中，双方在招标投标前进行了谈判并达成合作意向，签订了《建筑施工合作框架协议书》。该协议书中没有约定投标方案等内容，未载明开工时间，合同条款中还存在大量不确定的内容，如关于施工内容，双方约定“具体规划指标与建设内容以政府相关部门最终的批复文件为准”，关于合同概算，双方约定“项目建筑施工总概算约人民币叁亿元，具体概算数值待规划文件、设计方案确定后双方另行约定”。《建筑施工合作框架协议书》签订后，双方按照《招标投标法》的规定，履行了招标投标相关手续，没有证据证明案涉工程在招标投标过程中存在其他违法违规行为可能影响合同效力的情形。新疆某房地产开发有限公司虽称其自身违反《招标投标法》的规定致使中标无效，但对该违法违规行为是否影响了中标结果，新疆某房地产开发有限公司未予以证明。该案亦不存在因招标投标活动不符合法律规定，利害关系人提出异议或者依法向有关行政监督部门投诉，致使相关人员被追责的情形。综上，该案一审法院认定案涉《建设工程施工合同》真实有效，该认定并无不当，二审法院予以维持。

【律师评析】

《招标投标法》第五十五条规定：“依法必须进行招标的项目，招标人违反本法规定，与投标人就投标价格、投标方案等实质性内容进行谈判的，给予警告，对单位直接负责的主管人员和其他直接责任人员依法给予处分。前款所列行为影响中标结果的，中标无效。”

根据该条款，实质性磋商行为要导致中标无效的法律后果，必须具备“影响中标结果”的构成要件。换言之，如果实质性磋商行为未影响中标结果，则中标有效。另外，需要指出的是“影响中标结果”的构成要件一般指的是招标人已以书面方式或由中标人实际参与施工方式事实上确定了中标人。具体而言主要包括两种情形：①招标投标双方在招标投标程序启动前所签署的协议已经包含工程价款、结算方式、支付方式、工程质量、工期等实质性内容，该情形可能被视为招标人已经据此确定了中标人，招标投标程序明显形同虚设，此后签署的中标文件将被认定无效；②中标人在中标前已进场施工。

问题六　依法应当公开招标而采用邀请招标的，施工合同是否有效？

【问题概述】

在建设工程实务中，招标投标程序是极为重要的一个环节，是建设单位与施工单位互相选择的重要方式，保障招标投标市场秩序有利于稳定建筑市场前端，为后端建设打好基础。邀请招标与公开招标是我国《招标投标法》规定的两种招标方式，在建设工程领域，由于受到招标人自身专业性等因素限制，经常出现招标人将依法应当公开招标的项目工程直接采用邀请招标方式进行招标的情形，那么在该情形下签署的施工合同是否有效呢？

【相关判例】

某开发经营有限公司与某股份有限公司、某交通投资建设集团有限公司等建设工程施工合同纠纷［最高人民法院（2019）最高法民终 794 号］

【法院观点】

一审法院关于合同效力的观点。

（1）关于案涉工程项目的招标投标程序是否合法的问题。①《招标投标法》第三条规定："在中华人民共和国境内进行下列工程建设项目包括项目的勘察、设计、施工、监理以及与工程建设有关的重要设备、材料等的采购，必须进行招标：（一）大型基础设施、公用事业等关系社会公共利益、公众安全的项目……"第十条规定："招标分为公开招标和邀请招标。公开招标，是指招标人以招标公告的方式邀请不特定的法人或者其他组织投标。邀请招标，是指招标人以投标邀请书的方式邀请特定的法人或者其他组织投标。"公开招标和邀请招标均系合法有效的招标投标方式，案涉工程项目属于大型基础设施工程，依法应当进行招标投标，因法律并未禁止此类工程不得通过邀请招标方式进行招标投标，故案涉工程采用邀请招标的方式并未违反法律强制性禁止性规定。②《招标投标法》第三十七条第四款规定："与投标人有利害关系的人不得进入相关项目的评标委员会；已经进入的应当更换。"该案中虽然评标委员会成员"角某"同时在某股份有限公司与某开发经营有限公司任职，但在评标委员会组成之时，某开发经营有限公司并未提出更换要求，同时基于高速公路工程的特殊建设模式，某股份有限公司系某开发经营有限公司成立时的投资人、设立人以及控股股东，某股份有限公司派驻人员到某开发经营有限公司履行职务的行为属于正常的经营管理活动。结合某股份有限公司、某开发经营有限公司双方于 2006 年 4 月 18 日签订《总包协议》时"角某"作为某开发经营有限公司的授权代理人在协议书尾部签字的案件事实，在没有其他证据的情况下，仅凭角某的多重任职情况，不能证实某股份有限公司、某开发经营有限公司之间存在串标行为，不能推翻中标结果，更不能据此认定招标投标行为无效以及《总包协议》为无效合同。

（2）关于《总包协议》及《补充协议》签订时是否存在恶意串通行为的问题。案涉工程经过立项以及报建审批，相关合同为真实存在的合同，某股份有限公司在工程启动之初同时作为公路的投资人和建设单位的事实，也有相应的政府审批文件证实。项目公司某开发经营有限公司成立后作为发包人与总承包人某股份有限公司签订工程施工合同的意思表示有事实基础，某开发经营有限公司并未提交该案当事人在签订合同时存在恶意串通的直接证据，仅凭投资人某股份有限公司与项目公司某开发经营有限公司之间的人员任职交叉情形，不能证明恶意串通事实的成立。而补充协议系双方在合同履行过程中，针对部分工程的合同单价据实进行的调整，并未违反招标投标合同的根本性内容，系双方的真实意思表示，也为有效合同。

（3）法律并未规定招标投标程序必须在施工设计图完成后才能进行，某开发经营有限公司的该项主张不能成立。至于某开发经营有限公司所提及的某股份有限公司利用其控制地位操纵董事行为的问题，属于公司股东、董事、前股东、现股东之间，以及他们与公司之间的权利义务关系，并不属于合同法上所规定的合同无效情形。综上，《总包协议》和《补充协议》为双方当事人真实意思表示，内容不违反法律法规的强制性规定，为合法有效的合同。

二审法院关于合同效力的观点。首先，《招标投标法》第十条规定，招标分为公开招标和邀请招标，两种招标方式均系合法有效。而案涉招标投标活动发生于2006年，自2012年2月1日起施行的《招标投标法实施条例》不适用于该案。案涉工程采用邀请招标的方式即便与《国家发展改革委关于云南省某公路项目核准的批复》中的要求不相符合，亦是违反行政管理的问题，并不存在违反当时法律法规的规定而无效的问题。

其次，案涉工程经过立项以及报建审批，《总包协议》及《补充协议》系真实存在的合同，某股份有限公司在工程启动之初同时作为公路的投资人和建设单位的事实，也有相应的政府审批文件认同。项目公司某开发经营有限公司成立后作为发包人与总承包人某股份有限公司签订工程施工合同的意思表示有事实基础，某开发经营有限公司并未提交该案当事人在签订合同时存在恶意串通的直接证据，仅凭某股份有限公司与某开发经营有限公司之间的人员任职交叉情形，不能证实双方存在串标行为，更不能据此认定招标投标行为无效以及《总包协议》《补充协议》为无效合同。

最后，因为每段高速公路的地理状况不同，即便是同期、相邻地理位置的高速公路造价也没有可比性，不能仅依据造价的差异推定案涉工程存在损害国家利益的情形。

综上，该案一审认定《总包协议》和《补充协议》合法有效并无不当，二审法院予以维持。

【律师评析】

《招标投标法》第十条规定邀请招标与公开招标均为法定招标方式，但并未明确何种情形必须适用何种方式。《招标投标法实施条例》第八条规定："国有资金占控股或者主导地位的依法必须进行招标的项目，应当公开招标；但有下列情形之一的，可以邀请招标：（一）技术复杂、有特殊要求或者受自然环境限制，只有少量潜在投标人可供选择；（二）采用公开招标方式的费用占项目合同金额的比例过大……"其中"可以邀请招标"表明，该条款并不属于效力性强制性规定，而属于可选择性的义务性规定，招标人有权根据实际情况选择具体招标方式，施工合同并不因为违反法律法规的强制性规定而无效。

问题七 招标投标程序中出现串标，阴阳合同均无效时，工程价款如何结算？

【问题概述】

在建设工程领域，发包人与承包人为规避招标投标程序，时常会在招标投标前就对合同所涉及的内容进行实质性磋商甚至签订施工合同，而后又假经招标投标程序使得施工单位合法中标，继而签订备案合同完成工程招标合规手续。双方的串标行为，显然会导致施工合同（即“阴合同”）和备案合同（即“阳合同”）均被认定无效，那么工程价款的结算依据如何确认?

【相关判例】

平顶山市某置业有限公司与福建某建筑工程有限公司、福建某建筑工程有限公司平顶山市分公司建设工程施工合同纠纷［最高人民法院（2018）最高法民终 857 号］

【法院观点】

根据该案一审查明的事实，确定福建某建筑工程有限公司中标的时间为 2010 年 9 月 28 日，但在中标前，平顶山市某置业有限公司已经与福建某建筑工程有限公司、设计单位、勘察单位、监理单位进行了图纸会审，福建某建筑工程有限公司平顶山市分公司也进行了人工清槽的施工，福建某建筑工程有限公司还向监理单位报送了施工组织设计报审表，监理工程师同意按照该方案进行施工。上述行为明显违反《招标投标法》第四十三条、第五十五条的规定。福建某建筑工程有限公司中标无效，在中标前就已签订的《建设工程施工合同》亦无效。故一审判决认为备案合同无效正确。福建某建筑工程有限公司上诉主张《建设工程施工合同》的日期 2010 年 8 月 10 日属于打印错误，但并无其他证据证明，且认定福建某建筑工程有限公司中标无效是基于多个违法事实，认定在中标前已经确定了承包方，故福建某建筑工程有限公司、福建某建筑工程有限公司平顶山市分公司主张备案的《建设工程施工合同》合法有效的理由不成立。

2010 年 9 月 28 日福建某建筑工程有限公司中标后，双方将 2010 年 8 月 10 日签订的《建设工程施工合同》于 2010 年 12 月 10 日进行了备案，随后在 2011 年 1 月、5 月另行签订了与中标内容具有实质性差别的《意向协议书》及《施工总承包补充协议》，说明平顶山市某置业有限公司和福建某建筑工程有限公司仅是将招标投标作为工程合规的手段，招标投标的程序及结果对双方而言流于形式。从施工过程看，合同项目的分包、福建某建筑工程有限公司平顶山市分公司工程进度款的申请均是依据《意向协议书》以及《施工总承包补充协议》，福建某建筑工程有限公司平顶山市分公司在履行合同过程中提出降低工程价款优惠率，依据的也是上述协议，因此《意向协议书》及《施工总承包补充协议》是案涉工程发包方与承包方合意实际履行的合同。

《建设工程施工合同司法解释》第一条规定：“建设工程施工合同具有下列情形之一的，应当根据合同法第五十二条第（五）项的规定，认定无效……（三）建设工程必须进行招标而未招标或者中标无效的。”依据上述法律规定，2010 年 8 月 10 日的《建设工程施工合同》、2011 年 1 月 6 日的《意向协议书》及 2011 年 5 月的《施工总承包补充协议》均为无效合同。《建设工程施工合同司法解释》第二条规定：“建设工程施工合同无效，但建设工程经竣工验收合格，承包人请求参照合同约定支付工程价款的，应予支持。”因此该案中合同双方应参照能够体现其真实意思表示的《意向协议书》及《施工总承包补充协议》的约定进行工程价款的结算。而对于为了完善招标投标程序而签订的《建设工程施工合同》因未实际履行，不能体现双方合意，故不能成为支付工程价款的结算依据。福建某建筑工程有限公司及福建某建筑工程有限公司平顶山市分公司上诉称该案应该按照司法鉴定结论中的备案合同价款结算无事实及法律依据，二审法院不予支持。

【律师评析】

《招标投标法》第五十五条规定：“依法必须进行招标的项目，招标人违反本法规定，与投标人就投标价格、投标方案等实质性内容进行谈判的，给予警告，对单位直接负责的主管人员和其他直接责任人员依法给予处分。前款所列行为影响中标结果的，中标无效。”《建设工程施工合同司法解释（一）》第一条规定：“建设工程施工合同具有下列情形之一的，应当依据民法典第一百五十三条第一款的规定，认定无效……（三）建设工程必须进行招标而未招标或者中标无效的。”

因此，招标投标过程中进行“串标”必然会导致中标无效，进而导致招标投标人签署的阴阳合同均被认定无效。

《建设工程施工合同司法解释（一）》第二十四条规定：“当事人就同一建设工程订立的数份建设工程施工合同均无效，但建设工程质量合格，一方当事人请求参照实际履行的合同关于工程价款的约定折价补偿承包人的，人民法院应予支持。”依据该规定，虽然案涉工程施工备案合同以及《意向协议书》《施工总承包补充协议》均为无效合同，但当工程质量合格时，应参照发承包人实际履行的《意向协议书》及《施工总承包补充协议》的约定进行工程价款的结算。

问题八　无效备案合同的效力是否优先于其他合同?

【问题概述】

在工程实务中，当事人就同一建设工程另行订立的建设工程施工合同与经过备案的中标合同实质性内容不一致时，备案合同的效力优先于其他合同。在实际招标投标过程中时常会出现因“串标”等违法行为而导致备案合同无效的情形，那么当备案合同被认定无效时，其效力是否依旧优先于其他合同呢?

【相关判例】

某建筑安装集团股份有限公司与某房地产开发有限公司建设工程施工合同纠纷［最高人民法院（2017）最高法民终 175 号］

【法院观点】

该案一审认定某房地产开发有限公司支付某建筑安装集团股份有限公司工程欠款的数额及利息是否正确。首先，关于案涉工程价款的结算依据。某建筑安装集团股份有限公司上诉主张该案双方实际履行的合同是《补充协议》，应据此结算工程价款；某房地产开发有限公司认为根据《建设工程施工合同司法解释》规定，《补充协议》为黑合同，应当以《备案合同》作为工程价款结算依据。

二审法院认为，第一，《招标投标法》《工程建设项目招标范围和规模标准规定》[1] 明确规定应当进行招标的范围，案涉工程属于必须进行招标的项目，虽然双方当事人于2009年12月8日签订的《备案合同》虽系经过招标投标程序签订，并在建设行政主管部门进行备案，但在履行招标投标程序确定某建筑安装集团股份有限公司为施工单位之前，一方面某房地产开发有限公司将属于建筑工程单位工程的分项工程基坑支护委托某建筑安装集团股份有限公司施工，另一方面某建筑安装集团股份有限公司、某房地产开发有限公司、设计单位及监理单位对案涉工程结构和电气施工图纸进行了四方会审，且某建筑安装集团股份有限公司已完成部分楼栋的定位测量、基础放线、基础垫层等施工内容，一审法院认定案涉工程招标存在未招先定等违反《招标投标法》禁止性规定的行为，《备案合同》无效并无不当。

双方当事人于2009年12月28日签订的《补充协议》系未通过招标投标程序签订，且对备案合同中约定的工程价款等实质性内容进行变更，一审法院根据《建设工程施工合同司法解释》第二十一条的规定，认为《补充协议》属于另行订立的与经过备案的中标合同实质性内容不一致的无效合同并无不当。

《建设工程施工合同司法解释》第二条规定："建设工程施工合同无效，但建设工程经竣工验收合格，承包人请求参照合同约定支付工程价款的，应予支持。"第二十一条规定："当事人就同一建设工程另行订立的建设工程施工合同与经过备案的中标合同实质性内容不一致的，应当以备案的中标合同作为结算工程价款的根据。"就该案而言，虽经过招标投标程序并在建设行政主管部门备案的《备案合同》因违反法律、行政法规的强制性规定而无效，但并不存在适用《建设工程施工合同司法解释》第二十一条规定的前提，《备案合同》较为规避招标投标制度而签订的、违反备案中标合同实质性内容的《补充协议》并不存在优先适用效力。

《合同法》第五十八条规定："合同无效或者被撤销后，因该合同取得的财产，应当予以返还；不能返还或者没有必要返还的，应当折价补偿。有过错的一方应当赔偿对方因此所受到的损失，双方都有过错的，应当各自承担相应的责任。"建设工程施工合同的特殊之处在于，合同的履行过程，是承包人将劳动及建筑材料物化到建设工程的过程，在合同被确认无效后，只能按照折价补偿的方式予以返还。该案当事人主张根据《建设工程施工合同司法解释》第二条规定参照合同约定支付工程价款，案涉《备案合同》与《补充协议》分别约定了不同的结算方式，应首先确定体现当事人真实合意并实际履行的合同。

结合该案《备案合同》与《补充协议》，就签订时间而言，《备案合同》落款时间为

[1] 该文件现已经2018年3月1日《国务院关于〈必须招标的工程项目规定〉的批复》废止。

2009 年 12 月 1 日，2009 年 12 月 30 日在唐山市建设局进行备案；《补充协议》落款时间为 2009 年 12 月 28 日，签署时间仅仅相隔 20 天。就约定施工范围而言，《备案合同》约定施工范围包括施工图纸标识的全部土建、水暖、电气、电梯、消防、通风等工程的施工安装，《补充协议》约定施工范围包括金色和园项目除土方开挖、通风消防、塑钢窗、景观、绿化、车库管理系统、安防、电梯、换热站设备、配电室设备、煤气设施以外所有的建筑安装工程，以及雨污水、小区主环路等市政工程。实际施工范围与两份合同约定并非完全一致。就约定结算价款而言，《备案合同》约定固定价，《补充协议》约定执行河北省 2008 年定额及相关文件，建筑安装工程费结算总造价降 3%，《补充协议》同时约定价格调整、工程材料由甲方认质认价。综上分析，当事人提交的证据难以证明其主张所依据的事实，该案一审判决认为当事人对于实际履行哪份合同并无明确约定，两份合同内容比如甲方分包、材料认质认价在合同履行过程中均有所体现，无法判断实际履行哪份合同并无不当。

在无法确定体现双方当事人真实合意并实际履行的合同时，应当结合缔约过错、已完工程质量、利益平衡等因素，根据《合同法》第五十八条的规定由各方当事人按过错程度分担因合同无效造成的损失。该案一审法院以该案中无法确定体现当事人真实合意并实现履行的两份合同之间的差价作为损失，基于作为依法组织进行招标投标的发包方的某房地产开发有限公司，作为对于《招标投标法》等法律相关规定理应熟知的具有特级资质的专业施工单位的某建筑安装集团股份有限公司的过错，结合该案工程竣工验收合格的事实，认定由某房地产开发有限公司与某建筑安装集团股份有限公司按 6∶4 比例分担损失并无不当。某建筑安装集团股份有限公司上诉主张应根据《补充协议》结算工程价款，事实依据和法律依据不足，二审法院不予支持。

【律师评析】

当时《建设工程施工合同司法解释》第二十一条规定：“当事人就同一建设工程另行订立的建设工程施工合同与经过备案的中标合同实质性内容不一致的，应当以备案的中标合同作为结算工程价款的根据。”现行《建设工程施工合同司法解释（一）》第二条第一款规定：“招标人和中标人另行签订的建设工程施工合同约定的工程范围、建设工期、工程质量、工程价款等实质性内容，与中标合同不一致，一方当事人请求按照中标合同确定权利义务的，人民法院应予支持。”其适用前提应为备案的中标合同合法有效，无效的备案合同并非当然具有比其他无效合同更优先参照适用的效力。在存在多份施工合同且均无效的情况下，一般应参照符合当事人真实意思表示并实际履行的合同作为工程价款结算依据；在无法确定实际履行的合同时，可以根据两份争议合同之间的差价，结合工程质量、当事人过错、诚实信用原则等对损失金额予以合理分配。

问题九　数份建设工程合同均无效的情况下，如何参照适用？

【问题概述】

在建设工程强制招标投标领域，发承包人之间可能签署两份甚至多份实质内容不一致的建设工程施工合同，这就是我们通常所称的"黑白合同"，《建设工程施工合同司法解释（一）》第二十四条第一款规定当事人就同一建设工程订立的数份建设工程施工合同均无效，但建设工程质量合格，一方当事人请求参照实际履行的合同关于工程价款的约定折价补偿承包人的，人民法院应予支持。那么在数份施工合同均无效的情况下，如何参照适用？

【相关判例】

某建设集团有限公司与某房地产开发有限公司建设工程施工合同纠纷［最高人民法院（2022）最高法民终 345 号］

【法院观点】

关于案涉合同的效力应如何认定，应以哪份合同作为结算依据的问题。

（1）案涉相关施工协议均因违反法律强制性规定而无效。该案一审法院查明，某建设集团有限公司以其分公司的名义分别于 2013 年 3 月 17 日、3 月 27 日与张某、彭某、谭某、侯某四人签订《内部承包合同》，将《建设工程施工合同》约定的案涉工程内容分栋转包给张某等四人施工，且该四人也已按照《内部承包合同》约定完成案涉《建设工程施工合同》的施工任务，表明张某等四人是实际施工人。综合张某等四人与某建设集团有限公司郴州分公司签订《内部承包合同》的时间，该四人在签订《内部承包合同》当天即已向某房地产开发有限公司缴纳履约保证金以及该四人参与合同前期洽谈等事实来看，张某等四人实质在某建设集团有限公司与某房地产开发有限公司签订案涉《建设工程施工合同》时已经参与案涉工程，某房地产开发有限公司对此是知晓的，亦与某房地产开发有限公司在二审中的陈述相对应。在案证据亦表明，张某等四人与某建设集团有限公司或某建设集团有限公司郴州分公司未形成正式的劳动雇佣关系，故该案一审判决综合认定，张某等四人借用某建设集团有限公司资质承揽某房地产开发有限公司开发的案涉工程，理据充足。《建设工程施工合同司法解释》第一条规定："建设工程施工合同具有下列情形之一的，应当根据合同法第五十二条第（五）项的规定，认定无效……（二）没有资质的实际施工人借用有资质的建筑施工企业名义的……"故该案一审判决依照前述司法解释认定某建设集团有限公司与某房地产开发有限公司签订的《建设工程施工合同》《备案合同》均属无效合同，根据《建设工程施工合同》签订的《补充协议一》《补充协议二》亦属无效合同。同理，认定某房地产开发有限公司与某建设集团有限公司签订的《桩基工程施工合同》《旋挖桩基工程施工合同》《辅助工程施工合同》亦为无效合同，适用法律并无不当。某建设集团有限公司上诉称，其与张某等人签订的《内部承包合同》属工程转包合同关系，不是挂靠，工程转包合同无效不影响承包合同效力，法院不予支持。

（2）该案应当以双方实际履行的《建设工程施工合同》为依据结算工程价款。《建设工程施工合同司法解释（二）》第十一条规定："当事人就同一建设工程订立的数份建设工程施工合同均无效，但建设工程质量合格，一方当事人请求参照实际履行的合同结算建设工程价款的，人民法院应予支持。实际履行的合同难以确定，当事人请求参照最后签订的合同结算建设工程价款的，人民法院应予支持。"案涉《备案合同》签订时，某建设集团有限公司已按《建设工程施工合同》约定进场施工。施工过程中，双方亦按照《建设工程施工合同》约定履行各自义务，某建设集团有限公司亦系依据《建设工程施工合同》向某房地产开发有限公司主张工程进度款利息等。因此，《备案合同》既无效也未实际履行，双方实际履行的系《建设工程施工合同》，因案涉工程已经竣工验收合格，故该案应以《建设工程施工合同》为依据结算工程价款。

【律师评析】

《建设工程施工合同司法解释》第二十四条规定："当事人就同一建设工程订立的数份建设工程施工合同均无效，但建设工程质量合格，一方当事人请求参照实际履行的合同关于工程价款的约定折价补偿承包人的，人民法院应予支持。"当建设工程合同中多份合同均无效时，应以双方实际履行的合同作为结算工程款的依据。因此，实际履行合同如何认定是关键所在。最高人民法院认为，可以根据案涉工程的工程进度、施工范围、工程价款约定等几方面综合判断，可见施工合同实质性内容是判断实际履行合同的关键要素。

实践中，对于具体合同争议双方可以通过举证双方付款凭证（如发包方向承包方支付的工程预付款、进度款金额、付款时间）、双方负责人签字盖章的往来材料（如双方工程签证单、工程联系单、工程联系函等文件）、审计出具的结算报告、工程竣工验收报告等材料来确定案涉工程的实际工程进度、实际施工范围、工程价款等争议性问题，进而来确定实际履行的合同。

问题十　对中标合同进行补充变更是否属于签订"黑合同"？

【问题概述】

《建设工程施工合同司法解释（一）》第二条规定："招标人和中标人另行签订的建设工程施工合同约定的工程范围、建设工期、工程质量、工程价款等实质性内容，与中标合同不一致，一方当事人请求按照中标合同确定权利义务的，人民法院应予支持。"

实务中通常把中标合同称为"白合同"，把另行签订的与中标合同实质性内容不一致的合同称为"黑合同"，但在对中标合同进行补充变更的情况下，如何认定补充变更后的中标合同是否属于"黑合同"？

【相关判例】

湖北某建筑工程有限公司与武汉某环境科技股份有限公司建设工程施工合同纠纷［湖北省咸宁市中级人民法院（2019）鄂12民终1050号］

【法院观点】

《建设工程施工合同司法解释（二）》第九条规定："发包人将依法不属于必须招标的建设工程进行招标后，与承包人另行订立的建设工程施工合同背离中标合同的实质性内容，当事人请求以中标合同作为结算建设工程价款依据的，人民法院应予支持，但发包人与承包人因客观情况发生了在招标投标时难以预测的变化而另行订立建设工程施工合同的除外。”

该案中，首先，某县污水处理厂项目属关系社会公共利益的基础设施项目，原国家发展计划委员会规定了必须招标的工程项目范围（2018年国家发展和改革委员会令第16号及发改法规规〔2018〕843号文件规定，污水排放及处理项目不再纳入必须招标项目的范围），某县人民政府已按当时的规定通过招标方式将该项目交由武汉某环境科技股份有限公司特许经营，且该公司负责污水处理厂的基本建设。此后，武汉某环境科技股份有限公司又以建设单位的名义将该项目中的污水处理厂外管网工程分包给湖北某建筑工程有限公司施工（厂区内的土建施工和设备安装另分包给他人），该分包合同的发包方为武汉某环境科技股份有限公司，承包方为湖北某建筑工程有限公司，双方均有契约自由，因武汉某环境科技股份有限公司并非必须招标工程的发包方主体，故讼争建设工程并非必须招标的建设工程。其次，武汉某环境科技股份有限公司与湖北某建筑工程有限公司虽签订了一份与中标金额1870万元相一致的施工合同，但因工程设计变更和工程范围部分核减，双方又签订了一份金额为1498万元的施工合同，该合同是对原合同的补充和变更，并非“黑合同”。再次，双方讼争的工程系管网工程，随着施工进度的深入，施工地不断变化，施工方案也具有不确定性，发生设计变更和工程量增减属正常情况，在后来的施工过程中也确实将绝大部分原设计图中沿居民区铺设管道及顶管施工的工作更改为沿河道两侧铺设，导致工程量明显变化。最后，工程设计变更经过了武汉某环境科技股份有限公司和湖北某建筑工程有限公司及工程监理方三方认可，且在施工过程中体现工程量的《工程联系单》也经过了武汉某环境科技股份有限公司和湖北某建筑工程有限公司及监理方三方的工作人员签字确认。

因此，案涉工程并非必须招标的建设工程，武汉某环境科技股份有限公司与湖北某建筑工程有限公司因客观情况发生了在招标时难以预见的变化而另行达成的协议，均应作为结算工程价款的依据。法院对武汉某环境科技股份有限公司抗辩应以中标合同固定价确定工程价款的理由不予支持。

【律师评析】

《建设工程施工合同司法解释（一）》第二条规定：“招标人和中标人另行签订的建设工程施工合同约定的工程范围、建设工期、工程质量、工程价款等实质性内容，与中标合同不一致，一方当事人请求按照中标合同确定权利义务的，人民法院应予支持。”由此可见，在签订中标合同后，招标人和中标人不得再订立背离合同实质性内容的其他协议。

实践中，由于工程复杂程度高、施工周期长、变化大，随着施工进度的深入，发包方与承包方之间往往会就工程中出现的具体问题签订补充、变更协议，由此容易导致“黑白合同”的现象出现。当原来签订的“白合同”变成“黑合同”，或者因“黑合同”被认定无效而导致不得不适用“白合同”时，可能使得发包单位或承包单位利益失衡。结合上述案例，对于发包单位或承包单位而言，如何避免补充变更合同被认定为“黑合同”，关键在于认定所补充或变更的内容是否构成“实质性内容的变更”，因此，建议发包单位或承包单位从以下几方面进行审查：

第一，判断工程范围是否发生变化，若发包人在签订中标合同后又通过签订补充协议的方式来缩小承包人施工范围则构成对中标合同实质性内容的变更；

第二，对比工程工期是否发生缩短或延长，若在整体工程未发生重大变化的情况下，发包人与承包人另行签订补充合同来缩短或延长工期则构成对中标合同实质性内容的变更；

第三，确定工程质量是否可以保证，若在中标后，发包人与承包人另行签订补充合同来降低工程质量要求，则构成对中标合同实质性内容的变更；

第四，对比工程价款是否发生重大改变，若出现明显高于市场价格购买承建房产、无偿建设住房配套设施、让利、向建设单位捐赠财物等情况则构成对中标合同实质性内容的变更。

问题十一　因设计变更增加工程款而另行订立的补充协议，是否属于对中标合同实质性内容的变更?

【问题概述】

根据《招标投标法》第四十六条之规定，招标人和中标人不得再行订立背离合同实质性内容的其他协议。但是在建设工程施工过程中，发包人与承包人时常会因为工程设计变更导致工程款增加等原因而另行订立补充协议，那么该补充协议是否属于对中标合同实质性内容的变更呢?

【相关判例】

某矿业开发有限责任公司与某农牧场有限公司建设工程施工合同纠纷［最高人民法院（2021）最高法民申 6808 号］

【法院观点】

《补充协议书》《补充协议书二》《会议纪要》属于合法有效的结算协议。该案二审判决认定《补充协议书》《补充协议书二》《会议纪要》中的结算条款无效，属于认定事实不清，适用法律错误。(1)《补充协议书》《补充协议书二》《会议纪要》形成于工程竣工移交近一年后，是某矿业开发有限责任公司与某农牧场有限公司根据施工期间的客观情况而签订的最终结算协议，是合法有效的结算协议，不是另行签订的背离合同实质性内容的其他协议。《补充协议书》《补充协议书二》《会议纪要》是在客观环境发生巨大变化的情况下签订的结算协议。某农牧场有限公司变更案涉工程设计一方面导致某矿业开发有限责任公司无法正常施工，造成某矿业开发有限责任公司产生窝工、物料损失；另一方面导致工程量大幅增加。此期间管材价格成倍上涨，某农牧场有限公司为保证工程进度要求某矿业开发有限责任公司购买价格上涨后的管材。基于以上原因，某农牧场有限公司于工程竣工移交近一年后主动要求签订《补充协议书》《补充协议书二》《会议纪要》等最终结算协议，承诺据实结算。某农牧场有限公司在工程交付后迟迟不给付工程款，出具结算文件后主张合同无效，以此获取更多经济利益。某农牧场有限公司的不诚信行为，恶意明显，不应予以支持。《2015 年全国民事审判工作会议纪要》第 46 条规定：“建设工程开工后，因设计变更、建设工程规划指标调整等客观原因，发包人与承包人通过补充协议、会议纪要、往来函件、签订洽商记录形式变更工期、工程价款、工程项目性质的，不应认定为变更中标合同的实质性内容。”《北京市高级人民法院关于审理建设工程施工合同纠纷案件若干疑难问题的解答》第16条第2款规定：“备案的中标合同实际履行过程中，工程因设计变更、规划调整等客观原因导致工程量增减、质量标准或施工工期发生变化，当事人签订补充协议、会谈纪要等书面文件对中标合同的实质性内容进行变更和补充的，属于正常的合同变更，应以上述文件作为确定当事人权利义务的依据。”据此，可以认定《补充协议书》《补充协议书二》《会议纪要》属于合法有效的结算协议，应当作为该案的结算依据。(2)《土地整治工程建设施工合同》属于可调价合同，某矿业开发有限责任公司与某农牧场有限公司根据实际情况进行工程价款调整并签订《补充协议书》《补充协议书二》《会议纪要》等结算协议，合法有效。《土地整治工程建设施工合同》中没有约定该合同价格为固定总价合同，合同通用条款第31.1条明确约定招标投标工程量是估算工程量，同时第39.2条第（2）款、第39.6条均明确约定单价可调，因此该案中招标投标工程量和综合单价均不固定，该合同属于可调价合同，并非固定总价合同。另外，案涉工程在实际施工过程中发生了因某农牧场有限公司原因而导致的工程量变更。案涉工程与招标时相比，已经发生了巨大变化，基于该事实该工程不能按照中标价进行结算。此外，施工期间的管材价格上涨的风险已经远远超出了某矿业开发有限责任公司所能预见的合理范围。《土地整治工程建设施工合同》第20条亦明确约定“合同未尽事宜，双方另行签订补充协议。补充协议是合同的组成部分”。该约定亦能证明某矿业开发有限责任公司与某农牧场有限公司所签订的《补充协议书》《补充协议书二》《会议纪要》并未违反主合同的约定，也说明依据合同的约定，双方可以根据施工客观情况的变化而签署关于变更、洽商方面的协议或者其他文件。

【律师评析】

《招标投标法》第四十六条规定：“招标人和中标人不得再行订立背离合同实质性内容的其他协议。”由此可见，招标人和中标人不应当对中标合同进行实质性的变更。

但是，实践中由于建设工程复杂程度高、施工周期长、变化大，时常会发生招标投标时难以预见的工程设计变更等，会导致工程量、工程款发生变化，面对这种情况，不应当“一刀切”地阻止双方当事人变更合同，而应当允许双方协商补充。故当事人只要不是为了恶意规避招标投标程序，其就设计变更而另行订立的补充协议不应当被认定为背离中标合同的实质性内容。

问题十二　承包人放弃因发包人导致的工期延误的索赔权利，是否实质性违背招标投标文件中有关违约责任的约定？

【问题概述】

在工程实务中，当事人就同一建设工程另行订立的施工合同与经过备案的中标合同实质性内容不一致时，备案合同的效力优先于其他合同。那么承包人在另行订立的施工合同中约定放弃因发包人导致的工期延误索赔，是否属于实质性违背招标投标文件中的违约责任约定？

【相关判例】

某建筑有限公司与某企业发展有限公司建设工程施工合同纠纷［最高人民法院（2021）最高法民申 5098 号］

【法院观点】

关于案涉施工合同的效力问题。案涉工程由某建筑有限公司总承包，根据双方对工程承包范围的约定，部分非主体工程由某企业发展有限公司指定分包，某建筑有限公司关于案涉施工合同因某企业发展有限公司支解建设工程而无效的主张，缺乏事实和法律依据。某建筑有限公司主张案涉施工合同背离了招标文件的实质性内容，该案应以招标文件作为认定双方结算情况、违约责任等的依据。某建筑有限公司提交的招标文件在违约责任的约定上与案涉施工合同有所不同。招标文件中的专用合同条款 16.1.1 约定："发包人违约的其他情形：对工程中途停建、缓建或者由于发包人错误造成的返工，发包人应采取措施弥补或减少损失；同时，发包人应赔偿承包人由此产生的停工、窝工、返工、倒运、人员和机械设备调遣、材料和构件积压等相关损失，工期顺延；因发包人原因导致工程工期顺延过程中遇到材料、人工价格上涨的，发包人应支付该差价等。"施工合同专用合同条款 16.1.1 约定："发包人违约的其他情形：因发包人原因导致工程中途停建、缓建或者暂停施工的，工期相应顺延，承包人应采取措施减少损失，但承包人放弃就费用及损失提出任何补偿或索赔的权利。"施工合同专用合同条款 16.2.3 则在招标文件专用合同条款 16.2.3 的基础上，增加了"承包人不得以任何理由停工、怠工、取闹，否则视为违约，并向发包人支付本合同总价的 5％作为违约金。经发包方书面催告后，承包人仍未改正的，发包人有权解除合同……"及承包人不得将工程转包、违法分包或变相联名转包，若违反此约定将被视作根本性违约等约定。建设工程施工合同应以招标投标文件为依据，但合同当事人可以根据具体情况，通过平等协商的方式，在合同中对招标投标文件予以具体细化。某建筑有限公司通过施工合同约定放弃了因发包人原因造成工期顺延情况下承包人就相关费用及损失向发包人提出补偿或索赔的权利，同意增加因承包人违约而解除合同的情形，属于其对自身民事权利的处分。上述违约条款不属于可能限制或排除其他竞标人参与竞争的实质性条款，是双方就招标文件中的违约责任的细化与完善，不违反法律、行政法规的强制性规定，某建筑有限公司以此为由主张案涉施工合同无效，于法无据，不应支持。

【律师评析】

《建设工程施工合同司法解释（一）》第二条第一款规定："招标人和中标人另行签订的建设工程施工合同约定的工程范围、建设工期、工程质量、工程价款等实质性内容，与中标合同不一致，一方当事人请求按照中标合同确定权利义务的，人民法院应予支持。"

根据该规定，判定施工合同是否存在实质性变更主要看工程范围、建设工期、工程质量、工程价款这四项内容，不过需要注意的是除上述四项外，司法实践中也常将工程项目的性质、工程价款的结算方式、支付方式等对当事人基本权利义务产生严重影响的其他条款认定为实质性内容。

该案中，最高人民法院认为合同条款未背离招标投标文件实质性内容的主要理由在于该违约责任条款相较于招标投标文件内容，仅加重了承包人的义务，不会限制或排除其他投标人参与竞争，故属于双方对招标投标文件中有关违约责任约定的细化与完善。合同条款变更内容是否影响到其他投标人公平参与竞争是背离实质性内容的一个重要判断标准。

问题十三 固定单价承包模式下，发承包人协商确定工程量以及合同总价是否违背招标投标文件实质性条款？

【问题概述】

建设工程施工过程中，参与主体众多，利益分配复杂，合同履行时间较长。在经招标投标程序确定的中标合同约定的固定单价承包模式下，因设计变更等情况，发承包人在实际履行过程中可能协商确定工程量以及合同总价，该情形属于当事人双方意思自治还是属于违背招标投标文件的实质性条款？

【相关判例】

某建工集团有限公司新疆分公司与某工程开发（集团）有限公司天津分公司、某工程开发（集团）有限公司建设工程施工合同纠纷［最高人民法院（2018）最高法民终 153 号］

【法院观点】

关于固定单价和固定总价以及最终价格的确定是否影响合同效力的问题。某建工集团有限公司新疆分公司认为招标文件采取的是固定单价，但相关协议约定的是固定总价，且价格几次变化，背离了中标结果，应属无效。《招标投标法》第四十六条规定：“招标人和中标人应当自中标通知书发出之日起三十日内，按照招标文件和中标人的投标文件订立书面合同。招标人和中标人不得再行订立背离合同实质性内容的其他协议。”从某工程开发（集团）有限公司天津分公司制作的招标文件看，固定总价是在固定单价的计价方式基础上根据工程量计算得出。某建工集团有限公司新疆分公司在投标函中表示，其理解并同意中标价为固定价，即在投标有效期内和合同有效期内，该价格固定不变，表明其认可以固定总价进行结算。后双方据此签订《合同协议书》，约定本合同为固定总价合同，并未背离招标投标结果。虽然案涉投标价、中标价、合同价并不完全相同，但一方面，投标价格 12669.7 万元、中标价格 11900 万元以及合同约定价格 11776.24 万元三个价格之间并无特别巨大的差异，另一方面，由于合同总价是根据固定单价计算得出，有关工程量需要双方磋商确认，故经双方协商确定最后价格并无不妥。因此，该案固定单价、固定总价的表述以及价格的调整并不属于《招标投标法》第四十六条第一款规定的招标人和中标人再行

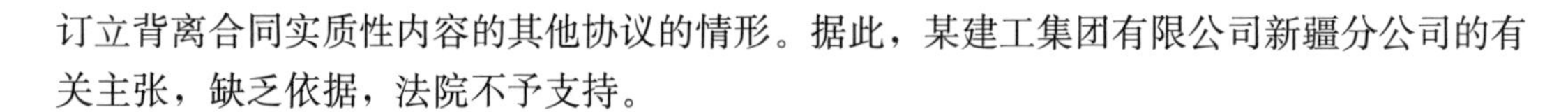

订立背离合同实质性内容的其他协议的情形。据此，某建工集团有限公司新疆分公司的有关主张，缺乏依据，法院不予支持。

【律师评析】

建设工程施工合同条款是否背离招标投标文件的实质性内容，目前并无一个明确的判断标准。故除依据《招标投标法实施条例》第五十七条第一款、《建设工程施工合同司法解释（一）》第二条第一款的规定外，实务中还应结合案件具体情况，从保障招标投标公平竞争、保护合同主体权利及合同实际履行等角度来进行认定。

结合实务判例，审查建设工程施工合同内容的实质性变更，不仅要考虑变更范围，还需要考虑变更程度，虽然现有的法律法规并没有明确判断合同内容不一致程度的量化标准，但不代表只要是实质性内容的变更都能造成合同的实质性变更。虽然有些条款的变更已经涉及实质性内容的变更，但变更的程度较小，没有导致合同当事人的权利义务失衡，也未影响社会公共利益，这种情况下的内容变更就不应被认定为实质性变更。

在该案涉及的固定单价承包模式下，投标人一般根据招标人确定的暂定工程量进行单价报价，完工后按照实际工程量进行结算，投标人之间的竞争主要体现在单价金额的高低。在投标及签订合同过程中，合同总价仅是暂定价，只要固定单价不变更，基于双方暂定的工程量调整合同总价，并未影响其他投标人的公平竞争，应当认定系合同双方意思自治的范畴。

问题十四　招标人发出中标通知后拒绝签订合同，应当承担何种责任？

【问题概述】

招标投标是一种缔结合同的程序，一般认为招标是招标人发出要约邀请的行为，投标是投标人发出要约的行为，中标通知书是招标人作出的承诺，该承诺到达中标人后，双方合同即成立，产生相应的权利义务关系，这一合同性质属于预约合同。预约合同既是明确本约合同的订约行为，也是对本约合同的内容进行预先设定，已经协商一致内容在将来签订的本约合同中应予直接确认，其他事项则留待订立本约合同时继续磋商。在工程项目中，若招标人在发出中标通知后未按约签订合同，应当承担何种责任？

【相关判例】

某建设工程有限公司与某商业管理有限公司合同纠纷［北京市朝阳区人民法院（2019）京 0105 民初 31899 号］

【法院观点】

双方争议焦点在于通知中标后合同是否成立以及某商业管理有限公司是否构成违约，如果构成违约应如何承担违约责任。

关于中标通知的性质问题。招标投标是一种缔结合同的程序，一般认为招标是招标人发出要约邀请的行为，投标是投标人发出要约的行为，中标通知书是招标人作出的承诺。该案中，某商业管理有限公司向某建设工程有限公司发出招标邀请，某建设工程有限公司投标，某商业管理有限公司通知某建设工程有限公司中标，中标后双方产生相应的权利义务关系，合同所确定的内容在双方间产生拘束力。合同可以分为预约合同和本约合同。预约合同既是明确本约合同的订约行为，也是对本约合同的内容进行预先设定，已经协商一致内容在将来签订的本约合同中应予直接确认，其他事项则留待订立本约合同时继续磋商。本约合同则是对双方特定权利义务的明确约定。该案中，判断中标后是成立本约合同还是预约合同，应当看是否已经具备合同的主要内容，符合法律规定的生效要件。某建设工程有限公司为冰球馆冰场工程建设招标，招标范围包含设备材料供货和施工安装，结合中标后某商业管理有限公司草拟的《工程施工合同》，可知通过招标投标双方希望订立的是建设工程合同。建设工程合同应当采用书面形式，主要内容应包括工程范围、建设工期、中间交工工程的开工和竣工时间、工程质量、工程造价、技术资料交付时间、材料和设备供应责任、拨款和结算、竣工验收、质量保修范围和质量保证期、双方相互协作等条款。招标投标文件主要涉及了付款方式、技术方案、施工安装方案、报价清单，其他建设施工合同应当包含的诸多内容尚未明确，属于未决条款，仍需在订立书面合同过程中继续磋商。另外，《中标通知书》中“请贵公司接到本通知后……与我公司签订正式合同”以及“仅作为资格确认文件，具体权利义务以签署生效的正式合同及/或补充合同约定为准”等表述，明确表达了某商业管理有限公司欲与某建设工程有限公司继续磋商并在将来一定期限内订立合同的意愿。因此通知中标后，某建设工程有限公司与某商业管理有限公司成立预约合同。

关于违反预约合同应承担的法律后果的问题。预约合同的意义，是在公平、诚信原则下继续进行磋商，为最终订立正式的、条款完备的本约合同创造条件。如果一方违背公平、诚信原则，拒绝订立本约合同，构成对预约合同的违约，应当承担预约合同的违约责任。该案中，某商业管理有限公司终止磋商拒绝订立本约合同，违反了预约合同义务，但其主张是因政府取消项目导致无法订立合同且某建设工程有限公司不具备勘验资质，因此某商业管理有限公司不存在过错。《招标投标法》第九条规定：“招标项目按照国家有关规定需要履行项目审批手续的，应当先履行审批手续，取得批准。”第十七条规定：“招标人采用邀请招标方式的，应当向三个以上具备承担招标项目的能力、资信良好的特定的法人或者其他组织发出投标邀请书。”因此，取得项目批准手续以及核实招标人资质情况，是某商业管理有限公司在发出招标邀请前应当履行的义务，不能作为通知中标后拒绝签订本约的合理事由。某建设工程有限公司获知中标后积极与某商业管理有限公司进行磋商，并出于信赖履行部分本约合同义务，某商业管理有限公司无合理事由拒绝订立本约合同，违背了公平、诚信原则，应当承担违约责任。

关于损失确定的问题。一方不履行合同义务或者履行合同义务不符合约定，给对方造成损失的，损失赔偿额应当相当于因违约所造成的损失，包括合同履行后可以获得的利益，但是不得超过违约一方订立合同时预见或者应当预见到的违约可能造成的损失。某建设工程有限公司向某商业管理有限公司主张的损失包括直接损失和间接损失。其中，直接损失包括为购买进口冰车和自动控制系统支付的预付款、规划设计费。因某建设工程有限公司未提交销售方拒绝退款的证据，因此预付款是否实际损失尚未确定，在该案中法院不予支持，若该损失确实发生某建设工程有限公司可以另行主张。某建设工程有限公司已经进行了勘验、设计等工作，为此产生了必要的支出，投标文件中规划设计费的报价为80000元，本约合同的内容应当符合招标投标文件中的实质内容，因此法院对某建设工程有限公司按投标文件报价主张的设计费予以支持。关于某建设工程有限公司主张的预期利益损失，其既未提交证据证明行业收益率，亦未提交证据证明因某商业管理有限公司违约影响了其与他方的合同履行，是否盈利受到诸多因素影响，其状况和数额均具有不确定性，故法院对某建设工程有限公司主张预期收益损失的诉讼请求，不予支持。

【律师评析】

《招标投标法》第四十五条规定："中标人确定后，招标人应当向中标人发出中标通知书，并同时将中标结果通知所有未中标的投标人。中标通知书对招标人和中标人具有法律效力。中标通知书发出后，招标人改变中标结果的，或者中标人放弃中标项目的，应当依法承担法律责任。"第四十六条规定："招标人和中标人应当自中标通知书发出之日起三十日内，按照招标文件和中标人的投标文件订立书面合同。招标人和中标人不得再行订立背离合同实质性内容的其他协议。"

根据上述法律规定，采用招标投标方式订立合同时，中标通知书发出仅意味着中标人确定，并不发生合同成立的效力，在此之后，双方还应当依据招标投标文件的内容另行签订正式书面合同，即中标通知书确定中标人后，招标人与中标人之间成立以签订本约合同为义务的预约合同，双方均负有订立本约合同的义务，如果一方违背公平、诚信原则，拒绝订立本约合同，构成对预约合同的违约，应当承担预约合同的违约责任。

问题十五　中标人逾期缴纳保证金，中标资格能否被取消?

【问题概述】

根据《招标投标法》第四十六条第二款的规定，中标人应当按照招标文件的要求提交履约保证金。履约保证金作为招标投标法中规定的担保措施之一，其目的在于督促中标人全面履行义务，保障招标人的利益。然而工程实务中时常出现中标人逾期缴纳保证金的现象，那么在这种情况下中标人的中标资格是否会被取消呢?

【相关判例】

某建设集团有限责任公司与某房地产开发公司合同纠纷［最高人民法院（2014）民一终字第155号］

【法院观点】

关于某建设集团有限责任公司被取消中标资格双方的过错及责任认定问题。按照《招标文件》第三章第七部分第10条的约定，某建设集团有限责任公司在收到中标通知书后10天内，且在签订合同前，须向某房地产开发公司提供履约保证金9000万元，履约担保可以现金或银行保函的方式提交；按照某房地产开发公司、某工程管理有限公司 2010 年 10 月 25 日共同作出的《中标通知书》的要求，某建设集团有限责任公司应于 2010 年 11 月 24 日前到某房地产开发公司与招标人签订合同。某建设集团有限责任公司虽然没有在上述文件及通知要求的时限内向某房地产开发公司提交履约保证金，亦未与某房地产开发公司签订合同，但就逾期提供保函，某建设集团有限责任公司于 2010 年 11 月 30 日向某房地产开发公司递交了《承诺函》，承诺将于 2010 年 12 月 8 日前提交银行保函，该《承诺函》送达某房地产开发公司后，某房地产开发公司未作出明确意思表示，同意或拒绝某建设集团有限责任公司逾期提供保函。2010 年 12 月 8 日，某房地产开发公司接收了某建设集团有限责任公司按照上述《承诺函》载明时限提交的银行保函。

二审法院认为，某房地产开发公司在收到某建设集团有限责任公司的《承诺函》后未予明确表态的默示行为，虽然不能单独作为认定其同意某建设集团有限责任公司逾期提交履约保证金的事实依据，但结合其嗣后实际接收了某建设集团有限责任公司按照《承诺函》载明期限提交的银行保函的行为，应当认为，某房地产开发公司对某建设集团有限责任公司逾期提交履约保证金的行为予以接受，双方当事人以实际行为变更了原合同约定的履约保证金提交期限的约定。某房地产开发公司主张其从未同意某建设集团有限责任公司变更履约保证金的提交期限，与事实不符。

就某房地产开发公司所持招标投标文件中关于履约保证金的提交期限，系合同实质性内容，依法不允许当事人予以变更的主张，二审法院认为，工期、工程价款、工程项目性质等中标结果中所包含的内容，应视为中标合同的实质性内容，为维护国家、集体、第三人合法权益，招标人和中标人不得另行签订协议予以变更。履约保证金的提交期限，不属于中标合同的实质性内容，当事人应可依据《合同法》第七十七条第一款之规定予以变更。故对某房地产开发公司的上述主张，二审法院不予采信。

根据招标投标文件的约定，双方当事人应在投标方提交履约保证金后签订建设施工合同，故在双方未作出相反意思表示的情况下，履约保证金提交期限顺延后，签约期限应作相应合理顺延。在某房地产开发公司同意变更履约保证金的提交期限，并实际接受了某建设集团有限责任公司逾期提交的履约保证金的情况下，二审法院认为，招标投标文件约定的招标人取消投标人中标资格的条件尚未成就。某房地产开发公司于 2010 年 12 月 14 日通知取消某建设集团有限责任公司中标资格，违反了双方的合同约定，应承担相应的违约责任。一审判决认为某房地产开发公司通知取消某建设集团有限责任公司的中标资格，系依法行使合同约定解除权，属于认定事实不清，适用法律错误，二审法院依法予以纠正。

【律师评析】

《民法典》第一百五十八条之规定："民事法律行为可以附条件，但是根据其性质不得附条件的除外。附生效条件的民事法律行为，自条件成就时生效。附解除条件的民事法律行为，自条件成就时失效。"结合该案来看，在收到中标通知书后 10 天内，且在签订合同前，提交相应的履约保证金是成立预约合同的条件，某建设集团有限责任公司虽未按期缴纳履约保证金，亦未与某房地产开发公司签订本约合同，但其就逾期行为向某房地产开发公司提供了《承诺函》，且某房地产开发公司也实际接收了某建设集团有限责任公司按照《承诺函》提交的银行保函，应当认为双方当事人以实际行为变更了原合同约定的履约保证金提交期限的约定。

据此，根据招标投标文件的约定，双方当事人应在中标人提交履约保证金后签订建设施工合同，故在双方未作出相反意思表示的情况下，履约保证金提交期限顺延后，签约期限应作相应合理顺延，招标投标文件约定的招标人取消中标人的中标资格的前提条件不复存在。

第二章

建设工程相关主体

问题一 建设工程领域，“背靠背”条款的法律效力如何认定？

【问题概述】

建设工程分包合同中，总承包人通常与分包人约定“背靠背”条款，即总承包人支付分包人工程款系以发包人向总承包人支付相应比例工程款为前提条件。在分包人起诉总承包人要求支付分包款时，总承包人即以发包人未付工程款为由主张付款条件未成就，那么“背靠背”条款的法律效力如何认定呢？

【相关判例】

某建筑有限公司与某市政工程有限公司、某城市开发建设投资有限公司建设工程施工合同纠纷［最高人民法院（2020）最高法民终106号］

【法院观点】

关于该案工程款是否已具备支付条件的问题，该问题的争议主要在三个方面，一是案涉工程是否已经竣工，二是某建筑有限公司主张的工程款支付所附审计条件是否成就，三是某建筑有限公司主张的工程款支付所附“背靠背”条件是否成就。

关于“背靠背”付款条件是否已经成就，某建筑有限公司提出双方约定了在某城市开发建设投资有限公司未支付工程款情况下，某建筑有限公司不负有付款义务。但是，某建筑有限公司的该项免责事由应以其正常履行协助验收、协助结算、协助催款等义务为前提，作为某城市开发建设投资有限公司工程款的催收义务人，某建筑有限公司并未提供有效证据证明其在盖章确认案涉工程竣工后至该案诉讼前，已积极履行以上义务，对某城市开发建设投资有限公司予以催告验收、审计、结算、收款等。相反，某建筑有限公司工作人员房某的证言证实某建筑有限公司主观怠于履行职责，拒绝某市政工程有限公司要求，始终未积极向建设单位主张权利，该情形属于《合同法》第四十五条第二款规定的附条件的合同中当事人为自己的利益不正当地阻止条件成就的，视为条件已成就的情形，故某建筑有限公司关于“背靠背”条件未成就、某建筑有限公司不负有支付义务的主张，理据不足。

【律师评析】

在建设工程合同中，“背靠背”条款通常被认定为合法有效，但这也不意味着总承包人以“背靠背”条件未成就，主张不负有支付义务的抗辩就能得到法律支持，实务中需要结合个案情况，具体分析“背靠背”条款是否适用。

合同中约定的“工程款待业主支付后再予支付”的内容，属于附期限支付工程款的约定，需要考虑约定该条款时双方当事人的期限利益。但转包人或违法分包人不能因为该条款约定而怠于向发包人主张权利，使合同相对人的期限利益长期得不到实现。因此，无论转包或违法分包合同是否有效，如果转包人或违法分包人在合同履行中怠于行使权利主张债权，妨碍转包或违法分包合同相对人权利实现，其又依据该条款约定抗辩，不支付工程款的，不予支持。转包人或违法分包人在合同履行中是否存在怠于行使权利的情形认定，可以参照代位权制度的相关规定，并由实际施工人承担举证责任。

实践中，一些合同中还约定有“发包人不向承包人支付工程款的，承包人也不向实际施工人支付”等条款内容，属于附条件支付工程款的约定，需要考虑该条款约定的付款条件是否成就以及是否存在阻碍条件成就的情形。如果在合同履行中存在转包人或违法分包人怠于向发包人行使权利主张债权，使合同所附的条件得不到成就的情形，而转包人或违法分包人依据该条款约定主张不支付工程款的，则属于以不作为的方式阻碍条件成就，不予支持。

综上，在建设工程分包合同有效且约定“背靠背”条款的前提下，转包人或者违法分包人以该条款主张付款期限未届满往往需要承担更高的举证责任：（1）施工单位就该条款的明确性需要承担举证责任，即该条款包含基本的付款时间、付款周期、付款节点等；（2）施工单位应当举证证明建设单位未足额支付工程款；（3）施工单位应当举证证明建设单位未足额支付工程款并非自身原因导致，且施工单位已积极向业主单位主张权利并未怠于行使权利。

问题二　如何区别内部承包合同与违法分包、转包或者挂靠合同？

【问题概述】

内部承包作为建筑施工企业常见的经营方式，有利于建设工程的施工管理。然而在司法实务中，内部承包合同极容易被认定为违法分包、转包或挂靠合同，从而导致合同无效。那么建设工程施工合同中，如何区别内部承包合同与违法分包、转包或者挂靠合同呢？

【相关判例】

某置业有限公司与某建筑集团有限公司等建设工程施工合同纠纷［最高人民法院（2021）最高法民申5704号］

【法院观点】

关于某建筑集团有限公司与第三人朱某之间属于何种法律关系的问题。一审判决认定某建筑集团有限公司与朱某之间属于挂靠关系，二审判决认定某建筑集团有限公司与朱某之间属于内部承包关系。某置业有限公司申请再审称，某建筑集团有限公司与朱某之间应当属于挂靠关系，该案二审判决认定某建筑集团有限公司与朱某之间属于内部承包关系错误。某置业有限公司的主要理由是某建筑集团有限公司除了提交目标管理责任书以及朱某与某建筑集团有限公司之间的劳动合同等证据以外，并无其他证据证明其与朱某之间存在着真实的内部承包关系，目标管理责任书、劳动合同等并没有实际履行；某建筑集团有限公司未能举证证明在该案施工项目管理所涉的技术、设备、资金等方面向第三人朱某提供了支持。

再审法院认为，2010年后，某建筑集团有限公司聘用朱某担任某建筑集团有限公司南通分公司负责人，双方订立无固定期限劳动合同和目标管理责任书，主要约定了朱某承包某建筑集团有限公司南通分公司，自主经营，自负盈亏，每年向某建筑集团有限公司上缴固定利润，自行承担某建筑集团有限公司南通分公司职工工资及社保等全部费用，并以个人资产作抵押对目标管理责任负责。某置业有限公司虽然提出上述目标管理责任书、劳动合同等并没有实际履行，但客观上某建筑集团有限公司南通分公司2010年以后处于由朱某实际经营状态，某置业有限公司也没有提供反证证明朱某系基于挂靠或其他法律关系而实际经营管理某建筑集团有限公司南通分公司。从朱某实际经营管理某建筑集团有限公司南通分公司的客观事实看，朱某与某建筑集团有限公司的关系也更符合企业内部承包关系的法律特征。2010年以后双方分三期签订为期九年的目标管理责任书，朱某每年均需向某建筑集团有限公司上缴固定利润，而非如挂靠关系那样按照所挂靠的具体工程项目的固定比例缴纳管理费。至于企业内部承包经营期间，朱某以某建筑集团有限公司南通分公司的名义联系材料供应商，与大型机械设备出租方进行洽谈并签订相关协议，另行任用财务人员、项目经理、技术人员等，均不能改变内部承包经营的法律性质。在该案纠纷产生以后，某建筑集团有限公司派出项目管理人员对案涉工程质量等问题进行了相关善后工作，对工程质量承担了相应责任。上述事实，均证明某建筑集团有限公司与朱某之间系内部承包经营法律关系。因此，某置业有限公司提出该案二审判决认定某建筑集团有限公司与朱某之间系内部承包经营法律关系错误的申请理由，不能成立。

【律师评析】

根据《建设工程施工合同司法解释（一）》的相关规定，司法实务中认定内部承包合同主要从以下几个要件出发：第一，内部承包关系中，发包方与承包方应存在真实的隶属管理关系，内部承包人应为发包方的在册员工，具体可以从双方是否签订书面劳动合同、企业是否为员工缴纳社会保险、企业是否按时向员工发放工资等来判断；第二，内部承包

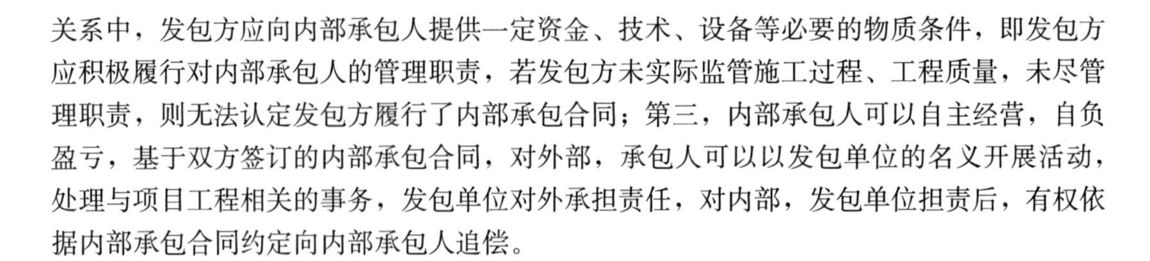

关系中，发包方应向内部承包人提供一定资金、技术、设备等必要的物质条件，即发包方应积极履行对内部承包人的管理职责，若发包方未实际监管施工过程、工程质量，未尽管理职责，则无法认定发包方履行了内部承包合同；第三，内部承包人可以自主经营，自负盈亏，基于双方签订的内部承包合同，对外部，承包人可以以发包单位的名义开展活动，处理与项目工程相关的事务，发包单位对外承担责任，对内部，发包单位担责后，有权依据内部承包合同约定向内部承包人追偿。

问题三　如何认定建设工程实际施工人？

【问题概述】

实际施工人是指建设工程施工合同被认定无效情形下实际完成工程建设的主体，其可能是法人、非法人团体、个人合伙以及自然人等，在工程实务中，相当大比例案件都与实际施工人有关，那么建设工程案件中的实际施工人如何认定呢？

【相关判例】

某建设集团有限公司、某房地产开发有限公司、黄某建设工程施工合同纠纷［最高人民法院（2020）最高法民终 1269 号］

【法院观点】

关于某房地产开发有限公司、某建设集团有限公司、黄某之间的关系如何认定的问题。二审法院认为，某建设集团有限公司与某房地产开发有限公司并无签订、履行案涉建设工程施工合同的真实意思表示，双方签订的《建设工程施工合同》及《补充协议》无效；黄某为借用某建设集团有限公司资质的案涉工程实际施工人。主要理由如下。

首先，该案已查明，某房地产开发有限公司原副董事长屈某证明系黄某与其接洽承揽工程，劳务分包负责人陈某、张某证言和监理公司证明等可证实黄某组织进场施工时间早于该案《建设工程施工合同》签订时间。历次会议纪要显示黄某及其下属负责人员余某、葛某、施某、张某等参与了工程施工。除安全员时某外，某建设集团有限公司主张派驻的管理人员沈某、赵某、王某等人均未出现；监理公司也证实除安全员时某外无其他某建设集团有限公司的工作人员参与工程施工；案涉工程劳务分包负责人陈某、张某在该案一审第一次庭审中出庭作证，证明其受黄某指派进行施工，对黄某负责。上述证据可以证明黄某在某建设集团有限公司中标案涉工程之前与某房地产开发有限公司接洽工程具体事宜，并在某建设集团有限公司中标之前就已进场施工，案涉工程的主要工作人员均为黄某聘请，黄某实际组织了案涉工程的施工。虽然某建设集团有限公司上诉主张项目人员黄某、时某、王某、沈某、赵某等均为某建设集团有限公司指派任命，项目经理程某也在施工现场履行职责，但其未提交证据予以证明，且与在案证据及一审查明的事实不符。

其次，某建设集团有限公司上诉主张黄某在该案一审第一次庭审期间回答法官询问时称“与某建设集团有限公司曾签订劳动合同”，但黄某称“系为支持某建设集团有限公司起诉某房地产开发有限公司所作的虚假陈述”，且举证证明在施工期间其为南通大学附属医院的工作人员，与南通大学附属医院存在劳动关系。而某建设集团有限公司不能提供证明其与黄某存在劳动关系的劳动合同及社会保障证明，也未向黄某发放工资，因此某建设集团有限公司上诉主张其与黄某存在劳动关系的理由不能成立。在黄某并非某建设集团有限公司员工的情况下，其实施的接洽案涉工程、组织实施案涉工程的施工等行为，不能视为某建设集团有限公司员工的职务行为，某建设集团有限公司与某房地产开发有限公司签订书面《建设工程施工合同》及《补充协议》，后又与黄某签订的《内部经济责任承包书》中，要求黄某充分了解公司与业主方签订的工程施工合同全部条款，严格按照工程施工合同履约，承担全部的合同风险和经济责任，实际为授权黄某履行某建设集团有限公司与某房地产开发有限公司《建设工程施工合同》的权利义务；某建设集团有限公司还出具授权委托书，授权黄某对项目实行管理，提供了某建设集团有限公司的银行账户供黄某使用，为黄某履行其与某房地产开发有限公司之间合同权利义务提供条件。上述行为应视为黄某借用某建设集团有限公司的资质承揽案涉工程，黄某与某建设集团有限公司之间为挂靠关系。因此，某建设集团有限公司主张其与黄某为内部承包关系的主张缺乏证据证明。

再次，某建设集团有限公司上诉主张的已就案涉工程对外支出的有关款项不应当被认定为其对案涉项目的投入。该案已查明，其中1300万元为某建设集团有限公司收取某房地产开发有限公司工程款后对外支付的劳务费，但某建设集团有限公司借支工程款或收取工程款的行为是在黄某借用某建设集团有限公司资质获得授权后发生，黄某通过某建设集团有限公司账户借取或收取某房地产开发有限公司工程款是黄某借用某建设集团有限公司资质的表现形式之一，某房地产开发有限公司向某建设集团有限公司账户转款的行为，以及黄某通过某建设集团有限公司账户收款后，再通过某建设集团有限公司账户向外付款是必然发生的情形，不能证明其对案涉工程进行了资金投入。600万元钢材款，40万元加气块货款均为汇票支付。黄某诉讼中认可某建设集团有限公司的支付属实，但辩称相关款项系其向某建设集团有限公司的借款，结合刘某与黄某的通话录音以及黄某的自认，可证明该案中某建设集团有限公司与黄某之间不仅存在借用资质的关系，双方还存在资金及设备的借贷、借用关系，故某建设集团有限公司向黄某借支货款的事实亦不足以证明某建设集团有限公司是实际施工人。此外，某建设集团有限公司还主张其支付税金，但未提交相应票据，而某建设集团有限公司举证的与该案诉讼行为相关的诉讼费用、律师费用支出等与案涉项目的施工行为无关，二审法院均不采信。综上，某建设集团有限公司主张的其对案涉工程的支出不应当被认定为其对案涉项目的投入。

综上，该案中，某建设集团有限公司虽然与某房地产开发有限公司签订了《建设工程施工合同》及《补充协议》，实际是将其施工资质出借给黄某用于案涉工程的施工，某建设集团有限公司并无签订、履行合同的真实意思表示，一审判决并无不当，二审法院予以维持。某建设集团有限公司上诉主张其为《建设工程施工合同》及《补充协议》的一方当事人并向某房地产开发有限公司主张工程价款及优先受偿权，缺乏事实和法律依据，二审法院不予支持。

【律师评析】

为保护弱势群体的利益，最高人民法院通过司法解释在法律之外创设了实际施工人制度，但是对于实际施工人的认定并无明确标准可以直接适用，进而造成实务中对实际施工人的认定出现争议。笔者在研究了最高人民法院和各省高级人民法院发布的典型案例和参考案例之后，总结出实际施工人一般具备以下几个特点：（1）实际施工人是实际完成工程建设的人；（2）实际施工人一般与发包人没有直接的或名义上的合同关系；（3）成为实际施工人包括转包、违法分包和借用资质（挂靠）三种情形；（4）实际施工人与其签订转包合同、违法分包合同的承包人或出借资质的施工企业之间不存在劳动人事关系。

问题四　实际施工人能否向发包人主张权利？

【问题概述】

基于合同相对性，合同一方当事人通常不能突破合同相对性而向非合同当事人主张权利。但在工程实务中，转包或违法分包情形下的实际施工人向转包人、违法分包人主张权利往往会因种种原因受阻，使得其权利不能及时实现。那么，实际施工人可否突破合同相对性直接向发包人主张权利？

【相关判例】

某建设集团有限公司与某建筑设计有限公司、某投资控股集团有限公司建设工程施工合同纠纷［最高人民法院（2021）最高法民终 1305 号］

【法院观点】

关于某投资控股集团有限公司是否应当在欠付某建筑设计有限公司工程款范围内向某建设集团有限公司承担连带责任的问题。《建设工程施工合同司法解释（一）》第四十三条："实际施工人以转包人、违法分包人为被告起诉的，人民法院应当依法受理。实际施工人以发包人为被告主张权利的，人民法院应当追加转包人或者违法分包人为本案第三人，在查明发包人欠付转包人或者违法分包人建设工程价款的数额后，判决发包人在欠付建设工程价款范围内对实际施工人承担责任。"该条文使得实际施工人在存在转包和违法分包情形的建设工程施工合同中，可在符合特定条件时突破合同相对性向发包人主张权利。

该案中，某建筑设计有限公司和某建设集团有限公司通过招标投标程序订立的《施工总包合同》仅包含基础工程和钢结构工程，而某建筑设计有限公司在其 EPC 总包范围内交由某建设集团有限公司实际施工的工程范围包含基础工程、钢结构工程、屋面幕墙工程、室内精装修工程、暖通空调工程、给水排水消防工程和强电工程。基础工程和钢结构工程属于合法分包，某建设集团有限公司主张某投资控股集团有限公司在欠付工程价款范围内对其承担责任无法律依据，法院不予支持。余下工程项目未经过招标投标程序，已违反《招标投标法》第三条"在中华人民共和国境内进行下列工程建设项目包括项目的勘察、设计、施工、监理以及与工程建设有关的重要设备、材料等的采购，必须进行招标：（一）大型基础设施、公用事业等关系社会公共利益、公众安全的项目……"的规定，属于违法分包，因案涉工程已经竣工验收合格，某建设集团有限公司原则上可作为实际施工人主张某投资控股集团有限公司在欠付工程价款范围内对其承担责任。但是，承包人某建筑设计有限公司已经通过另案起诉发包人某投资控股集团有限公司支付工程款，并没有存在怠于主张权利情形，且另案中法院已判决某投资控股集团有限公司向某建筑设计有限公司支付欠付金额，为防止出现不同生效判决判令发包人就同一债务向承包人和实际施工人重复清偿，该案中法院不再另行判决某投资控股集团有限公司在欠付某建筑设计有限公司工程款范围内向某建设集团有限公司承担连带责任。

【律师评析】

《建设工程施工合同司法解释（一）》第四十三条规定："实际施工人以发包人为被告主张权利的，人民法院应当追加转包人或者违法分包人为本案第三人，在查明发包人欠付转包人或者违法分包人建设工程价款的数额后，判决发包人在欠付建设工程价款范围内对实际施工人承担责任。"根据上述条款，司法实务中判定发包人对实际施工人承担责任需要满足以下三个条件：（1）实际施工人完成的建设工程质量合格，其对于转包人或者违法分包人享有债权；（2）建设工程质量验收合格，承包人对发包人享有债权；（3）发包人在欠付承包人的建设工程价款范围内对实际施工人承担责任。

本书所提到的实际施工人救济制度，是基于建筑工人讨薪难的现实问题，为保护农民工权益而作出的突破合同相对性的特殊制度安排，因此在条文解释上应当严格遵守文义而不宜作扩大解释，盲目扩张其适用范围，这就意味着该条文仅适用于转包、违法分包情形下的实际施工人，而不适用于借用资质的实际施工人。

问题五　多层转包或违法分包情形下，实际施工人能否向总承包人主张工程款?

【问题概述】

工程实务中，多层转包、违法分包的建设工程案件，通常法律关系交错复杂，包括发包人与总承包人的建设工程施工合同关系，总承包人与转包人、分包人的转包、违法分包法律关系，转包人、分包人与实际施工人的工程合同关系等。从总承包人到实际施工人，可能存在层层嵌套的转包、违法分包关系，而实际施工人在一定程度上可以突破合同相对性，向发包人主张工程款，但在多层转包、违法分包中，能否突破合同相对性，向总承包人主张工程款？

【相关判例】

李某与深圳市某科技有限公司、某安装工程有限公司、重庆某建设运营有限公司、深圳市某科技有限公司重庆分公司建设工程分包合同纠纷［重庆市江北区人民法院（2021）渝 0105 民初 32075 号］

【法院观点】

法院认为，根据李某与深圳市某科技有限公司签订的《劳务分包合同》以及其他在案证据，足以认定深圳市某科技有限公司将案涉工程转包给了李某，即在2021年1月14日撤场前，李某系案涉工程的实际施工人。虽然该《劳务分包合同》约定深圳市某科技有限公司协助授权李某在重庆设立分公司，但是明显与事实不符，系为了掩盖非法转包的事实。李某作为自然人，无相应施工资质，故其与深圳市某科技有限公司签订的《劳务分包合同》无效。虽然合同无效，但是案涉工程已经竣工验收合格且投入使用，故李某可以向深圳市某科技有限公司主张其施工内容对应的价款。

关于某安装工程有限公司和重庆某建设运营有限公司承担责任的问题。虽然司法解释规定实际施工人可以突破合同相对性向发包人主张权利，但此处“发包人”仅指建设单位，“实际施工人”也不包括多层转包或违法分包关系中的实际施工人。根据已查明的事实，该案系重庆某建设运营有限公司将某号线一期工程整体发包给某建筑（集团）有限公司，某建筑（集团）有限公司将部分专业分包工程分包给某安装工程有限公司，某安装工程有限公司又将该工程发包给深圳市某科技有限公司，深圳市某科技有限公司又将工程转包给李某；因此，某安装工程有限公司并非建设单位，李某要求该公司承担责任没有法律依据；且李某属于多层转包或违法分包关系中的实际施工人，无权向作为建设单位的重庆某建设运营有限公司主张权利。基于以上事实，对于李某主张某安装工程有限公司、重庆某建设运营有限公司承担责任的请求，法院均不予支持。

【律师评析】

在层层转包或违法分包情形下，总承包人、转包人、违法分包人对实际施工人承担何种责任，法律以及司法解释均没有明确规定，导致司法实践中观点和判决不一。通过对判例进行搜索，总结起来有如下三种观点。第一种观点认为应在欠付范围内承担付款责任。持这种观点的理由是在层层转包或违法分包的情形中，总承包人、转包人、违法分包人相当于发包人的地位，可以按照《建设工程施工合同司法解释（一）》第四十三条第二款的规定在欠付工程款的范围内承担责任。第二种观点认为应该承担连带责任。持这种观点的理由是在总承包人、转包人、违法分包人明知层层转包、违法分包的情况下或者在没有结算的情况下，判令承担连带责任可以更好地保护实际施工人的利益。第三种观点认为不应承担责任。持这种观点的理由是合同相对性原则是合同法的基本原则，总承包人、转包人、违法分包人与实际施工人没有合同关系，故不应承担责任。

笔者认为，多层违法分包下，实际施工人不得突破合同相对性要求总承包人承担连带责任，具体理由如下。《建设工程施工合同司法解释（一）》第四十三条规定：“实际施工人以转包人、违法分包人为被告起诉的，人民法院应当依法受理。实际施工人以发包人为被告主张权利的，人民法院应当追加转包人或者违法分包人为本案第三人，在查明发包人欠付转包人或者违法分包人建设工程价款的数额后，判决发包人在欠付建设工程价款范围内对实际施工人承担责任。”该条第一款的规定意味着在层层转包或者多次违法分包下，实际施工人也仅能根据合同相对性起诉直接转包或者分包给他的合同相对人而不能突破合同相对性要求总承包人承担连带责任，至少没有任何法律法规明文规定违法分包人要承担连带责任。该条第二款的规定以法定形式突破了合同相对性原则，实际施工人可以要求发包人在欠付工程款范围内承担责任，但是此处的发包人不应当作扩大解释，而仅仅是指建设单位，这也与最高人民法院在2011年《全国民事审判工作会议纪要》中第28条的规定即“人民法院在受理建设工程施工合同纠纷时，不能随意扩大《关于审理建设工程施工合同纠纷案件适用法律问题的解释》第二十六条第二款的适用范围，要严格控制实际施工人向与其没有合同关系的转包人、违法分包人、总承包人、发包人提起的民事诉讼，且发包人只在欠付工程价款范围内对实际施工人承担责任”之规定相一致。

问题六 承包人与实际施工人约定仲裁条款，实际施工人能否以发承包人作为共同被告向法院起诉?

【问题概述】

在工程实务中，实际施工人可依据《建设工程施工合同司法解释（一）》第四十三条之规定直接起诉承包人与发包人，但在实际施工人与承包人签订的合同中已约定仲裁管辖条款的情况下，实际施工人还能否突破其与承包人之间的仲裁管辖约定，并以承包人与发包人作为共同被告向法院提起诉讼呢?

【相关判例】

甘肃某建筑有限公司与某工程局有限公司、某铁路有限责任公司建设工程施工合同纠纷［最高人民法院（2014）民申字第1591号］

【法院观点】

关于二审裁定是否存在法律适用错误的问题。《建设工程施工合同司法解释》第二十六条规定：“实际施工人以转包人、违法分包人为被告起诉的，人民法院应当依法受理。实际施工人以发包人为被告主张权利的，人民法院可以追加转包人或者违法分包人为本案当事人。发包人只在欠付工程价款范围内对实际施工人承担责任。”本条司法解释第一款确立了实际施工人工程价款请求权的一般规则，即实际施工人可以依法起诉与其具有合同关系的转包人、违法分包人；第二款明确了实际施工人工程价款请求权的例外救济，即实际施工人可以要求发包人在欠付工程价款范围内对实际施工人承担责任。

该案中，甘肃某建筑有限公司主张工程价款的基础法律关系是其与某工程局有限公司之间的合同关系，而双方在合同中约定了仲裁条款，排除了法院管辖权。甘肃某建筑有限公司将某铁路有限责任公司、某工程局有限公司作为共同被告起诉至甘肃省陇南市中级人民法院，违背了甘肃某建筑有限公司与某工程局有限公司通过仲裁处理双方争议的约定。

【律师评析】

笔者认为，该案中，实际施工人主张工程价款的基础法律关系应是其与转包人之间的合同关系，发包人仅在欠付转包人工程款范围内承担责任。《仲裁法》第五条规定：“当事人达成仲裁协议，一方向人民法院起诉的，人民法院不予受理，但仲裁协议无效的除外。”第十九条规定：“仲裁协议独立存在，合同的变更、解除、终止或者无效，不影响仲裁协议的效力。”因此，即使实际施工人与转包人签订的转包合同无效，也不影响合同中约定的仲裁协议的效力，实际施工人根据司法解释将发包人、转包人作为共同被告起诉至法院，违背了其与转包人通过仲裁处理双方争议的约定。若允许实际施工人通过将发包人、转包人作为共同被告的方式向法院起诉，则会造成实际施工人通过该种方式恶意规避其与承包人之间的仲裁约定的后果。因此，在该案实际施工人与转包人签订的《承包合同》中约定有效仲裁条款的情况下，法院对该案不具有管辖权。

问题七　实际施工人是否享有建设工程价款优先受偿权？

【问题概述】

建设工程价款优先受偿权是指在发包人经承包人催告后合理期限内仍未支付工程款时，承包人享有的与发包人协议将该工程折价或者请求人民法院将该工程依法拍卖，并就该工程折价或者拍卖价款优先受偿的权利。依据相关法律规定只有与发包人订立建设工程施工合同的承包人才享有建设工程价款优先受偿权，那么实际施工人是否享有建设工程价款优先受偿权呢？

【相关判例】

张某与六安某置业集团有限公司、屠某、某建设集团股份有限公司建设工程施工合同纠纷［最高人民法院（2021）最高法民终 811 号］

【法院观点】

关于张某是否为案涉工程的实际施工人的问题。二审法院认为，一审判决认定张某为案涉工程的实际施工人并无不当。首先，张某与某建设集团股份有限公司第三工程局签订的《单位工程内部管理责任承包协议》约定，张某以某建设集团股份有限公司的名义对某国际城项目进行跟踪、洽谈、投标，促成某建设集团股份有限公司中标，某建设集团股份有限公司同意将案涉国际城项目采取内部承包的方式委托给张某组织施工管理并组建项目部。张某对工程自主经营，独立经营、单独核算、自担风险、自负盈亏，向某建设集团股份有限公司上交承包管理费。依据上述约定，某建设集团股份有限公司仅收取承包管理费，张某具体组织进行施工。故在某建设集团股份有限公司和张某之间，符合实际施工人借用资质进行施工的特征。其次，张某在某建设集团股份有限公司与六安某置业集团有限公司签订的多份施工合同、工程前期的施工现场移交协议、施工过程中的工程款补充协议、借款协议、一标段竣工验收协议中均作为某建设集团股份有限公司的代表签字，说明其实际参与了案涉工程的施工管理。六安某置业集团有限公司否认张某实际施工人的身份，主张某建设集团股份有限公司是《建设工程施工合同》约定的承包人，但在该案诉讼中，某建设集团股份有限公司明确认可案涉工程初期的磋商、合同的签订、施工的安排均由张某负责，认可张某系案涉工程的实际施工人。即某建设集团股份有限公司作为合同约定的承包人，对张某实际施工人的身份是认可的。故六安某置业集团有限公司以某建设集团股份有限公司是承包人作为否定张某实际施工人身份的理由，不能成立。

关于张某就案涉工程是否享有建设工程价款优先受偿权的问题。根据当时《合同法》第二百八十六条“发包人未按照约定支付价款的，承包人可以催告发包人在合理期限内支付价款。发包人逾期不支付的，除按照建设工程的性质不宜折价、拍卖的以外，承包人可以与发包人协议将该工程折价，也可以申请人民法院将该工程依法拍卖。建设工程的价款就该工程折价或者拍卖的价款优先受偿”之规定，以及《建设工程施工合同司法解释（二）》第十七条“与发包人订立建设工程施工合同的承包人，根据合同法第二百八十六条规定请求其承建工程的价款就工程折价或者拍卖的价款优先受偿的，人民法院应予支持”之规定，只有与发包人订立建设工程施工合同的承包人才享有建设工程价款优先受偿权。张某作为实际施工人，不属于“与发包人订立建设工程施工合同的承包人”，故其主张对案涉工程享有建设工程价款优先受偿权缺乏法律依据，该案一审判决对此认定并无不当，二审法院予以维持。

【律师评析】

《建设工程施工合同司法解释（一）》第三十五条规定：“与发包人订立建设工程施工合同的承包人，依据民法典第八百零七条的规定请求其承建工程的价款就工程折价或者拍卖的价款优先受偿的，人民法院应予支持。”按照该条款，实际施工人不属于与发包人订立建设工程施工合同的承包人，因此赋予实际施工人建设工程价款优先受偿权将违背合同相对性原则，另外由于实务中同一工程时常会存在多个实际施工人，如果认可每个实际施工人都享有建设工程价款优先受偿权则可能会导致出现施工范围很小的实际施工人请求拍卖整个工程的情况，这显然会增加工程项目的不稳定性。此外，假设认可实际施工人享有建设工程价款优先受偿权可能会助长更多实际施工人违法承揽工程项目，造成建筑行业的管理困难。基于此，笔者认为实际施工人由于并未与发包人订立建设工程施工合同，因此不享有建设工程价款优先受偿权，但最高人民法院民事审判第一庭明确表示的发包人明知实际施工人借用资质订立建设工程施工合同而形成事实上施工合同关系的情况除外。

问题八　转包或分包情形下，劳务承包人能否向总承包人主张农民工工资?

【问题概述】

在工程转包、分包中，法律关系交错复杂，包括发包人与总承包人的建设工程施工合同关系，总承包人与转包人、分包人的转包、分包法律关系，转包人、分包人与农民工的劳务合同关系等。2020 年 5 月开始施行的《保障农民工工资支付条例》规定了总承包人的先行支付义务，由此直接导致部分转包人或者分包人通过伪造农民工工资来套取工程款，那么工程转包或分包情形下，劳务承包人能否依照《保障农民工工资支付条例》向总承包人主张农民工工资呢?

【相关判例】

某设备有限公司与张某、李某、某工程有限公司劳务合同纠纷［辽宁省高级人民法院（2021）辽民申 6131 号］

【法院观点】

关于该案承担案涉工程劳务费的主体问题。建设领域工程项目违规发包、层层转包、分包等问题突出，部分施工企业将工程转包、分包给不具备资质的企业或个人，而后者又雇佣农民工进行施工，这是导致农民工欠薪问题难以从根本上解决的重要原因。2020 年 5 月 1 日，《保障农民工工资支付条例》第三十条、第三十六条的有关规定进一步明确了包括违法分包、转包等各类情形下，施工总承包单位的工资清偿主体责任。因为拖欠农民工工资，其重要源头在于施工总承包单位以包代管，没有履行用工管理的义务和对分包单位的监督管理义务，因此由施工总承包单位承担层层分包转包项目拖欠农民工工资的清偿责任，符合源头治理和根治欠薪的原则性要求。

该案中，李某应对未支付完毕的劳务费承担直接给付责任，某工程有限公司作为案涉工程的承包人和违法分包人，将劳务工程转包给不具备用工主体资格的自然人李某，亦应当承担农民工张某欠薪的连带清偿责任。某设备有限公司作为案涉工程的发包人，未全额支付某工程有限公司工程款，二审依据《建设工程施工合同司法解释》第二十六条第二款“实际施工人以发包人为被告主张权利的，人民法院可以追加转包人或者违法分包人为本案当事人。发包人只在欠付工程价款范围内对实际施工人承担责任”的规定，判令某设备有限公司在其欠付工程款范围内对李某欠付张某的劳务费承担连带责任并无不当，亦未实际损害其利益。

【律师评析】

在建设工程实务中，与总承包人订立劳务分包合同的劳务承包人一般叫作“包工头”，如包工头拖欠农民工工资将会导致比较严重的社会影响，因此，建设工程总承包人未根据《保障农民工工资支付条例》第三十一条的规定直接将农民工工资通过专用账户支付到农民工本人的银行账户的，将根据《保障农民工工资支付条例》第三十条的规定由建设工程总承包人对查证属实的农民工工资的部分承担连带清偿责任。

《保障农民工工资支付条例》第三十条规定：“分包单位对所招用农民工的实名制管理和工资支付负直接责任。施工总承包单位对分包单位劳动用工和工资发放等情况进行监督。分包单位拖欠农民工工资的，由施工总承包单位先行清偿，再依法进行追偿。工程建设项目转包，拖欠农民工工资的，由施工总承包单位先行清偿，再依法进行追偿。”该条例为倾斜性保障农民工工资得到及时偿付，从而加大了总承包单位的责任风险，鉴于此，笔者建议从以下几个方面进行风险防范：

（1）完善相关用工合同。总承包单位应当要求分包单位按规定与农民工签订劳动合同并将相关劳动合同与农民工身份资料信息进行备案。

（2）完善用工管理台账。总承包单位应当配备劳资专管员对分包单位劳动用工实行监督管理，掌握和审核施工现场用工、考勤和工资支付等情况。

（3）约定委托代发工资。总承包单位与分包单位可以约定分包单位委托总承包单位代发建筑工人工资，由分包单位编制工资支付表经农民工确认后将该工资与当月工程进度款一并交由总承包单位审核支付。

问题九　挂靠人欠付实际施工人工程款，被挂靠方是否应当承担付款义务?

【问题概述】

建筑业企业挂靠是指一个施工企业允许他人在一定期间内使用自己企业名义对外承接工程的行为。个人或无资质企业挂靠有资质的建筑企业承接工程后，挂靠人通常将工程转包或违法分包给其他实际施工人进行施工。在挂靠人欠付实际施工人工程款的情况下，被挂靠方是否应对实际施工人承担付款义务？

【相关判例】

关某与吉林某建筑劳务有限公司、张某、某工程有限公司铁路修建合同纠纷［延边铁路运输法院（2023）吉 7105 民初 89 号］

【法院观点】

关于承担民事责任的问题。根据该案已查明的事实，吉林某建筑劳务有限公司授权张某与某工程有限公司签订了案涉工程劳务分包合同，但吉林某建筑劳务有限公司并未参与建设施工，而是由被告张某实际负责组织管理，张某自认其是实际的挂靠人，吉林某建筑劳务有限公司成为仅提供资质的挂名承包人，该行为违反《建筑法》第二十六条关于“禁止建筑施工企业以任何形式允许其他单位或者个人使用本企业的资质证书、营业执照，以本企业的名义承揽工程”的禁止性规定。被告张某取得案涉工程后，将其中的部分工程违法分包给了没有施工资质的关某，其合同违反法律禁止性规定，均为无效，故张某系案涉工程的违法分包人，关某是实际施工人。根据合同的相对性原则，由与实际施工人有直接合同关系的被告张某承担给付工程款的责任，《民事诉讼法司法解释》第五十四条规定：“以挂靠形式从事民事活动，当事人请求由挂靠人和被挂靠人依法承担民事责任的，该挂靠人和被挂靠人为共同诉讼人。”吉林某建筑劳务有限公司作为资质出借人又是被挂靠人，应承担违法责任，故吉林某建筑劳务有限公司应对关某的上述款项与张某承担连带给付责任。

【律师评析】

笔者认为，判断被挂靠方是否要对挂靠人欠付实际施工人的工程款承担责任应当结合具体情况具体分析。根据最高人民法院民事审判第一庭的观点，如果挂靠人以自己的名义签订合同，应结合签订合同时挂靠人所出示或具备的书面文件、履行方式、外观宣示和合同相对方的善意与否等因素，判断交易过程是否构成了表见代理。如果构成表见代理，则由被挂靠人承担合同责任；如果不构成表见代理，则由挂靠人承担合同责任。如果挂靠人

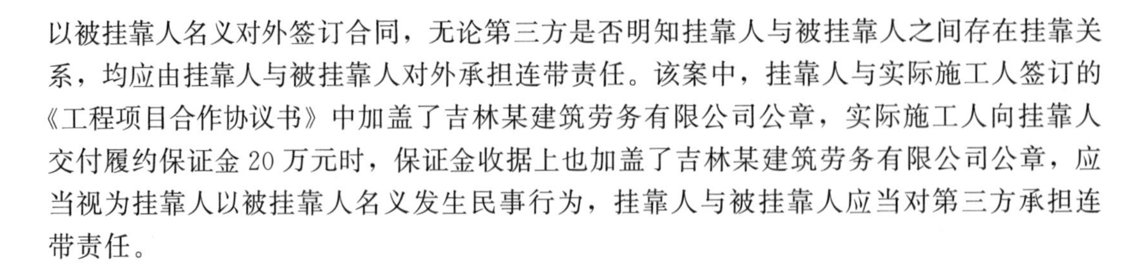

以被挂靠人名义对外签订合同，无论第三方是否明知挂靠人与被挂靠人之间存在挂靠关系，均应由挂靠人与被挂靠人对外承担连带责任。该案中，挂靠人与实际施工人签订的《工程项目合作协议书》中加盖了吉林某建筑劳务有限公司公章，实际施工人向挂靠人交付履约保证金20万元时，保证金收据上也加盖了吉林某建筑劳务有限公司公章，应当视为挂靠人以被挂靠人名义发生民事行为，挂靠人与被挂靠人应当对第三方承担连带责任。

问题十 挂靠施工情形下，发包人能否直接向实际施工人支付工程款?

【问题概述】

在建设工程领域，不具备相应资质的实际施工人借用有资质的施工企业的名义进行工程建设的行为，被视为挂靠。大多数挂靠施工的行为，发包人都是把工程款支付给被挂靠的公司，被挂靠公司收取一定的管理费之后，再支付给实际施工人。若发包人未经承包人同意而直接向实际施工人支付工程款，该笔款项能否认定为发包人向承包人支付的工程款?

【相关判例】

安徽某置业有限责任公司与安徽某建设投资集团有限公司、李某、孙某甲建设工程合同纠纷［最高人民法院（2019）最高法民再2号］

【法院观点】

关于安徽某置业有限责任公司支付安徽某建设投资集团有限公司工程款的具体数额应如何认定的问题。安徽某建设投资集团有限公司上诉认为安徽某置业有限责任公司仅支付安徽某建设投资集团有限公司案涉工程款46715213元，尚欠工程款45153931.78元。安徽某置业有限责任公司则认为其已付工程款84774723元，仅欠工程款7094421.78元，其已付工程款84774723元得到了实际施工人李某的确认。《总承包施工协议书》第十五条约定：安徽某建设投资集团有限公司设立工程款支付的专有账户，安徽某置业有限责任公司直接付款至该账户。同时在合同中注明，该合同项下的工程款一律汇入以下银行账户：户名为安徽某建设投资集团有限公司；开户账号为34×××24。根据上述约定，安徽某置业有限责任公司应当将案涉的工程款汇入约定账户。但在实际施工过程中，安徽某置业有限责任公司在长达两年中将部分工程款直接支付给实际施工人李某，对此，安徽某建设投资集团有限公司并未及时提出异议。且在安徽某建设投资集团有限公司与李某签订的《项目承包合同书》亦有李某“应按照施工合同约定及现场实际情况及时向建设单位申请工程款支付”的约定，故安徽某建设投资集团有限公司对施工期间李某直接从安徽某置业有限责任公司领取工程款是认可的，在此期间安徽某置业有限责任公司支付给李某的工程款应视为支付给安徽某建设投资集团有限公司的款项。2013年3月12日，安徽某置业有限责任公司与安徽某建设投资集团有限公司签订《解除协议》，该协议第二条约定：合同解除后，安徽某置业有限责任公司根据原双方签订的施工总承包合同付款节点，将余下工程款按原合同的约定到期时支付给安徽某建设投资集团有限公司，或将栖霞帝景湾 1 号、2 号、3 号楼相关的债权债务转移给安徽某置业有限责任公司，并将该债权债务从安徽某建设投资集团有限公司工程款中扣除，超出部分由安徽某建设投资集团有限公司承担。第七条约定：关于安徽某置业有限责任公司直接支付给李某的款项及其他款项，安徽某建设投资集团有限公司派财务人员进行核实后，如确实用到栖霞帝景湾 1 号、2 号、3 号楼工程内，安徽某建设投资集团有限公司将给予确认，并对已付款开具税收外经证明。该两条约定表明，双方明确 2013 年 3 月 12 日之后工程款支付给安徽某建设投资集团有限公司，对此前支付给李某的款项由安徽某建设投资集团有限公司进行核实，对确实用到案涉工程中的款项予以确认。

根据双方对账情况，安徽某建设投资集团有限公司对安徽某置业有限责任公司支付的款项提出 10 点异议，二审法院认定如下：（1）对于直接支付或抵付给李某本人的 15767300 元，均发生在上述解除协议签订之前，应视为对安徽某建设投资集团有限公司的付款，予以认定；（2）对于支付给孙某甲的 2312920 元，因孙某甲系李某雇佣的工地管理人员，对此亦予以认定；（3）对于支付给案外人王某甲的 146 万元和案外人孙某乙的 264 万元，因安徽某置业有限责任公司未举证证明该两人确有权收取工程款，不予认定；（4）对于支票无收款人的 230 万元，安徽某置业有限责任公司未举证证明系支付安徽某建设投资集团有限公司的款项，不予认定；（5）对于无付款凭证的 11432790 元，因李某认可已收到该款项，应予认定，但对于 2013 年 6 月支付的 40 万元，因发生在解除协议签订之后，亦无安徽某建设投资集团有限公司授权，不予认定；（6）对于支付的红砖款 2.97 万元和王某乙钢管款 152 万元，因安徽某置业有限责任公司未举证证明系受安徽某建设投资集团有限公司的委托付款，不予认定；（7）扣除的 1～3 号楼砂浆回填费 1.28 万元和代付质量检测费 3 万元，均发生在解除协议签订之后，无安徽某建设投资集团有限公司授权，不予认定。综上，二审法院认定安徽某置业有限责任公司就案涉工程支付安徽某建设投资集团有限公司工程款 75828223 元（46715213 元＋15767300 元＋2312920 元＋11432790 元－40 万元），据此，安徽某置业有限责任公司还应支付安徽某建设投资集团有限公司工程款 16040921.78 元（91869144.78 元－75828223 元），并支付按照中国人民银行发布的同期银行贷款利率自 2013 年 12 月 30 日起计算至付清之日止的利息。

关于保证金的返还数额。经查，2011 年 3 月 24 日安徽某建设投资集团有限公司向安徽某置业有限责任公司转账支付 500 万元履约保证金，安徽某置业有限责任公司于 2012 年 5 月 10 日、2014 年 1 月 24 日向安徽某建设投资集团有限公司账户转款计 300 万元，应予认定。安徽某置业有限责任公司还于 2012 年 6 月 18 日、2014 年 10 月 26 日分别向李某个人账户转款 150 万元、10 万元，因 2014 年 10 月 26 日所转 10 万元不符合双方解除协议的约定，该 10 万元不能作为安徽某置业有限责任公司返还的保证金，故安徽某置业有限责任公司尚应退还安徽某建设投资集团有限公司保证金 50 万元并赔偿利息损失。

综上所述，一审判决适用法律正确，但认定事实错误，处理失当。安徽某建设投资集团有限公司的上诉请求部分成立，二审法院予以支持。

【律师评析】

司法实践中，针对发包人未经承包人同意而直接向实际施工人支付工程款能否被认定为已付工程款主要存在两种观点。

部分法院坚持合同相对性，认为发包人应向承包人付款。未经承包人同意而直接向分包人、实际施工人付款的，原则上不予支持，但确已支付且付款正当的除外。这个“正当”包括当事人另有约定，生效判决、仲裁裁决予以确认或发包人有证据证明其有正当理由向合法分包人、实际施工人支付，且这个“正当”的举证责任在发包人。部分法院则认为发包人可以就已经向实际施工人支付的工程款向承包人抵扣，但承包人有证据证明发包人与实际施工人恶意串通的除外，发包人对工程价款是否欠付承担举证责任。笔者认为，《建设工程施工合同司法解释（一）》第四十三条有关“发包人在欠付建设工程价款范围内对实际施工人承担责任”的规定系对合同相对性原则的突破，在适用时应严格限制，该条款适用于实际施工人以诉讼方式向发包人主张权利的情形。而对于实际施工人非以诉讼方式向发包人主张权利的情形，并不能直接适用。在挂靠施工情况下，虽然实际施工人直接组织施工，但对外仍然是以承包人的名义，承包人可能会因实际施工人的行为对外承担法律责任。若发包人随意突破合同相对性，直接向实际施工人付款，则可能会损害承包人的权益。故在缺乏正当理由情况下，发包人不能未经承包人同意，违反合同约定直接向实际施工人支付工程款。

问题十一　挂靠人未取得授权即以被挂靠人的名义承包建设工程是否构成表见代理?

【问题概述】

在工程实务中，挂靠人借用被挂靠人名义承包工程项目的情况十分常见，偶尔也会出现挂靠人未取得授权即以被挂靠人的名义与第三人签订工程合同的情况，那么该种情况下挂靠人是否形成了表见代理，被挂靠人又是否需要对第三人承担责任呢?

【相关判例】

李某与某建设工程有限公司、奚某、张某、某区管理委员会建设工程施工合同纠纷［最高人民法院（2021）最高法民申 2345 号］

【法院观点】

最高人民法院《关于当前形势下审理民商事合同纠纷案件若干问题的指导意见》第 13 条规定：“合同法第四十九条规定的表见代理制度不仅要求代理人的无权代理行为在客观上形成具有代理权的表象，而且要求相对人在主观上善意且无过失地相信行为人有代理权。合同相对人主张构成表见代理的，应当承担举证责任，不仅应当举证证明代理行为存在诸如合同书、公章、印鉴等有权代理的客观表象形式要素，而且应当证明其善意且无过失地相信行为人具有代理权”。再审法院认为，在处理无资质企业或个人挂靠有资质的建筑企业承揽工程时，应区分内部和外部关系，挂靠人与被挂靠人之间的协议因违反法律禁止性规定，属无效协议。而挂靠人以被挂靠人名义对外签订合同的效力，应根据合同相对人在签订协议时是否善意、是否知道挂靠事实来作出认定。首先，该案中李某与张某、奚某之间签订施工合同，张某、奚某作为承包方，将案涉工程外墙保温部分转包给李某施工，该合同上落款处只有李某与张某、奚某签名摁手印，并无某建设工程有限公司公章。其次，李某实际施工期间，从未向某建设工程有限公司主张支付案涉工程款，也未在某建设工程有限公司处取得任何工程款。最后，某建设工程有限公司在与某区管理委员会签订的《工程合同协议书》上盖章及其与王某建筑工程施工合同案事后追认的行为，并不能代表其认可张某、奚某与李某的转包行为，且李某在得知案涉工程农民工上访追讨工资事件发生后，仍与张某、奚某签订案涉施工合同，未尽到合理审查义务。因此，李某并非属于善意且无过失，二审据此认定张某、奚某的行为不能构成表见代理，继而驳回李某对某建设工程有限公司的诉讼请求，并无不当。

【律师评析】

《民法典》第一百七十二条规定：“行为人没有代理权、超越代理权或者代理权终止后，仍然实施代理行为，相对人有理由相信行为人有代理权的，代理行为有效。”《民法典总则编司法解释》第二十八条规定：“同时符合下列条件的，人民法院可以认定为民法典第一百七十二条规定的相对人有理由相信行为人有代理权：（一）存在代理权的外观；（二）相对人不知道行为人行为时没有代理权，且无过失。因是否构成表见代理发生争议的，相对人应当就无权代理符合前款第一项规定的条件承担举证责任；被代理人应当就相对人不符合前款第二项规定的条件承担举证责任。”

该案中李某与奚某、张某签订的《工程合同协议书》中并未加盖某建设工程有限公司的公章，没有有权代理的客观表象，在施工过程中李某也从未要求某建设工程有限公司支付案涉工程的工程款，难以证明李某相信奚某、张某有代理权，此后李某在明知案涉工程农民工讨薪，张某、奚某不是承包人的情况下，仍然与其签订合同，显然不属于善意且没有过失，因此无法认定张某与奚某构成表见代理。

工程施工过程中，如果挂靠人以被挂靠人的名义对外签订合同，应当结合签订合同时挂靠人所出示或具备的书面文件、履行方式、外观宣示和合同相对方的善意与否等因素来判断，而上述司法解释要求被代理人需要证明“相对人不知道行为时没有代理权，且无过失”，这使得被挂靠人在实务中存在一定的举证难度，相反合同相对人只要提供挂靠人存在代理权外观的证据，则法院将推定挂靠人构成表见代理。

问题十二 以提供资金、材料供给及监督管理等非施工方式与建设单位合作建设工程，是否属于挂靠关系?

【问题概述】

在建设工程领域挂靠行为十分普遍，挂靠的实质就是借用被挂靠人的资质，以被挂靠人的名义开展承揽工程之类的民事行为。目前，挂靠的形式越来越多，涉及的主体也越来越复杂，在发生法律纠纷时如何界定挂靠成为难题，实务中以资金、材料供给及监督管理等非施工方式与建设单位合作建设工程的，是否属于挂靠关系呢？

【相关判例】

穆某、刘某与文某、某绿化建设有限公司建设工程分包合同纠纷［山东省威海市中级人民法院（2018）鲁10民终2223号］

【法院观点】

二审法院认为，该案二审争议焦点为：穆某、刘某与某绿化建设有限公司之间是否为挂靠关系，二者应对案涉债务承担何种责任。建筑工程领域的挂靠行为系指施工企业允许他人使用自己企业的名义对外承接工程，一般具有以下特点：挂靠人无从事建筑活动的主体资格或不具备与建设项目要求相适应的资质等级，但通过其社会关系，获得了承揽某项工程的商业机会；被挂靠的施工企业具有相应资质，但缺乏项目资源；二者进行合作、各取所需，挂靠人向被挂靠人缴纳一定数额的管理费，以被挂靠人的名义对外进行承揽工程等活动。根据该案查明的事实，刘某、穆某无案涉工程施工资质，但由其引线并投资，向某绿化建设有限公司缴纳管理费，再通过授权委托形式，以某绿化建设有限公司名义对外进行建设工程活动。上述行为符合挂靠行为特征，一审判决认定双方存在挂靠关系正确。挂靠行为规避建筑行业市场准入制度，扰乱建筑市场正常秩序，为相关法律法规所明确禁止。当时《最高人民法院关于适用〈中华人民共和国民事诉讼法〉的解释》第五十四条规定："以挂靠形式从事民事活动，当事人请求由挂靠人和被挂靠人依法承担民事责任的，该挂靠人和被挂靠人为共同诉讼人。"虽然该条司法解释未明确挂靠人和被挂靠人之间的责任形式，但《建筑法》第二十六条规定："承包建筑工程的单位应当持有依法取得的资质证书，并在其资质等级许可的业务范围内承揽工程。禁止建筑施工企业超越本企业资质等级许可的业务范围或者以任何形式用其他建筑施工企业的名义承揽工程。禁止建筑施工企业以任何形式允许其他单位或者个人使用本企业的资质证书、营业执照，以本企业的名义承揽工程。"第六十六条又规定："建筑施工企业转让、出借资质证书或者以其他方式允许他人以本企业的名义承揽工程的，责令改正，没收违法所得，并处罚款，可以责令停业整顿，降低资质等级；情节严重的，吊销资质证书。对因该项承揽工程不符合规定的质量标准造成的损失，建筑施工企业与使用本企业名义的单位或者个人承担连带赔偿责任。"某绿化建设有限公司明知刘某、穆某无建筑工程施工资质，仍允许该二人借用资质的行为系帮助该二人规避法律，形成合法外衣，主观上具有过错，同时最高人民法院相关司法解释亦均认定了挂靠情形下的挂靠人与被挂靠人应承担连带责任，故参照我国现有法律原则与规定精神，建筑工程领域的挂靠人与被挂靠人以承担连带责任为宜。一审判决判令某绿化建设有限公司对案涉债务承担补充责任有误，应予更正。

【律师评析】

在建设工程实务中，挂靠关系可以根据以下几个方面来综合判断：（1）挂靠人没有从事建筑活动的主体资格，或者虽有从事建筑活动的主体资格但没有具备其承揽的建设工程项目所要求的相应的资质等级；（2）挂靠人向被挂靠企业缴纳一定数额的“管理费”，这是挂靠的最重要的特征；（3）被挂靠人对挂靠人和其所承揽的工程不实施任何管理行为；（4）形式上合法，容易逃避建设行政主管部门和发包人的审查和监督。另外挂靠关系中的挂靠人与被挂靠人之间通常没有统一的财务管理，也没有严格的人事任免、调动聘用手续等。

该案中刘某与穆某无案涉工程施工资质，但是借用某绿化建设有限公司的资质承揽工程。虽不实际施工但是自筹资金，以某绿化建设有限公司的名义对外组织施工，进行管理。某绿化建设有限公司明知刘某与穆某无案涉工程施工资质，仍允许二人借用资质以承揽工程，即使有某绿化建设有限公司向刘某出具授权委托书授权其处理案涉工程的表象，也难以掩盖挂靠关系的实质。

问题十三　发包人明知挂靠事实，被挂靠人仅为名义上的承包方，挂靠人与发包人之间是否直接成立施工合同关系?

【问题概述】

挂靠，是建设工程施工领域常见的违法行为，挂靠人大多紧密参与了从项目招标投标开始，到合同的签订、合同的履行直至合同价款结算的全过程，实质性地主导了工程项目的全过程。实务中，时常发生发包人明知挂靠关系，仍与被挂靠人签订名义施工合同的行为，那么在这种情况下，挂靠人与发包人之间是否直接成立施工合同关系？

【相关判例】

某建筑股份有限公司与某房地产开发有限公司、彭某建设工程施工合同纠纷［最高人民法院（2019）最高法民申 1307 号］

【法院观点】

关于彭某是否有权与某房地产开发有限公司进行工程款的结算的问题。该案中，根据二审查明的事实，《建设工程施工合同》签订后，案涉工程实际由彭某进场进行施工，并由彭某向某建筑股份有限公司缴纳保证金，彭某不仅负责案涉工程的现场管理，而且所有的工程资料均由其掌握，且项目施工过程中，案涉设备租赁费、材料费、工人工资均由彭某直接支付。可见，案涉工程实际是由彭某在进行施工，某建筑股份有限公司并未提交与工程相关的证据材料证明其实际负责案涉工程的施工。某建筑股份有限公司另称彭某系其公司职工，但并未提供能够反映双方劳动关系的直接证据，并不足以证明彭某与某建筑股份有限公司存在劳动关系。在前述证据的基础上，二审法院结合湖南省浏阳市人民法院某刑事判决书中陈述的事实以及相关人员询问笔录，综合判定彭某为案涉工程的实际施工人，并无不当。因此，彭某借用某建筑股份有限公司建筑资质与某房地产开发有限公司签订《建设工程施工合同》，违反法律强制性规定，该合同应认定为无效。《建设工程施工合同司法解释》第二条规定：“建设工程施工合同无效，但建设工程经竣工验收合格，承包人请求参照合同约定支付工程价款的，应予支持。”

该案中，《建设工程施工合同》无效，但案涉工程已竣工验收合格，彭某在实际施工完成后，有权要求某房地产开发有限公司参照合同约定支付工程价款。在实际履行过程中，某房地产开发有限公司法定代表人与彭某签订建安工程结算表，对案涉工程面积、价款以及应付款项进行了结算。结合前述查明的事实，某房地产开发有限公司亦有理由相信彭某具有结算的权利，该结算协议合法有效。某建筑股份有限公司主张该结算协议系彭某与某房地产开发有限公司恶意串通而签订，并未提交充分证据证明，亦不能证明该结算损害了其合法权益，故二审法院认定彭某有权与某房地产开发有限公司进行工程款结算正确，某建筑股份有限公司无权要求某房地产开发有限公司再进行结算付款。

【律师评析】

建设工程施工合同中承包人的主要合同义务是进行工程建设，发包人的主要义务是支付价款。发包人支付价款的对象，应当是与其有建设工程施工合同法律关系，并且履行施工义务的合同相对方，承包人主张工程价款的前提是履行了建设施工义务。在挂靠情形下，若是发包人在缔约时即对挂靠关系知情，则被挂靠人与发包人之间不存在真实的建设工程施工合同法律关系，而挂靠人与发包人就建设案涉工程互相设定权利义务形成了合意，并实际组织施工，承建案涉工程，作为事实上的承包人与发包人之间就该建设工程施工合同之标的产生了实质性的、真实的法律关系。因此，在发包人明知存在挂靠关系的情形下，挂靠人与发包人之间直接成立施工合同关系，被挂靠人无权向发包人主张相应施工价款而挂靠人有权主张。

问题十四 出借资质的企业没有截留工程款，应否向借用资质的实际施工人承担责任?

【问题概述】

建筑行业中，借用资质与他人建立建设工程施工合同关系的情形屡见不鲜。《建设工程施工合同司法解释（一）》第四十三条的规定仅确认了借用资质的实际施工人可以依法直接向发包人主张权利，但并未明确借用资质的实际施工人与被挂靠方之间的责任承担问题，那么被挂靠方是否应当向挂靠人承担工程款支付义务呢?

【相关判例】

某建设工程有限公司与朱某、某自然资源局建设工程施工合同纠纷［最高人民法院（2019）最高法民再 329 号］

【法院观点】

再审法院认为，该案的焦点问题是某建设工程有限公司是否应承担支付欠付工程款及利息的责任。某建设工程有限公司认为2015年8月26日与朱某签订的《挂靠协议》上没有某建设工程有限公司印章，但在《挂靠协议》某建设工程有限公司法定代表人签字处有孙某的签名，孙某作为某建设工程有限公司的法定代表人能够代表某建设工程有限公司签订协议，朱某与某建设工程有限公司签订的《挂靠协议》成立。该协议第四条约定“某建设工程有限公司同时协助朱某办理收付工程款……”，并未有某建设工程有限公司向朱某支付工程款的约定，某自然资源局未向某建设工程有限公司支付案涉工程款，朱某也未提供其他证据证明某建设工程有限公司应向其支付工程款。朱某主张某建设工程有限公司支付欠付工程款及利息没有事实依据。

2018年3月12日某建设工程有限公司向某自然资源局出具的《工作联系函》记载，“一直由挂靠在我单位的朱某先生与贵局联系并承包本项目”。某自然资源局对《工作联系函》的内容认可，称朱某是案涉工程的实际施工人。某建设工程有限公司对此函的真实性认可，但认为案涉工程实际施工人并非朱某，并提供了相关证据。《工作联系函》中明确记载案涉工程由朱某承包，施工过程中实际由朱某与某自然资源局联系。某建设工程有限公司提供的证据不能否定其所出具的《工作联系函》的内容，亦不能否定朱某是案涉工程实际施工人的事实。并且，某自然资源局作为发包人认可朱某为案涉工程的实际施工人。故二审认定朱某为案涉工程的实际施工人正确。依据《建设工程施工合同司法解释》第二十六条“实际施工人以转包人、违法分包人为被告起诉的，人民法院应当依法受理。实际施工人以发包人为被告主张权利的，人民法院可以追加转包人或者违法分包人为本案当事人。发包人只在欠付工程价款范围内对实际施工人承担责任”的规定，实际施工人可向发包人、转包人、违法分包人主张权利。但某建设工程有限公司系被挂靠方，不属于转包人、违法分包人或发包人，二审以上述规定为法律依据判决某建设工程有限公司承担给付工程款的责任，适用法律错误，再审法院予以纠正。因此，某建设工程有限公司再审主张其不承担案涉工程款及利息的给付责任成立，对某建设工程有限公司请求驳回朱某对其的诉讼请求，予以支持。

【律师评析】

法律法规仅规定实际施工人可以向发包人、转包人、违法分包人主张权利。借用资质的施工企业属于被挂靠方，不属于前述法律规定的发包人、转包人、违法分包人，借用资质的实际施工人主张被挂靠方支付工程款没有法律依据。

就实务中的裁判来看，法院倾向认为在挂靠关系中挂靠人不应享有向被挂靠人主张工程款的权利。理由如下：(1) 挂靠人向被挂靠人主张工程款缺乏明确的法律依据；(2) 挂靠关系中往往系实际施工人与发包人形成事实上的施工合同关系，工程的实际施工方是挂靠人，接受工程的是发包人，挂靠人应当向发包人主张工程款。被挂靠人仅出借资质，不实际参与项目施工及管理，没有与发包人签订、履行施工合同的真实意思表示，并不享有实际的权利义务，故挂靠人不能向被挂靠人主张工程款，要求被挂靠人对发包人欠付工程款的行为承担连带责任。

综上，若被挂靠单位要想避免被实际施工人主张工程价款的风险，则应加强对借用资质挂靠施工的事实证据的收集和固定，有意识地区分借用资质挂靠和转包行为。

问题十五　实际施工人的诉讼是否受承包人与发包人签订的施工合同中关于仲裁条款的约束？

【问题概述】

在工程实务中，实际施工人可依据新《建设工程施工合同司法解释（一）》第四十三条之规定直接起诉承包人（主要指转包人、违法分包人）与发包人，但在发包人与承包人签订的合同中已约定仲裁管辖条款的情况下，实际施工人能否突破发包人与承包人之间的仲裁管辖约定，以发承包人作为共同被告提起诉讼呢？

【相关判例】

某银行分行与刘某申请撤销仲裁裁决案［湖南省岳阳市中级人民法院（2018）湘06民特1号］

【法院观点】

法院认为，《仲裁法》第五十八条规定：“当事人提出证据证明裁决有下列情形之一的，可以向仲裁委员会所在地的中级人民法院申请撤销裁决：（一）没有仲裁协议的……”《最高人民法院关于适用〈中华人民共和国仲裁法〉若干问题的解释》第十八条规定：“仲裁法第五十八条第一款第一项规定的“没有仲裁协议”是指当事人没有达成仲裁协议。仲裁协议被认定无效或者被撤销的，视为没有仲裁协议。”仲裁协议是当事人达成的自愿将他们之间业已产生或可能产生的有关特定的无论是契约性还是非契约性的法律争议的全部或特定部分提交仲裁的合意。仲裁协议是仲裁机构取得管辖权的依据，是仲裁合法性、正当性的基础，其集中体现了仲裁自愿原则和协议仲裁制度。

该案中，某银行分行与某装修公司签订的《装修工程施工合同》第15.11条约定“本合同发生争议时，先由双方协商解决，协商不成时，向某市仲裁委员会申请仲裁”，故某银行分行与某装修公司之间因工程款结算及支付引起的争议应当通过仲裁解决。但刘某作为实际施工人，并非某银行分行与某装修公司签订的《装修工程施工合同》的当事人，刘某与某银行分行及某装修公司之间均未达成仲裁合意，不受该合同中仲裁条款的约束。除非另有约定，刘某无权援引某银行分行与某装修公司之间《装修工程施工合同》中的仲裁条款向合同当事方主张权利。刘某以某装修公司的名义施工，某装修公司作为《装修工程施工合同》的主体仍然存在并承担相应的权利义务，案件当事人之间并未构成《最高人民法院关于适用〈中华人民共和国仲裁法〉若干问题的解释》第八条规定的合同仲裁条款“承继”情形，亦不构成上述解释第九条规定的合同主体变更情形。《建设工程施工合同司法解释》第二十六条虽然规定实际施工人可以发包人为被告主张权利且发包人只在欠付工程款的范围内对实际施工人承担责任，但上述内容仅规定了实际施工人对发包人的诉权以及发包人承担责任的范围，不应视为实际施工人援引《装修工程施工合同》中仲裁条款的依据。综上，某银行分行与刘某之间不存在仲裁协议，某市仲裁委员会基于刘某的申请以仲裁方式解决某银行分行与刘某之间的工程款争议无法律依据。

【律师评析】

实际施工人的起诉是否受承包人与发包人签订的施工合同中仲裁条款的约束，该问题争议的关键在于，如何看待实际施工人向发包人主张权利的性质。有观点认为实际施工人向发包人主张权利本质上是对承包人权利的承继或者代位，但实际上实际施工人向发包人主张权利是一定时间及背景下为解决拖欠农民工工资问题而进行的特殊制度安排，不能简单理解为对承包人权利的承继。另外，实际施工人并非发包人与承包人之间施工合同的当事人，无法依据仲裁条款对发包人提起仲裁，也不应受发包人与承包人之间仲裁条款的约束。

需要注意的特殊情况是，借用资质的实际施工人是以出借资质的企业的名义参与投标或者以出借资质的企业的名义与发包人签订施工合同的，借用资质的实际施工人主张工程款的基础法律关系是发包人和出借资质的企业之间签订的施工合同，故实际施工人在争议发生前就知道或者应当知道仲裁条款的存在，因此其起诉应受出借资质的企业与发包人施工合同中仲裁条款的约束。

第三章

建设工程合同效力

建设工程合同中数份合同均无效的情况下，如何确定实际履行的合同？

【问题概述】

根据《建设工程施工合同司法解释（一）》第二十四条第一款的规定，当事人就同一建设工程订立的数份建设工程施工合同均无效，但建设工程质量合格的，一方当事人可以请求参照实际履行的合同关于工程价款的约定折价补偿承包人。因此，在签订的数份建设工程合同中均无效的情况下，如何确定实际履行的合同？

【相关判例】

某建工（集团）有限公司与新疆某置业有限公司哈密分公司、新疆某置业有限公司建设工程施工合同纠纷［最高人民法院（2016）最高法民终 736 号］

【法院观点】

在案涉四份《建安工程施工补充协议》及《建设工程施工合同》均无效的情形下，该案不再适用《建设工程施工合同司法解释》第二十一条的规定，故《建设工程施工合同》虽为中标后签订，但不必然成为双方结算工程价款的依据。根据该司法解释第二条“建设工程施工合同无效，但建设工程经竣工验收合格，承包人请求参照合同约定支付工程价款的，应予支持”的规定，案涉工程已经竣工验收合格，应参照合同约定支付工程价款，具体应以哪一份合同作为参照，应结合双方的实际履行情况、工程成本等因素确定。比较同一期工程所对应的《建安工程施工补充协议》及《建设工程施工合同》的具体内容，《建安工程施工补充协议》对工程价款约定了固定面积均价，《建设工程施工合同》约定了工程总价；《建安工程施工补充协议》约定固定面积均价不包含采暖、塑钢窗等甲方分包工程的造价，《建设工程施工合同》对此则没有约定。根据一审判决认定，案涉工程的塑钢窗和地暖工程是由第三方而非某建工（集团）有限公司施工，某建工（集团）有限公司对此未提起上诉，应视为认可。某建工（集团）有限公司在二审期间主张《建设工程施工合同》约定的工程总价亦是扣除了塑钢窗和地暖费用之后的价格，但《建设工程施工合同》对此没有体现，其提交的一期工程商务标和二期工程投标书反而在（概）预算书中列明了塑钢窗和地暖费用，投标价与预算费用虽有差额，但该差额与塑钢窗和地暖费用的数额也不能完全对应，故某建工（集团）有限公司关于这一点的主张不能成立。综上，从约定的工程价款是否扣除了甲方分包的塑钢窗和地暖费用这个角度来看，双方实际履行的应为《建安工程施工补充协议》，应参照此协议约定的计算标准和计算方法认定工程价款。

【律师评析】

认定双方实际履行的合同系适用《建设工程施工合同司法解释（一）》第二十四条第一款的关键。如何认定双方实际履行的合同？应结合双方实际履行情况、工程成本等因素确定。如上述案例中，法院围绕建设工程施工合同实质性内容，从实际工程进度、实际施工范围、工程价款约定等方面综合判定实际履行的施工合同。此外，在实践中，还可以通过发承包双方付款凭证（如发包方向承包方支付的工程预付款、进度款金额、付款时间）、双方负责人签字盖章的往来材料（如双方工程签证单、工程联系单、工程联系函等文件）、审计出具的结算报告、工程竣工验收报告等材料来确定案涉工程的实际工程进度、实际施工范围、工程价款等争议性问题，进而确定实际履行的合同。

问题二 建设工程合同中，如何认定“黑白合同”？

【问题概述】

“黑白合同”通常是指发包人与承包人就同一建设工程签订的两份或两份以上实质性内容不一致的合同。其中经过公开招标投标程序，在政府部门备案的“备案合同”即“白合同”，另一份或多份与中标合同实质性内容不一致的合同即“黑合同”。“黑白合同”是工程实践常见的情形，那么如何认定“黑白合同”？

【相关判例】

某房地产发展有限公司与某集团有限公司、某建设有限公司建设工程施工合同纠纷［最高人民法院（2022）最高法民申 262 号］

【法院观点】

该案中，2010 年 10 月 25 日，某建设有限公司通过招标投标程序中标案涉工程，2010 年 11 月 1 日至 2019 年 3 月 31 日，某建设有限公司与某房地产发展有限公司先后签订《建设工程施工合同》《一区、二区施工补充合同》《补充协议书》及补充合同二至补充合同八等。2020年3月3日，某集团有限公司与某房地产发展有限公司签订《一区、二区工程结算协议》。上述补充合同、补充协议、结算协议不构成对《建设工程施工合同》的实质性变更，与《建设工程施工合同》之间不属于“黑白合同”关系，具体可从以下两个方面分析。第一，《一区、二区施工补充合同》系对《建设工程施工合同》的细化补充。某房地产发展有限公司与某建设有限公司2010年11月1日签订的《建设工程施工合同》与2010年11月2日签订的《一区、二区施工补充合同》在页码上系连续编码，《建设工程施工合同》第一部分“协议书”明确约定“六、组成合同的文件……双方有关工程的洽谈、变更等书面协议或文件为本合同的组成部分”，第三部分“专用条款”明确约定“2.合同文件及解释顺序详见《一区、二区施工补充合同》。合同履行中，发包人和承包人有关工程的洽谈、变更等书面协议或文件以及上述内容以外的招标文件内容均视为本合同的组成部分”，《建设工程施工合同》第一部分“协议书”中的“承包范围”及第三部分“专用条款”中的“风险范围以外合同价款调整方法”“双方约定工期顺延的其他情况”等条款均载明“详见《一区、二区施工补充合同》”。该案二审判决结合上述查明的事实，认定某房地产发展有限公司与某建设有限公司在签订合同时已经将《一区、二区施工补充合同》作为《建设工程施工合同》的组成部分，《一区、二区施工补充合同》是对《建设工程施工合同》有关条款的进一步明确和具体细化，并非双方另行订立的实质性内容不一致的合同，有相应的事实依据。第二，在建设工程施工合同的履行过程中，无论该工程是否属于依法必须招标的工程，发包人与承包人可以根据客观情况的变化对工程款的数额及支付节点、停窝工损失、工期等通过补充协议的方式作出新的适当约定。该案中，发包人与承包人根据案涉工程施工情况发生的变化先后签订了一系列补充协议、补充合同，如2014年6月30日的《补充协议书》系双方对停窝工等损失及后续施工事宜达成的协议，补充合同二至补充合同八及《一区、二区工程结算协议》系双方对新增加的户型改造工程、已完工程内容和结算价款、未施工部分工程造价的确定方式、工期、工程款支付、违约责任、竣工、工程结算等具体事宜作出的进一步补充约定，上述约定均是双方在施工合同履行的过程中因客观情况发生变化所作的真实意思表示，未对招标投标时其他竞标人能否中标或以何种条件中标产生影响。上述协议的签订未违背招标投标制度，导致发包人与承包人之间的权利义务失衡，并不构成对《建设工程施工合同》的实质性变更。

【律师评析】

《建设工程施工合同司法解释（一）》第二条第一款规定：“招标人和中标人另行签订的建设工程施工合同约定的工程范围、建设工期、工程质量、工程价款等实质性内容，与中标合同不一致，一方当事人请求按照中标合同确定权利义务的，人民法院应予支持。”根据最新司法解释的规定，承包人与发包人双方同时签订“黑合同”与“白合同”的，应当按照“白合同”即中标合同确定权利义务。

但在实践中，由于建设工程复杂程度高、履行期限长等特点，可能会出现发承包双方就施工过程中出现的具体问题另行签订补充协议或变更协议的情况，由此容易出现“黑白合同”。区分“黑合同”与“白合同”的关键在于另行签订的协议内容是否对中标合同进行实质性内容变更，如上述案例所示，具体可从两个方面判断是否构成实质性内容变更。

第一，另行签订协议是否足以影响其他竞标人中标或者以何种条件中标。发包人与承包人另行签订补充协议或变更协议的内容如果能够排除其他竞标人中标的可能或其他竞标人中标条件，则构成对中标合同实质性内容的变更。

第二，另行签订协议是否会对招标人与中标人的权利义务产生较大影响。如果发包人与承包人另行签订的补充协议或变更协议在较大程度上改变发承包双方的权利义务关系，导致双方利益严重失衡，则背离了中标合同的实质性内容。

联合体成员不具备施工资质或仅由不具备施工资质的联合体成员实际施工，以联合体名义签订的施工合同是否有效？

【问题概述】

建设工程实践中，缺乏相应施工资质的承包人通常会寻求具有相应施工资质的承包人共同组成联合体，以联合体的方式对外进行投标。而在中标后，往往可能仅由缺乏相应施工资质的承包人实际施工，而具有相应施工资质的承包人不参与实际施工。在这种情形下，以联合体名义对外签订的建设工程施工合同是否有效？

【相关判例】

某置业投资有限公司与某人民政府、某建设（集团）有限公司建设工程施工合同纠纷［最高人民法院（2019）最高法民终 205 号］

【法院观点】

作为建设工程施工合同的投资方和施工方，某置业投资有限公司应当具备相应建筑施工企业资质或者与具有相应资质的企业组成联合体进行投标，并由具备资质的企业实际施工。某置业投资有限公司不具备建筑施工企业资质。某建设（集团）有限公司作为联合投标体，虽具备建筑施工企业资质，但并未实际组织施工，仅以出借资质的方式收取管理费。综上，依照《招标投标法》第五十三条及《建设工程施工合同司法解释》第一条第二项、第三项之规定，案涉合同均应认定为无效。

【律师评析】

关于联合体资质的问题，《建设工程施工合同司法解释（一）》第一条第一款规定："建设工程施工合同具有下列情形之一的，应当依据民法典第一百五十三条第一款的规定，认定无效：（一）承包人未取得建筑业企业资质或者超越资质等级的；（二）没有资质的实际施工人借用有资质的建筑施工企业名义的；（三）建设工程必须进行招标而未招标或者中标无效的。"《建筑法》第二十七条第二款规定："两个以上不同资质等级的单位实行联合共同承包的，应当按照资质等级低的单位的业务许可范围承揽工程。"《招标投标法》第三十一条第二款规定："联合体各方均应当具备承担招标项目的相应能力；国家有关规定或者招标文件对投标人资格条件有规定的，联合体各方均应当具备规定的相应资格条件。由同一专业的单位组成的联合体，按照资质等级较低的单位确定资质等级。”

根据上述法律法规的规定，联合体共同承包工程的，要求联合体成员均具备承担招标项目的资质或能力；国家另有规定或招标文件对资格条件另有规定的，应依据相关规定具备相应的资格条件；当联合体成员的资质不相同时，按照资质等级较低的单位确定整个联合体的资质等级。如上述案例中，有投资条件的某置业投资有限公司实际进行施工、有施工资质的某建设（集团）有限公司收取管理费，二者虽以联合体名义投标，但实质上系实际施工主体借用有资质的建设单位进行施工，该案中建设工程合同因违反国家法律法规强制性效力性规定而无效。因此，当以联合体形式对外投标工程项目时，必须要求联合体成员均具备相应资质条件，否则签订的合同无效。

问题四 发包人不知实际施工人挂靠承包人，其与承包人签订的建设工程施工合同是否有效？

【问题概述】

根据《建设工程施工合同司法解释（一）》第一条的规定，没有资质的实际施工人借用有资质的建筑施工企业名义签订的建设工程施工合同应为无效。建设工程实务中，若发包人并不知晓实际施工人挂靠承包人，以承包人的名义签订建设工程施工合同，并且合同已实际履行，该建设工程施工合同是否有效？

【相关判例】

某建投集团股份有限公司与某股份有限公司建设工程分包合同纠纷［最高人民法院（2021）最高法民终 1287 号］

【法院观点】

关于某建投集团股份有限公司与某股份有限公司所签订的《工程施工承包合同》是否有效的问题。《建设工程施工合同司法解释》第一条规定：“建设工程施工合同具有下列情形之一的，应当根据合同法第五十二条第（五）项的规定，认定无效：（一）承包人未取得建筑施工企业资质或者超越资质等级的；（二）没有资质的实际施工人借用有资质的建筑施工企业名义的；（三）建设工程必须进行招标而未招标或者中标无效的。”第四条规定：“承包人非法转包、违法分包建设工程或者没有资质的实际施工人借用有资质的建筑施工企业名义与他人签订建设工程施工合同的行为无效。人民法院可以根据民法通则第一百三十四条规定，收缴当事人已经取得的非法所得。”由此，借用资质所签合同无效系针对“没有资质的实际施工人”借用资质行为的一种法律评价，并未涉及合同相对人的签约行为是否有效的问题。依据《民法总则》第一百四十六条关于“行为人与相对人以虚假的意思表示实施的民事法律行为无效。以虚假的意思表示隐藏的民事法律行为的效力，依照有关法律规定处理”的规定，“没有资质的实际施工人”作为行为人借用他人资质与相对人签约的，只有双方具有共同的虚假意思表示，所签协议才属无效，即相对人须明知或者应当知道实际施工人没有资质而借用他人资质与己签约。就此而言，实际施工人与被借用资质的建筑施工企业之间就借用资质施工事宜签订的挂靠或类似性质的协议，即所谓的对内法律关系，依法应属无效；而实际施工人借用被挂靠人资质与发包人就建设工程施工事宜签订的协议，即对外法律关系是否无效，则需要根据发包人对于实际施工人借用资质承包工程事宜是否知道或者应当知道进行审查判断；若发包人知道或者应当知道，则所签协议无效，反之则协议有效。

【律师评析】

实际施工人挂靠承包人，以承包人的名义与发包人签订建设工程施工合同，应当在区分发包人是否明知、是否善意的基础上认定建设工程施工合同效力。

若发包人不知道存在实际施工人挂靠的情形，发包人系善意一方，为保护善意发包人的信赖利益，建设工程施工合同应当认定为合法有效。

若发包人明知实际施工人挂靠承包人，以承包人名义签订合同并且实际履行，则发包人与承包人签订的合同系虚假合同，系发包人与名义承包人、实际施工人作出的虚假意思表示，根据《民法典》第一百四十六条的规定，以虚假的意思表示实施的民事法律行为无效，即签订的建设工程施工合同无效。在此情形中，应当认定发包人与实际施工人存在建设工程合同关系，而因实际施工人借用承包人资质签订建设工程施工合同，根据《建设工程施工合同司法解释（一）》第一条的规定，签订的建设工程施工合同无效。

问题五 如何认定建设工程内部承包合同效力?

【问题概述】

建设工程内部承包合同是指施工企业与其内部的生产职能部门、分支机构或职工之间签署的，由承包人提供支持并监督，由内部部门、分支机构或职工完成承包工程的合同。工程内部承包是施工企业经营模式的革新，属于合法经营。如《北京市高级人民法院关于审理建设工程施工合同纠纷案件若干疑难问题的解答》所述：“建设工程施工合同的承包人将其承包的全部或部分工程交由其下属的分支机构或在册的项目经理等企业职工个人承包施工，承包人对工程施工过程及质量进行管理，对外承担施工合同权利义务的，属于企业内部承包行为。”但实践中，普遍存在名为内部承包，实为转包、违法分包、挂靠等情形。因此，如何区分内部承包与转包、违法分包、挂靠等行为？如何认定内部承包合同效力？

【相关判例 1】

邹某与某工程建设有限公司、某煤业有限公司、谷某建设工程施工合同纠纷［最高人

民法院（2020）最高法民申3469号］

【法院观点】

关于该案二审判决认定《施工协议》有效是否正确的问题。邹某主张《施工协议》系转包合同，应为无效，其是实际施工人。某工程建设有限公司主张《施工协议》是内部承包关系，并不违反法律、行政法规的强制性规定，应为有效。对此再审法院认为，根据2013年10月23日某工程建设有限公司燕家河项目部（甲方）与邹某（乙方）签订的《施工协议》第五条的约定，甲方责任为：（1）组织每旬的安全生产例会并作出会议纪要，组织每旬、月工程质量验收并出具验收资料；（2）参加、参与工程技术交底、图纸会审、施工方案方法讨论、工程排队等有关工程技术性的会议，并作出技术方面的决定性方案和方法，指导施工……（4）按期下发月度、季度、年度工程作业计划及要求，按时提供统计月度、季度、年度的工程实际完成情况验收资料、统计报表；（5）按时参加建设方、监理方及上级组织的有关会议，并积极配合及检查工作；（6）对乙方的进场材料、设备按照有关标准验收以及有监督的权利。该协议第六条第一项约定，乙方必须无条件服从甲方的领导和指挥，在施工过程中积极配合甲方并协助甲方开展工作，不得无故取闹，如果不能服从甲方的领导，甲方有权终止合同的约定。从协议约定看，邹某是在某工程建设有限公司的组织、指导、监督之下进行施工。从实际履行情况看，工人工资发放、工程价款结算、款项收取和拨付、各工种人员的调配使用等事实均可证明某工程建设有限公司在案涉工程施工过程中进行了人员、施工、财务等方面的管理，邹某在某工程建设有限公司的领导管理下完成了案涉工程。故邹某主张《施工协议》是转包合同，应为无效的理由不能成立。该案二审判决认定《施工协议》是双方当事人的真实意思表示，不违反法律、行政法规的强制性规定，属有效合同并无不妥。

【相关判例2】

某建筑装饰有限责任公司与某大酒店有限公司、倪某装饰装修合同纠纷［最高人民法院（2018）最高法民申1263号）］

【法院观点】

关于倪某与某建筑装饰有限责任公司之间是否为挂靠关系的问题。倪某与某建筑装饰有限责任公司之间是否就案涉工程形成挂靠关系，应根据案涉工程实际施工过程中的责任分配、财务管理、劳务关系等多种因素综合认定。在责任分配方面，倪某于2010年10月27日向某建筑装饰有限责任公司出具的《工程项目联营承诺书》载明：倪某系案涉工程项目部负责人、内部承包负责人，保证保质、保量、按期竣工，保证不拖欠材料款及人工工资，并承诺因案涉工程造成的对外债务由其负责清理和偿还，案涉工程的一切安全责任由其承担等。倪某在该承诺书中虽称其为案涉项目的内部承包负责人，但关于案涉项目的对外债务由其偿还、一切安全责任由其承担的内容符合挂靠协议的一般特征。2010年11月18日的案涉工程开工令也由倪某以承包人的身份签字确认。在财务管理方面，案涉工程的履约保证金系由倪某支付给某大酒店有限公司，某大酒店有限公司退还履约保证金时也是退还给倪某。结合以某建筑装饰有限责任公司为被告的案涉工程赊欠材料款案件的相关生效判决内容，可以认定案涉工程施工过程中，相关材料款、人工工资等由倪某自行管理筹措。在劳务关系上，某建筑装饰有限责任公司虽主张倪某是案涉工程项目部工作人员，但其并未提供证据证实其与倪某之间建立了劳动关系。二审法院综合考虑该案实际情况，认定倪某为案涉工程实际施工人，其与某建筑装饰有限责任公司之间系挂靠关系，案涉《施工合同》及补充协议因违反法律法规的强制性规定而无效，并无不妥。某建筑装饰有限责任公司关于倪某并非案涉工程的实际施工人，其与某建筑装饰有限责任公司之间并非挂靠关系，案涉建设工程施工合同合法有效的理由，不能成立。

【律师评析】

关于如何区分内部承包与转包、违法分包、挂靠等情形，各地法院已达成共识。比如《浙江省高级人民法院民事审判第一庭关于审理建设工程施工合同纠纷案件若干疑难问题的解答》明确："建设工程施工合同的承包人与其下属分支机构或在册职工签订合同，将其承包的全部或部分工程承包给其下属分支机构或职工施工，并在资金、技术、设备、人力等方面给予支持的，可认定为企业内部承包合同；当事人以内部承包合同的承包方无施工资质为由，主张该内部承包合同无效的，不予支持。"如上述判例 2 中，因工程施工过程中相关材料款、人工工资等由倪某自行管理筹措，承包人也未提供证据证实其与施工人之间建立了劳动关系，法院认定倪某系该工程实际施工人，其与承包人之间系挂靠关系，而非合法有效的内部承包关系，因此认定该案施工合同无效。

因此，区分内部承包与转包、违法分包、挂靠等情形，认定是否构成内部承包合同，主要从以下方面入手：第一，需要认定施工企业与内部承包人是否具备劳动合同关系或隶属关系；第二，施工单位是否为内部部门、分支机构或由内部承包人提供资金、技术、设备、人力等支持；第三，在责任承担上，内部承包人应当自负盈亏，但对外需以施工企业的名义展开活动，施工企业对外承担责任。

问题六 发包人能否以未取得建设工程规划许可为由，主张施工合同无效?

【问题概述】

根据《城乡规划法》的规定，工程项目开工前，应当依法办理工程建设审批手续，并取得建设工程规划许可证。该规定系对工程项目建设审批手续的行政规定要求，但实践中，由于工期需要，可能存在未取得建设工程规划许可证而提前开工的情形，此时发包人与承包人之间签订的施工合同是否有效?

【相关判例】

某城建集团有限责任公司与某房地产开发有限公司建设工程施工合同纠纷［最高人民法院（2021）最高法民终 695 号］

【法院观点】

关于案涉合同是否无效的问题。某房地产开发有限公司主张案涉合同无效的主要理由是案涉工程未取得建设工程规划许可。案涉工程确实未办理建设工程规划许可证，但办理该许可证是作为发包人的某房地产开发有限公司的法定义务，某房地产开发有限公司以其自己未履行法定义务为由主张案涉合同无效，违反诚实信用原则。且《建设工程施工合同司法解释（二）》第二条第二款规定："发包人能够办理审批手续而未办理，并以未办理审批手续为由请求确认建设工程施工合同无效的，人民法院不予支持。"据此，某房地产开发有限公司的该项主张缺乏法律依据。某房地产开发有限公司还主张某城建集团有限责任公司存在出借施工资质的行为，但其并未提供证据证明，对其该项主张，法院不予支持。

【律师评析】

建设工程施工涉及诸多行政审批，发包人在工程开工前应确保工程的合法性。根据《建设工程施工合同司法解释（一）》第三条规定："当事人以发包人未取得建设工程规划许可证等规划审批手续为由，请求确认建设工程施工合同无效的，人民法院应予支持，但发包人在起诉前取得建设工程规划许可证等规划审批手续的除外。发包人能够办理审批手续而未办理，并以未办理审批手续为由请求确认建设工程施工合同无效的，人民法院不予支持。"

该规定明确办理建设工程规划许可证是发包人的法定义务，发包人不得以自己未履行法定义务为由主张签订的施工合同无效。发包人以自己未履行义务主张建设施工合同无效严重违反诚信原则，若任由发包人以其法定义务随意否定建设工程施工合同的效力显然不利于维护市场稳定、保护交易信赖利益，与立法精神相悖。因此，为确保施工合同的有效性，承包人应当关注发包人有无取得建设工程规划许可证及相关规划审批手续，并在确定发包人取得建设工程规划许可证及相关规划审批手续后，再与发包人签订施工合同。如果工程已经开工，在施工过程中，承包人也应及时督促发包人依法办理建设工程规划许可证及相关规划审批手续。

问题七　施工合同无效时，工程结算协议是否有效？

【问题概述】

建设工程施工合同因违反法律法规强制性规定而无效，发包人与承包人基于该无效施工合同签订的工程结算协议是否有效？

【相关判例 1】

某实业有限公司与某建筑有限公司建设工程施工合同纠纷［最高人民法院（2022）最高法民申 93 号］

【法院观点】

关于案涉三份补充协议是否有效，是否应当按照补充协议的约定计算欠付工程款的资金占用费以及工程价款应否上浮 2%的问题。双方于 2013 年 11 月 27 日签订的《建设工程施工合同》因违反《招标投标法》的强制性规定，属于无效合同。但双方之后签订的三份补充协议系针对某实业有限公司欠付工程进度款如何支付、未按约支付的工程进度款按 18%/年计取资金占用费以及某实业有限公司因未及时支付工程进度款自愿在工程总价基础上上浮 2%作为最终结算价的约定，具有清理双方债务的性质，按照《合同法》第九十八条“合同的权利义务终止，不影响合同中结算和清理条款的效力”的规定，三份补充协议独立于《建设工程施工合同》，属有效合同。二审按照该补充协议的约定支持了某建筑有限公司要求某实业有限公司承担欠付工程款的资金占用费和工程总价上浮 2%的请求，适用法律并无错误。

【相关判例 2】

某建设工程有限公司与某建筑劳务有限公司建设工程合同纠纷［最高人民法院（2022）最高法民再 204 号］

【法院观点】

关于某建设工程有限公司与某建筑劳务有限公司签订的《补充协议书》是否有效的问题。案涉三份《设备、周材、辅材劳务合同》虽被认定无效，但《补充协议书》系某建设工程有限公司和某建筑劳务有限公司对某建筑劳务有限公司施工范围内工程进度款逾期支付的损失、停工损失、后期工程进度款支付等进行的约定，涉及某建筑劳务有限公司损失数额及某建设工程有限公司损失赔偿承担方式的确定。二审法院将《补充协议书》认定为结算和清理条款并无不当，某建设工程有限公司主张因《设备、周材、辅材劳务合同》无效而导致《补充协议书》无效的观点不能成立。而某劳务有限公司未在该《补充协议书》上签章的问题，因某建设工程有限公司自认已与某劳务有限公司另行订立了主要内容一致的《补充协议书》，故案涉《补充协议书》实际上已得到某建设工程有限公司、某建筑劳务有限公司、某劳务有限公司的一致认可，三方未一同签章并不影响协议书的效力。

【律师评析】

《民法典》第五百六十七条规定：“合同的权利义务关系终止，不影响合同中结算和清理条款的效力。”《民法典》第七百九十三条第一款规定：“建设工程施工合同无效，但是建设工程经验收合格的，可以参照合同关于工程价款的约定折价补偿承包人。”

根据上述规定，工程结算协议具有清理双方债务的性质，建设工程施工合同效力不影响工程结算协议效力。如上述案例所示，施工合同与工程结算协议具有相互独立性，而非从属关系，因此，建设工程施工合同效力不影响工程结算协议的效力，在工程结算协议中，发包人与承包人有权就工程价款（折价补偿款）的数额、支付方式和时间作出约定，该约定系双方真实意思表示，并不违反法律的强制性规定，应为有效。

问题八　约定居间事项因违法违规而无效，居间合同是否有效？

【问题概述】

在建设工程领域，因建设单位在市场中披露的工程项目信息及资源不平衡，一直存在工程居间现象，居间人一般通过资源获取工程信息，在促成业主与拟承包人签订施工承包合同后，按照约定收取固定费用或根据合同标的额收取一定比例的费用。法律并未禁止工程居间行为，但居间行为或目的涉及违法分包、转包、无资质承包、挂靠等违法行为，居间合同是否有效？

【相关判例】

张某与某建设有限公司、某工程集团有限公司、某旅游发展有限公司居间合同纠纷［最高人民法院（2020）苏01民终10148号］

【法院观点】

二审法院认为，当事人订立、履行合同，应当遵守法律、行政法规，尊重社会公德，不得扰乱社会经济秩序，损害社会公共利益。该案的争议焦点为，张某与某建设有限公司于2018年9月5日就汤山某地块工程招标签订的《居间协议》是否合法有效。

根据查明的事实，某旅游发展有限公司将位于汤山美泉路与延祥陆路口汤山某地块项目土建及水电安装工程发包给某工程集团有限公司施工。某工程集团有限公司承接上述工程后，制作某地块项目土建安装工程内部承包招标文件，将自某旅游发展有限公司处承包的土方、土建及水电安装工程交由他人施工，违反了法律法规的强制性规定。而张某与某建设有限公司签订的《居间协议》约定的居间事项是由张某促成某建设有限公司与某工程集团有限公司签订上述违反法律法规的强制性规定的合同。根据法律规定，违反法律、行政法规的强制性规定，合同无效。因此，一审法院认定张某与某建设有限公司签订的《居间协议》无效，符合法律规定。张某上诉主张该《居间协议》有效，二审法院不予采信。张某依据该协议主张的居间费用不受法律保护，一审法院对张某主张的居间费用的诉讼请求不予支持，并无不当。

【律师评析】

对建设工程领域的居间行为，我国法律、行政法规并无禁止性规定。从合同本身来说，只要工程居间合同是双方真实的意思表示，内容不存在违反法律法规的强制性规定，则为有效，居间人有权按约定收取居间费。但是，由于工程居间合同往往与建设工程施工合同的签订息息相关，因此，在实践中，常常需要考虑通过该中介合同促成签订的建设工程合同的有效性从而判断居间合同是否有效。

《建设工程施工合同司法解释（一）》第一条规定："建设工程施工合同具有下列情形之一的，应当依据民法典第一百五十三条第一款的规定，认定无效：（一）承包人未取得建筑业企业资质或者超越资质等级的；（二）没有资质的实际施工人借用有资质的建筑施工企业名义的；（三）建设工程必须进行招标而未招标或者中标无效的。承包人因转包、违法分包建设工程与他人签订的建设工程施工合同，应当依据民法典第一百五十三条第一款及第七百九十一条第二款、第三款的规定，认定无效。”由此可见，涉及违法分包、转包、无资质承包、挂靠等行为的施工合同均为无效。

因此，当工程居间合同的行为或目的涉及违法分包、转包、无资质承包、挂靠等行为时，该合同显然违反了法律强制性规定，破坏了建筑市场秩序，损害了社会公共利益，应被认定为无效。

问题九　低于成本价中标签订的建设工程施工合同是否有效?

【问题概述】

建设工程实务中，有些施工单位为了承揽工程项目，在投标时以低于成本的报价竞标，该低于成本价中标签订的建设工程施工合同是否有效？

【相关判例 1】

某集团有限公司与某实业有限公司建设工程施工合同纠纷［最高人民法院（2018）最高法民申 4697 号］

【法院观点】

《招标投标法》所称的“低于成本”，是指低于投标人为完成投标项目所需支出的个别成本。由于每个投标人的管理水平、技术能力与条件不同，即使完成同样的招标项目，其个别成本也不可能完全相同。管理水平高、技术先进的投标人，生产、经营成本低，有条件以较低的报价参加投标竞争，这是其竞争实力强的表现。因此，只要投标人的报价不低于自身的个别成本，即使是低于行业平均成本，亦无不可。

【相关判例 2】

某纺织有限公司与某建筑工程有限公司建设工程施工合同纠纷［最高人民法院（2015）民提字第 142 号］

【法院观点】

对于该案是否存在《招标投标法》第三十三条规定的以低于成本价竞标的问题。再审法院认为，法律禁止投标人以低于成本的报价竞标，主要目的是规范招标投标活动，避免不正当竞争，保证项目质量，维护社会公共利益，如果确实存在低于成本价投标的，应当依法确认中标无效，并相应认定建设工程施工合同无效。但是，对何为“成本价”应作正确理解，所谓“投标人不得以低于成本的报价竞标”应指投标人投标报价不得低于其为完成投标项目所需支出的企业个别成本。《招标投标法》并不妨碍企业通过提高管理水平和经济效益降低个别成本以提升其市场竞争力。二审判决以根据定额标准所作的鉴定结论为基础推定投标价低于成本价，依据不充分。某建筑工程有限公司未能提供证据证明对案涉项目的投标报价低于其企业的个别成本，其以此为由主张《建设工程施工合同》无效，无事实依据。案涉《建设工程施工合同》是双方当事人真实意思表示，不违反法律和行政法规的强制性规定，合法有效。二审判决认定合同无效，事实和法律依据不充分，再审法院予以纠正。

【律师评析】

《招标投标法》第三十三条规定："投标人不得以低于成本的报价竞标。"第四十一条规定："中标人的投标应当符合下列条件之一：（一）能够最大限度地满足招标文件中规定的各项综合评价标准；（二）能够满足招标文件的实质性要求，并且经评审的投标价格最低；但是投标价格低于成本的除外。"

上述规定中的低于成本价，是指低于投标人为完成投标项目所需支出的个别成本，而非社会平均成本。因此，投标人投标报价不得低于其为完成投标项目所需支出的企业个别成本，但不妨碍企业通过提高管理水平和经济效益降低个别成本以提升其市场竞争力。在个别建设工程施工合同纠纷中，鉴定机构依据社会平均成本作出的鉴定结论，不能作为认定投标人投标价低于其企业个别成本的依据。换言之，如果确实存在低于成本价投标的情形，应当依法审查认定是否低于投标人为完成投标项目所需支付的个别成本，但基于企业之间的管理水平差异，除非过于明显低于投标人为完成投标项目所需支付的个别成本，否则难以进行认定。

问题十　中标通知书对投标文件的价格作出了实质性变更，签订的建设工程施工合同是否有效?

【问题概述】

《招标投标法》第四十六条第一款规定："招标人和中标人应当自中标通知书发出之日起三十日内，按照招标文件和中标人的投标文件订立书面合同。招标人和中标人不得再行订立背离合同实质性内容的其他协议。"投标人按照招标公告的要求报送投标文件，若招标人发出的中标通知书对投标文件价格作出了实质性变更，双方按照中标通知书的价格签订的建设工程施工合同是否有效？双方应按投标文件价格还是中标通知书中载明的工程价进行结算？

【相关判例】

某安装集团股份有限公司与某综合利用有限公司建设工程施工合同纠纷［最高人民法院（2020）最高法民申 840 号］

【法院观点】

二审法院认为，某安装集团股份有限公司按照某综合利用有限公司招标公告的要求，报送了《投标文件》，载明的让利比例为“税后7%”，而某综合利用有限公司发出的《中标通知书》载明的让利比例为“税后总价让利14.5%”，投标价格与《中标通知书》确定的价格不一致，说明双方并未就工程总价款达成合意。根据《合同法》第三十条关于“承诺的内容应当与要约的内容一致。受要约人对要约的内容作出实质性变更的，为新要约”的规定，某综合利用有限公司未接受某安装集团股份有限公司的要约，而是通过《中标通知书》方式向某安装集团股份有限公司发出了新要约，某安装集团股份有限公司接到某综合利用有限公司的《中标通知书》后，未提出异议，双方按照“让利14.5%”的约定签订了《建设工程施工合同》并进行了备案，故一审委托鉴定机构对工程造价进行鉴定时，鉴定机构按照“让利14.5%”作出的鉴定结论，有合同依据。虽然在某综合利用有限公司发“让利14.5%”的要约后，双方未再履行招标投标程序，依照《招标投标法》第三条和国家发展计划委员会颁布实施的《工程建设项目招标范围和规模标准规定》[1]，双方未经招标投标程序而致《建设工程施工合同》无效，但根据《建设工程施工合同司法解释》第二条关于“建设工程施工合同无效，但建设工程经竣工验收合格，承包人请求参照合同约定支付工程价款的，应予支持”的规定，某综合利用有限公司应当按照约定让利14.5%后，将工程总价款支付给某安装集团股份有限公司。故一审判决确定的让利比例和工程价款有合同及法律依据，某安装集团股份有限公司主张按照7%让利，缺乏依据，再审法院不予支持。

再审法院认为，《合同法》第三十条规定：“承诺的内容应当与要约的内容一致。受要约人对要约的内容作出实质性变更的，为新要约。有关合同标的、数量、质量、价款或者报酬、履行期限、履行地点和方式、违约责任和解决争议方法等的变更，是对要约内容的实质性变更。”该案中，某安装集团股份有限公司按照某综合利用有限公司招标公告的要求，报送的《投标文件》载明“税后总造价让利7%”，而某综合利用有限公司向某安装集团股份有限公司发出《中标通知书》载明“总价让利14.5%”，某综合利用有限公司的《中标通知书》对工程总价款作出变更，应视为新的要约，某安装集团股份有限公司对此未提出异议，双方按照“总价让利14.5%”的约定签订后续一系列建设工程施工合同。虽然案涉系列建设工程施工合同均被认定为无效，但根据《建设工程施工合同司法解释》第二条关于“建设工程施工合同无效，但建设工程经竣工验收合格，承包人请求参照合同约定支付工程价款的，应予支持”的规定，一、二审法院参照合同约定，按照“总价让利14.5%”对案涉工程进行鉴定，并依据鉴定结论认定案涉工程总价款为87735026元并无不当。

【律师评析】

《民法典》第四百八十八条规定：“有关合同标的、数量、质量、价款或者报酬、履行期限、履行地点和方式、违约责任和解决争议方法等的变更，是对要约内容的实质性变更。”在该案中，某综合利用有限公司的《中标通知书》对工程总价款作出变更，系对要约内容的实质性变更，应视为新的要约，双方未再履行招标投标程序按照该要约签订的《建设工程施工合同》，根据《建设工程施工合同纠纷司法解释（一）》第一条的规定应为

[1] 该规定现已失效，施工合同于2012年签订时未失效。

无效。虽然建设工程施工合同无效，但建设工程质量合格的，根据《建设工程施工合同司法解释（一）》第二十四的规定，承包人仍可请求参照建设工程施工合同约定，按照双方之间新的合意要求发包人支付工程价款。

问题十一　建设工程施工合同无效或解除，质量保证金条款是否有效？

【问题概述】

建设工程质量保证金是指发包人与承包人在建设工程施工合同中约定，从应付的工程款中预留，用以保证承包人在缺陷责任期内对建设工程出现的缺陷进行维修的资金。质量保证金对于保障工程质量具有重要作用，但当建设工程施工合同被认定无效或解除时，质量保证金条款是否有效？发包人能否再按质量保证金条款扣留质量保证金？

【相关判例 1】

某建设集团有限公司与某实业有限公司建设工程施工合同纠纷［最高人民法院（2020）最高法民终 337 号］

【法院观点】

关于工程总价款 5%的质量保证金是否应当扣除的问题。某建设集团有限公司认为合同解除后，质量保证金条款不再适用，故不应扣除质量保证金。法院认为，质量保证金条款属于结算条款，合同解除不影响质量保证金条款效力，因此在合同约定的条件满足时，工程质量保证金才应返还施工方。虽然案涉工程未完工，但某建设集团有限公司的质量保修义务并不因此免除。根据《建设工程施工合同》中《工程质量保修书》之约定，工程质量保证金按实际完成工程结算总价款的 5%扣留 5 年，案涉工程于 2016 年 1 月 8 日完成主体封顶，至今未竣工验收，也未交付使用，质量保修期尚未届满，故某建设集团有限公司主张质量保证金不应扣除的理由不能成立。

【相关判例 2】

某建设集团有限公司与某甲置业有限公司、汪某、某乙置业有限公司、汪某建设工程施工合同纠纷［最高人民法院（2019）最高法民终 750 号］

【法院观点】

关于质量保证金返还的问题。因案涉施工合同无效，质量保证金条款亦无效，合同中关于质量保证金扣留比例及返还时间的约定，对合同当事人不具有法律约束力。某甲置业有限公司依据合同约定主张扣留质量保证金不能成立，案涉工程质量保证金应随工程款一并返还。一审法院判决某甲置业有限公司按照合同约定返还质量保证金不当，二审法院予以纠正。

【律师评析】

建设工程施工合同无效或解除时，关于质量保证金条款是否有效以及发包人是否有权要求按质量保证金条款扣留质量保证金的问题，主要存在两种不同观点：第一种观点认为，施工合同无效，施工合同中的质量保证金条款也无效，关于质量保证金扣留比例及返还时间的约定，对合同当事人不具有法律约束力，发包人无权要求按质量保证金条款扣留质量保证金；第二种观点认为，质量保证金条款属于结算清理条款，施工合同无效不影响质量保证金条款效力，发包人仍有权要求按质量保证金条款约定扣留质量保证金。

此外，需要区分的是，质量保证金与质量保修义务是不同的概念。质量保修义务系承包人对建设工程承担质量责任的法定义务，不以施工合同是否有效及质量保证金条款是否有效为前提。而质量保证金对应的是缺陷责任期，而非保修期。缺陷责任期是承包人按照合同约定承担缺陷修复义务，且发包人预留质量保证金（已缴纳履约保证金的除外）的期限，自工程实际竣工之日起计算。保修期是承包人按照合同约定对工程承担保修责任的期限，从工程竣工验收合格之日起计算。因此，即便质量保证金条款无效或已返还质量保证金，承包人的质量保修义务不因此而免除。

问题十二 建设工程施工合同无效，承包人能否要求实际施工人按照合同约定支付管理费？

【问题概述】

建设工程实务中，存在承包人通过出借资质、转包、违法分包等行为来获取一定比例的管理费用，作为相对方的挂靠人、违法分包人、转包人则通过支付管理费的方式来获得施工任务。涉及上述情形时，建设工程施工合同将被认定无效，承包人是否有权要求实际施工人按照合同约定支付管理费？

【相关判例 1】

某基础工程有限公司、某建设工程（集团）有限责任公司与某房地产开发有限公司、某投资建设有限责任公司建设工程施工合同纠纷［最高人民法院（2020）最高法民终 860 号］

【法院观点】

关于某基础工程有限公司主张的管理费返还问题。根据某建设工程（集团）有限责任公司与某基础工程有限公司签订的《分包合同》的约定，某基础工程有限公司需按照工程价款的一定比例向某建设工程（集团）有限责任公司支付管理费，其中小高层支付比例为2%，多层为3%。虽然《分包合同》无效，但某建设工程（集团）有限责任公司在某基础工程有限公司施工过程中配合其与发包方、材料供应商、劳务单位等各方进行资金、施工资料的调配和结算，并安排工作人员参与案涉工程现场管理，其要求某基础工程有限公司参照原约定支付管理费，一审判决予以支持，并无不当。

【相关判例2】

某建筑安装集团股份有限公司、孙某、鞠某甲与鞠某乙、某建设工程有限公司建设工程施工合同纠纷［最高人民法院（2019）最高法民终1779号］

【法院观点】

关于案涉管理费的问题。案涉《工程内部承包合同书》约定："合同价格：审计结算价下浮8%。"一审法院将该约定定性为总承包单位收取8%的管理费并无不当，二审法院予以确认。《工程内部承包合同书》无效系因违反禁止转包的强制性规定。实际施工人孙某、鞠某甲并不具备施工资质而借用某建筑安装集团股份有限公司名义，对违反禁止转包规定的事实明知，其不应从违法行为中获利。对于孙某、鞠某甲依据《工程内部承包合同书》无效而主张不予扣除管理费的上诉请求，二审法院不予支持。同时，因案涉《工程内部承包合同书》无效，某建筑安装集团股份有限公司主张按照协议约定收取8%的管理费也依据不足，一审法院根据该案合同履行的实际情况等因素，将双方约定的按照审计结算价下浮8%调整为下浮4%并无不当，二审法院予以维持。

【相关判例3】

某建设集团发展有限公司与黄某、某置业集团有限公司建设工程施工合同纠纷［最高人民法院（2020）最高法民终576号］

【法院观点】

关于某建设集团发展有限公司请求黄某按照案涉工程价款的1.2%支付管理费是否有事实和法律依据的问题。黄某与某建设集团发展有限公司之间系借用资质关系，但建设工程领域借用资质的行为违反了法律的强制性规定。双方约定的管理费实际是黄某借用资质所支付的对价。某建设集团发展有限公司请求黄某按照案涉工程价款的1.2%支付管理费缺乏法律依据，法院不予支持。

【律师评析】

从上述案例可知，对于建设工程施工合同因违法分包、转包、挂靠等违法情形而无效时，承包人是否有权要求实际施工人按照合同约定支付管理费，实践中主要存在三种不同的观点：第一种观点认为，承包人实际参与管理，实际施工人应参照原合同约定支付管理费；第二种观点认为，根据承包人实际参与管理及管理成本等因素，酌定管理费；第三种观点认为管理费属于违法收益，不受司法保护，不予支持。

此外，根据最高人民法院民事审判第一庭2021年第21次专业法官会议纪要，转包合同、违法分包合同及借用资质合同均违反法律的强制性规定，属于无效合同；前述合同关于实际施工人向承包人或者出借资质的企业支付管理费的约定，应为无效。实践中，有的承包人、出借资质的企业会派出财务人员等个别工作人员从发包人处收取工程款，并向实际施工人支付工程款，但不实际参与工程施工，既不投入资金，也不承担风险。实际施工人自行组织施工，自负盈亏，自担风险。承包人、出借资质的企业只收取一定比例的管理费。该管理费实质上并非承包人、出借资质的企业对建设工程施工进行管理的对价，而是一种通过转包、违法分包和出借资质违法套取利益的行为。此类管理费属于违法收益，不受司法保护。因此，当前主流观点认为，施工合同无效，承包人或者出借资质的建筑企业请求实际施工人按照合同约定支付管理费的，不予支持。

但笔者认为，承包人与实际施工人签订施工合同时，对挂靠、转包和违法分包情形明知，承包人与实际施工人双方均存在过错，管理费属于违法收益，如果参照施工合同支持管理费，承包人将因违法行为而获得违法利益，有违公平和正义。对此，相对合理的做法是，可以根据承包人实际参与管理及管理成本等因素，酌定管理费。具体而言，若承包人实际参与工程管理，应根据其管理成本等因素，参照原合同约定酌定管理费；若承包人并未实际参与工程管理也无管理成本支出，则不应支付管理费。

对于承包人而言，如何避免管理费被认定无效、无法获得法院支持？笔者建议，可以在建设工程施工合同签订时，将管理费列入结算清理条款，或将管理费的扣除纳入结算协议中，并在施工过程中，保留实际参与管理及支出管理成本的相关证据。

问题十三　施工合同无效，工程款利息条款是否有效?

【问题概述】

逾期支付工程款利息条款是建设工程施工合同中的必备条款，也是施工单位工程款权利救济的重要依据。但当建设工程施工合同被认定无效时，该工程款利息条款是否有效？承包人是否有权要求发包人按该工程款利息条款约定主张逾期支付工程款利息？

【相关判例】

某建设集团有限公司与某房地产开发有限公司建设工程施工合同纠纷［最高人民法院（2022）最高法民终 345 号］

【法院观点】

关于主体工程欠款、辅助工程欠款、桩基工程欠款利息的问题。某建设集团有限公司上诉主张，该部分利息应当按照合同中约定的月利率 2%计算。虽《建设工程施工合同》对欠付工程款利率标准进行了约定，但因《建设工程施工合同》无效，则其有关利息标准的约定亦无效，某建设集团有限公司的主张缺乏事实和法律依据，二审法院不予采纳。案涉工程于 2018 年 6 月 5 日办理五方验收，虽然双方约定发包方对所欠付的工程款在 1 年内的按月利率 1%支付承包方利息，超过 1 年的按月利率 2%支付利息，因案涉工程相关协议无效，其计息标准不应作为依据。《建设工程施工合同司法解释》第十八条规定：“利息从应付工程价款之日计付。当事人对付款时间没有约定或者约定不明的，下列时间视为应付款时间：（一）建设工程已实际交付的，为交付之日；（二）建设工程没有交付的，为提交竣工结算文件之日；（三）建设工程未交付，工程价款也未结算的，为当事人起诉之日。”据此，一审法院认定主体工程欠款利息以 10178798.43 元为基数，按中国人民银行发布的同期同类贷款利率自2018年6月5日起计算至2019年8月19日和按全国银行间同业拆借中心公布的贷款市场报价利率自2019年8月20日起计算至付清之日止，适用法律正确。

【律师评析】

《民法典》第一百五十五条规定："无效的或者被撤销的民事法律行为自始没有法律约束力。"因此，建设工程施工合同无效，合同中逾期支付工程款利息条款也应无效。

在此情况下，承包人主张逾期支付工程款利息的，视为双方对欠付工程价款利息计付标准没有约定。《建设工程施工合同司法解释（一）》第二十六条规定："当事人对欠付工程价款利息计付标准有约定的，按照约定处理。没有约定的，按照同期同类贷款利率或者同期贷款市场报价利率计息。"因此，工程款利息应以同期同类贷款利率或者同期贷款市场报价利率为标准计算。

问题十四　建设工程分包合同中约定"背靠背"条款是否有效？

【问题概述】

"背靠背"条款常见于工程分包合同中，通常在分包合同中约定，当发包方向总承包方支付工程款后，总承包方再向分包方支付工程款。通过约定"背靠背"条款，总承包方可以将其面临的业主方的工程款风险转嫁给分包方。"背靠背"条款虽然看似系双方真实意思表示，但实际上是否有效呢？

【相关判例】

某劳务有限公司与某安装集团有限公司建设工程施工合同纠纷［最高人民法院（2021）最高法民申1286号］

【法院观点】

某劳务有限公司主张，其与某安装集团有限公司之间的《劳务分包合同》和某安装集团有限公司与某房地产开发有限公司之间的总承包合同是两个不同的合同及法律关系，根据合同相对性原理，不能当然将总承包合同的付款认定为分包合同付款的前提。法院认为，根据《劳务分包合同》约定，某房地产开发有限公司付款迟延导致某安装集团有限公司付款相应迟延，某劳务有限公司不得要求任何索赔。分包方与发包方签订本条款的初衷在于和总承包方共同承担业主迟延支付工程款的风险，系当事人对自身权利义务的安排，系双方当事人的真实意思表示，内容不违反法律强制性规定，应认定为合法有效。

【律师评析】

"背靠背"条款是否有效，实践中存在以下两种不同观点。

第一种观点认为，在分包合同有效的前提下，"背靠背"条款本身并不违反法律、行政法规的强制性规定，属于当事人之间真实意思表示，应为有效条款。比如，《北京市高级人民法院关于审理建设工程施工合同纠纷案件若干疑难问题的解答》中第 22 条明确："分包合同中约定待总包人与发包人进行结算且发包人支付工程款后，总包人再向分包人支付工程款的，该约定有效。"该条承认"背靠背"条款的有效性，但同时为分包方提供权利救济的机会，该条进一步规定："因总包人拖延结算或怠于行使其到期债权致使分包人不能及时取得工程款，分包人要求总包人支付欠付工程款的，应予支持。总包人对于其与发包人之间的结算情况以及发包人支付工程款的事实负有举证责任。"

第二种观点认为，"背靠背"条款因违反公平原则及违反合同相对性而无效。如新疆维吾尔自治区高级人民法院在（2020）新民终 45 号案件中认为，根据合同相对性原理，总承包方是否依照其与业主方签订的施工合同收到业主方款项，不影响总承包方向分包方支付工程款，并认定总承包方收到业主方款项后再支付分包方的约定有失公允。

笔者认为，在建设工程分包合同有效的前提下，"背靠背"条款系双方真实意思表示，不违反法律、行政法规效力性强制性规定，原则上应当认定有效。但总承包方不应滥用该条款无限期延长其付款义务，且总承包方负有积极履行向业主方主张工程款的义务，以确保分包方的合同权利得以实现。比如，业主方不及时支付工程款的，总承包方应通过发函、诉讼、仲裁等方式积极主张工程款，否则分包方有权直接要求总承包方支付欠付工程款。此外，总承包方还应对其与业主方之间的结算情况以及业主方支付工程款的情况承担举证责任，否则应承担举证不能的不利后果，可以视为向分包方支付工程款的条件成就，分包方也有权直接要求总承包方支付欠付工程款。

问题十五 工程总承包合同无效，专业分包合同效力如何认定？

【问题概述】

工程总承包单位可以根据总承包合同约定，或经建设单位允许，将承包工程中专业性较强的工程发包给具有相应资质的其他单位施工。在此情况下，总承包合同无效的，专业分包合同效力如何认定？

【相关判例 1】

福清市某工程有限公司与某建设有限公司六盘水分公司、某建设有限公司、某气源开发有限公司、某能源开发有限公司建设工程合同纠纷［贵州省高级人民法院（2017）黔民终 327 号］

【法院观点】

关于《框架协议》的效力问题。福清市某工程有限公司认为因某建设有限公司六盘水分公司与某气源开发有限公司签订的《建设工程施工合同》无效，所以《框架协议》无效。法院认为，以上两份合同相对独立，签订主体不一致，约定的内容也不尽相同，《建设工程施工合同》是否有效并不影响《框架协议》的效力，因此对福清市某工程有限公司上诉认为《建设工程施工合同》无效，《框架协议》无效的理由，不予采纳。

【相关判例 2】

某经济贸易开发总公司与某设备安装有限公司、某建设集团有限公司建设工程施工合同纠纷［江苏省高级人民法院（2017）苏民申 4359 号］

【法院观点】

再审法院经审查认为，根据该案查明的事实，某经济贸易开发总公司将未取得土地使用权证和建设工程规划许可证、未办理报建手续的新王庄、城北安置房工程发包给某建设集团有限公司施工，直至该案一审结束，某经济贸易开发总公司仍未取得案涉工程土地使用权证、建设工程规划许可证等，故双方签订的建设工程施工合同无效。某建设集团有限公司又将依据该无效合同取得的建设工程的部分施工内容分包给某设备安装有限公司，某建设集团有限公司与某设备安装有限公司签订的分包合同来源于前述无效建设工程施工合同，且该分包合同所属工程系无土地使用权证、无建设工程规划许可证、无办理报建手续的“三无工程”，一、二审判决认定该分包合同无效，并无不当。

【律师评析】

工程总承包合同无效，基于该总承包合同的专业分包合同是否有效，实践中存在以下两种不同观点：第一种观点认为，总承包合同与专业分包合同系相互独立的两份合同，专业分包合同效力认定不依赖于总承包合同效力认定，总承包合同无效不影响专业分包合同的有效性；第二种观点认为，专业分包合同权利及履行的基础来源于总承包合同，总承包合同无效的，专业分包合同也应当认定无效。

笔者认为，总承包合同与专业分包合同之间的效力相互独立，而非主从合同关系。尽管专业分包合同的施工范围在总承包合同的承包范围之内，且专业分包合同的权利来源及履行基础均源自总承包合同，但两份合同签订主体、合同价款、合同工期、违约责任等内容均不相同，专业分包合同亦不受总承包合同约束，因此，应根据案件具体情形、分包合同是否违反法律相关规定、是否存在无效情形等因素单独认定专业分包合同的效力。

第四章

建设工程价款

问题一 内部承包协议无效，实际施工人是否仍需支付管理费？

【问题概述】

挂靠是建设工程领域常见的承接工程的方式。挂靠施工模式下，挂靠人与被挂靠人通常签署内部承包协议来规避法律风险，而被挂靠人通过收取管理费的方式从挂靠人即实际施工人处获得利润。当内部承包协议被认定无效时，实际施工人是否还需要向被挂靠人支付管理费呢?

【相关判例 1】

申某、重庆市某建设（集团）有限公司、盘州市某房地产开发有限责任公司与朱某、万某建设工程施工合同纠纷［最高人民法院（2021）最高法民终 727 号］

【法院观点】

由于案涉《建设工程施工合同》《施工合同补充协议》《工程项目责任人承包合同书》均无效，《工程项目责任人承包合同书》中关于管理费的条款也应当认定为无效条款，重庆市某建设（集团）有限公司无视法律法规的规定，相继将资质出借给不同主体使用，导致合同无效，过错较为明显，对其请求参照合同约定扣除管理费的主张不予支持。但是，鉴于重庆市某建设（集团）有限公司在案涉工程中参与了部分工程管理，并在请求盘州市某房地产开发有限责任公司付款、配合实际施工人提起诉讼等方面作出一些工作，酌情按照总造价的 0.5％对其付出的劳动成本给予补偿。

【相关判例 2】

某甲建设集团有限责任公司、某甲建设集团有限责任公司贵州分公司、某置业有限公司、何某与尚某、某投资集团有限公司建设工程施工合同纠纷［最高人民法院（2018）最

高法民终 586 号]

【法院观点】

关于管理费及营业税、所得税等税金的问题。某甲建设集团有限责任公司和某甲建设集团有限责任公司贵州分公司主张，根据《内部承包合同》补充条款约定，尚某应上交管理费并承担营业税、所得税等一切税金。对此，二审法院认为，如一审判决所述，《内部承包合同》为无效合同，管理费系当事人因履行无效合同获取的利益，某甲建设集团有限责任公司、某甲建设集团有限责任公司贵州分公司一、二审中亦未提交证据证明其实际履行了管理职责。因此，其该项主张缺乏法律及事实依据，二审法院不予支持。

【律师评析】

最高人民法院第二巡回法庭 2020 年第 7 次法官会议纪要载明："建设工程施工合同因非法转包、违法分包或挂靠行为无效时，对于该合同中约定的由转包方收取'管理费'的处理，应结合个案情形根据合同目的等具体判断。如该'管理费'属于工程价款的组成部分，而转包方也实际参与了施工组织管理协调的，可参照合同约定处理；对于转包方纯粹通过转包牟利，未实际参与施工组织管理协调，合同无效后主张"管理费"的，应不予支持。"

最高人民法院民事审判第一庭 2021 年第 21 次专业法官会议纪要载明："转包合同、违法分包合同及借用资质合同均违反法律的强制性规定，属于无效合同。前述合同关于实际施工人向承包人或者出借资质的企业支付管理费的约定，应为无效。实践中，有的承包人、出借资质的企业会派出财务人员等个别工作人员从发包人处收取工程款，并向实际施工人支付工程款，但不实际参与工程施工，既不投入资金，也不承担风险。实际施工人自行组织施工，自负盈亏，自担风险。承包人、出借资质的企业只收取一定比例的管理费。该管理费实质上并非承包人、出借资质的企业对建设工程施工进行管理的对价，而是一种通过转包、违法分包和出借资质违法套取利益的行为。此类管理费属于违法收益，不受司法保护。因此，合同无效，承包人或者出借资质的建筑企业请求实际施工人按照合同约定支付管理费的，不予支持。"

从目前的裁判观点及会议纪要来看，建筑企业如果仅仅是通过出借资质获利，其请求实际施工人按照合同约定支付管理费的，不予支持。但如果被挂靠人确实参与了工程管理，其可以主张管理费用，法院将根据被挂靠人在工程管理中的投入酌情认定管理费用。

笔者建议，当事人就挂靠合同中的管理费产生争议时，实际施工人或被挂靠人均应重点针对被挂靠人是否实际参与施工组织管理协调进行举证，着力证明被挂靠人对项目在人力、财力、物力方面有无投入，以期获得法官对己方主张的充分支持。

问题二 发包人能否以承包人未开具发票为由拒付工程款?

【问题概述】

实践中部分建设工程发包人为了缓解资金压力，会以承包人未开具工程款发票为由，拒绝付款或延期付款。对于发包人能否以承包人未开具发票为由行使抗辩权，法律并未明确规定，实务中争议不断。

【相关判例 1】

某房地产开发有限公司与某建设集团有限公司建设工程施工合同纠纷［最高人民法院（2020）最高法民终 1310 号］

【法院观点】

关于工程款支付条件是否成就问题。某房地产开发有限公司上诉认为 2018 年 4 月 25 日签订的《协议》第七条约定以开具发票作为支付工程款的条件，该付款条件并未成就。该协议第七条约定“……某建设集团有限公司应在某房地产开发有限公司转账付款或办理房产抵顶之前（为了尽快办理交房，根据本合同第一次支付 793 万元后的七天内某建设集团有限公司应把所有应开而未开给某房地产开发有限公司的所有的发票补齐，否则某房地产开发有限公司有权拒绝支付后面的款项）向某房地产开发有限公司开具等额的税务部门认可的工程款专用发票……”。首先，该条并未明确约定将开具全部税务发票作为支付工程款的条件。其次，从文义分析，该约定括号内所称应开而未开的发票应是指某房地产开发有限公司已付工程款所对应的发票，并不包含未付工程款对应的发票。最后，在案涉建设工程施工合同中，开具发票是某建设有限公司的附随义务，支付工程款是某房地产开发有限公司的主要义务，某房地产开发有限公司以某建设集团有限公司未履行开具发票义务作为不支付工程款的抗辩理由，没有合同和法律依据。因此，某房地产开发有限公司关于工程款支付条件未成就的上诉理由不能成立，法院不予支持。

【相关判例 2】

辽宁某建设集团有限公司与江苏某建设集团有限公司、辽东湾某建设工程有限公司、某实业集团有限责任公司建设工程施工合同纠纷［最高人民法院（2019）最高法民申 2634 号］

【法院观点】

关于二审判决认定应以结算协议为依据进行结算是否错误的问题。虽然结算协议约定如某实业集团有限责任公司未按约支付工程款，辽宁某建设集团有限公司可按原分包合同执行，某实业集团有限责任公司首付款未按约支付则协议无效，但该协议同时约定，辽宁某建设集团有限公司申请付款时应负责开具正规等额的发票，否则某实业集团有限责任公司有权拒绝支付。二审未支持辽宁某建设集团有限公司在未开具发票的情形下要求按照原分包合同执行的主张，并无不当。并且辽宁某建设集团有限公司于 2013 年 4 月 8 日签订的两份分包合同施工范围为“盘锦辽东湾区某甲园北区”，而其实际施工范围为“辽东湾新区某乙园二期”，二审以双方一审诉讼中自愿达成的结算协议作为工程造价确定依据，亦更符合实际施工情况。辽宁某建设集团有限公司虽认为其未开具发票系发票主体不确定以及某实业集团有限责任公司无法入账等原因所致，但并未提交充分证据证明。案涉协议明确赋予了某实业集团有限责任公司在辽宁某建设集团有限公司未开具发票的情形下有拒

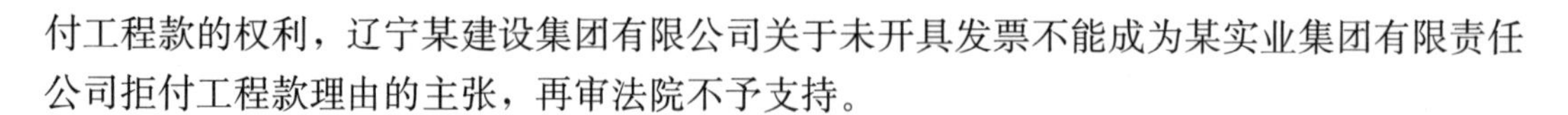

付工程款的权利，辽宁某建设集团有限公司关于未开具发票不能成为某实业集团有限责任公司拒付工程款理由的主张，再审法院不予支持。

【律师评析】

不论是建设工程施工合同纠纷，还是一般的以货币给付作为一方义务的双务合同，开具发票都属于合同履行中的附随义务，对于债权人利益的实现起辅助性作用。支付工程款是主合同义务，与之相对应的主合同义务是按约定的质量和时间完成施工、交付建设成果。因此，开具发票与支付工程款并非对待给付义务，不是对等关系。

但是，如前所述，建设施工合同作为一种双务合同，依据其合同的性质，支付工程款义务与开具发票义务是两种不同性质的义务，前者是合同的主要义务，后者并非合同的主要义务，仅仅是属于合同履行中的附随义务，两者不具有对等关系。只有对等的义务才存在先履行抗辩权的适用条件，如果不是对等的义务，仅仅是未开具发票，就不能适用先履行抗辩权。但合同双方明确约定了履行义务的先后顺序，如“先给付发票后付款”等条款，则法院在认定时应尊重合同双方的真实意思表示，适用《民法典》第五百二十六条关于先履行抗辩权的规定，一方有权拒绝支付相关款项。但人民法院通常也会考虑一方不开发票的原因，如果是因为应付款未确定而无法开具发票，一方可能难以适用先履行抗辩权。

问题三　施工合同无效，实际施工人是否应当依照约定支付税金？

【问题概述】

《建设工程施工合同司法解释（一）》第二十四条规定：“当事人就同一建设工程订立的数份建设工程施工合同均无效，但建设工程质量合格，一方当事人请求参照实际履行的合同关于工程价款的约定折价补偿承包人的，人民法院应予支持。”由此可见施工合同无效，工程款是可以折价补偿的，但司法实践中，对于参照范围的理解仍存在很大分歧，在施工合同无效的情况下，实际施工人是否应当依照约定支付税金？

【相关判例】

史某与某建设集团有限公司、谭某建设工程施工合同纠纷［最高人民法院（2021）最高法民申 5472 号］

【法院观点】

关于某建设集团有限公司扣除税款的主张应否支持的问题。某建设集团有限公司将案涉工程转包给史某，双方在案涉承包协议中约定税金由史某负担。双方当事人对将造价审核机构审定的工程结算金额 120835272.42 元作为工程款均不持异议，某建设集团有限公司主张，因其收取秦州区某公司工程款，故其应向秦州区某公司开具工程款发票，而开具发票必然产生相应税款，全部税款应由史某承担。某建设集团有限公司的主张具有合理性，二审依据工程款金额认定 3987848 元税金应由史某负担，并无不妥。

【律师评析】

建设工程施工合同因挂靠而无效，合同中约定税金由实际施工人承担，则根据《民法典》第七百九十三条第一款规定，可以参照适用合同关于税金的约定折价补偿实际施工人，即实际施工人应承担建筑施工工程费用中的税金。但由于实际施工人并非规费、税金的法定缴纳主体，在实际扣缴过程之中，税费由承包人缴纳或者发包人代扣代缴，发包人或者承包人事实上承担了本应由实际施工人承担的税费的，可以在工程款中扣除规费和税金。

若结算条款中没有税费分担的约定，是否由实际施工人承担税金在司法实务中存在争议，需要结合其他证据来判断，比如对管理费的约定等，在合同约定管理费或下浮率过高时，一般综合考虑推定由被挂靠人承担该税金。为了避免相关争议，笔者建议当事人订立施工合同时明确税费等责任负担主体。

问题四　发包人逾期未审核结算资料，承包人可否主张以送审价作为结算价?

【问题概述】

工程价款结算，是指建设工程的发承包人对建设工程的发承包合同价款进行约定和依据合同约定进行工程预付款、工程进度款、工程竣工价款结算的活动。一般而言，发包人须在一定期限内对承包人提交的送审结算资料进行审核，但实践中发包人拖延审核的情况十分常见。在发包人逾期未审核完成时，承包人可否主张以送审价作为结算价？

【相关判例 1】

某水务工程有限公司与某建工安装集团有限公司建设工程施工合同纠纷［最高人民法院（2017）最高法民申 1931 号］

【法院观点】

专用条款第 37.6 条约定，发包人收到竣工结算报告及结算资料后，在规定期限内对结算报告及结算资料没有提出意见则视同认可。某建工安装集团有限公司完成施工任务并于 2014 年 4 月 23 日向某水务工程有限公司提交了某县第二污水处理厂（东厂）第一标段工程结算报告和结算资料，某水务工程有限公司收到结算报告及结算资料后，在双方约定的 30 日内没有提出意见。某水务工程有限公司在再审申请中提出的其在收到上述资料后提出了异议的主张，没有证据证明，再审法院不予支持。在此基础上，二审判决根据当事人在施工合同中的明确约定并依照《建设工程施工合同司法解释》第二十条“当事人约定，发包人收到竣工结算文件后，在约定期限内不予答复，视为认可竣工结算文件的，按照约定处理。承包人请求按照竣工结算文件结算工程价款的，应予支持”的规定，不支持某水务工程有限公司对工程价款进行审计的请求，确认该案工程款应按照某建工安装集团有限公司竣工结算文件作为结算依据。

【相关判例 2】

某建筑（集团）有限公司与某置业有限公司建设工程施工合同纠纷［最高人民法院（2020）最高法民申 1895 号］

【法院观点】

根据建设工程施工合同格式文本中的通用条款第 33 条第 3 款的规定，不能简单地推论出，双方当事人具有发包人收到竣工结算文件一定期限内不予答复，则视为认可承包人提交的竣工结算文件的一致意思表示，承包人提交的竣工结算文件不能作为工程款结算的依据。据此，即便不考虑某置业有限公司对结算书的答复情况，某建筑（集团）有限公司仅根据《施工总承包合同》通用条款第 33 条的约定主张双方已就发包人收到竣工结算文件一定期限内不予答复，则视为认可承包人提交的竣工结算文件达成一致的意思表示，依据尚不充分。

【律师评析】

《建设工程施工合同司法解释（一）》第二十一条规定："当事人约定，发包人收到竣工结算文件后，在约定期限内不予答复，视为认可竣工结算文件的，按照约定处理。承包人请求按照竣工结算文件结算工程价款的，人民法院应予支持。"

该条款的适用条件主要包括：（1）发承包人在施工合同专用条款中明确约定发包人逾期未审核，则以送审价作为结算价；（2）承包人已向发包人提交完整的结算资料；（3）发包人事实上存在逾期未审核的违约行为。

问题五　工程结算价款存在争议时，承包人是否有权要求发包人先行支付无争议部分工程款？

【问题概述】

在房地产开发项目工程价款结算过程中，承包人向发包人送达竣工结算资料以后，因发包人与承包人就工程最终结算价未达成一致意见，发包人往往以此为由拒绝支付任何工程款，由此导致的风险就是发承包人在办理竣工验收备案手续以后，发包人转移消费者的购房款，导致承包人即便胜诉其工程款债权也无法实现，另外，因造价审计时间长，往往容易导致承包人资金链断裂。那么，当工程结算价款存在争议时，承包人是否有权要求发包人先行支付无争议部分工程款呢？

【相关判例】

某建筑工程公司与某房地产开发有限公司、程某建设工程施工合同纠纷［最高人民法院（2018）最高法民终 332 号］

【法院观点】

因委托鉴定所需的时间较长，为保障债权人债权尽早实现，一审法院依法就已查明、双方当事人无争议的部分案件事实先行判决。案涉工程总造价和某房地产开发有限公司实际已付工程款数额需一审法院根据鉴定意见和其他证据再作认定，但对某房地产开发有限公司而言，即使根据其自认的工程总造价数额和已付工程款的数额计算，某房地产开发有限公司也至少应付某建筑工程公司工程款25722266.96元（75249196.96元－49526930元）。因此，一审法院先行判决某房地产开发有限公司向某建筑工程公司支付工程款25722266.96元。对双方有异议的其他事实，在后续判决中再作认定。

【律师评析】

《民事诉讼法》一百五十六条规定："人民法院审理案件，其中一部分事实已经清楚，可以就该部分先行判决。"该制度设计之初衷在于有效缓释当事人通过诉讼途径所急需解决的法律问题与法定审理期限周期较长之间的张力。建设工程施工合同纠纷案件中涉及众多鉴定程序，若待全部鉴定程序完成后再判决，则势必会导致承包人资金压力大无法及时支付农民工工资，进而引发社会矛盾，故部分无争议工程款应当先支付。从上诉到最高人民法院的案例来看，司法实践中也支持承包人要求发包人先行支付无争议部分工程款。

问题六 固定总价合同工程未完工时，如何计算工程价款?

【问题概述】

在建设工程领域，因所涉及工程种类不同，当事人会在合同中约定不同的价款结算方式。在发承包人约定采用固定总价进行结算而工程又未完工的情况下，对于已完工部分价款如何结算工程款的问题，由于法律法规未明确规定，实践中也存在较大争议。

【相关判例】

卢某与某玻璃有限公司建设工程施工合同纠纷［最高人民法院（2020）最高法民申2229号］

【法院观点】

《建设工程施工合同司法解释》第二十二条规定："当事人约定按照固定价结算工程价款，一方当事人请求对建设工程造价进行鉴定的，不予支持。"案涉《建设工程施工合同》约定采用固定价格，合同价款为1360万元。该约定是双方自愿作出的真实意思表示，卢某在签订合同时应当对合同约定的工程价款有充分认识，其事后认为合同约定价款明显不公，并主张案涉工程价款应当通过司法鉴定确定，没有事实和法律依据，二审法院不予支持并无不当。鉴于卢某在未完工情况下中途退出施工，二审法院对于其实际完成的部分工程的价款采取按比例折算的方式计算，即先计算出已完工的部分工程的价款占全部工程总价款（该已完工的部分工程的价款和全部工程总价款可按照定额标准鉴定得出）的比例，然后按照该比例乘以合同约定的固定价款，计算得出实际完成的部分工程的价款为9869054.75元，并无不当。卢某关于按实际完成工程造价据实结算案涉工程价款的申请再审理由，缺乏事实依据，再审法院不予支持。

【律师评析】

固定总价合同和固定单价包干合同均以完成承包范围内全部施工内容为前提，若承包人因故无法将全部工程完工，工程款结算时自然无法直接适用合同约定固定价款。以固定单价包干为例，若承包人在未全部完工的情况下退出施工，虽然已完成的面积可以确定，但因约定的平方米包干价格是根据预估的全部工程整体造价而得出的均价，在未完工的情况下，各个部分的成本不同，所以此时直接按照测量的完工面积乘以合同约定单价显然是不合理的。因此，对于约定固定价款合同在未完工情形下的结算，往往只能通过鉴定进行。关于鉴定结算，司法实践中主要存在两种方式：第一种是以“政府部门发布的定额法”结算，即根据实际完成的工程量，以建设行政管理部门颁发的定额取费核定工程价款；第二种是按“比例折算法”结算，即通过鉴定确定已完工工程的工程量占全部工程量的比例，再乘以合同约定的固定总价款，得出已完工工程的相关价款。以上两种方式确定出的工程价款是完全不同的，各地法院均有采用，尚无统一定论。

最高人民法院民事审判第一庭编著的《最高人民法院新建设工程施工合同司法解释（一）理解与适用》[1]中载明的意见认为，在固定价款可以计算得出的情形下，通过按“比例折算法”结算得出已完工程的价款，在实践中更具可操作性，同时以同一标准确定已完成工程占全部工程的比例也较为科学。该计算方式既能体现当事人真实意思，又能真实地反映施工客观情况。但建设工程仅完成一小部分，如果合同不能履行应归责于发包人，因不平衡报价导致当事人按照合同约定的固定价结算将使承包人利益明显受损的，可以参照定额标准和市场报价情况据实结算。

问题七　发包人违约，承包方能否主张预期利润损失？

【问题概述】

承包人预期利润，指承包人完成建设工程施工合同项下的全部工作内容后预期可以获得的财产增值利益。《民法典》第五百八十四条规定：“当事人一方不履行合同义务或者履行合同义务不符合约定，造成对方损失的，损失赔偿额应当相当于因违约所造成的损失，包括合同履行后可以获得的利益；但是，不得超过违约一方订立合同时预见到或者应当预见到的因违约可能造成的损失。”那在发包人违约的情形下，承包方能否主张预期利润损失？

[1] 最高人民法院民事审判第一庭．最高人民法院新建设工程施工合同司法解释（一）理解与适用［M］．北京：人民法院出版社，2021.

【相关判例】

某城建集团有限责任公司与某投资有限公司建设工程施工合同纠纷［最高人民法院（2020）最高法民终 1042 号］

【法院观点】

关于混凝土违约金及诉讼费 449055 元、律师费 15 万元、北京市某电力物资有限责任公司的资金占用补偿金 50 万元、预期利润 4604089 元应否支持的问题。该案系因某投资有限公司原因，合同不能继续履行，某投资有限公司应赔偿某城建集团有限责任公司的损失。鉴定机构根据某城建集团有限责任公司提供的证据，对其主张的损失中合理部分及预期利润损失出具鉴定意见，确定索赔部分金额为 21486576 元。混凝土违约金及诉讼费及律师费、资金占用补偿金、预期利润属于应由违约方承担的部分，一审法院采信鉴定机构的意见，根据《合同法》第一百一十三条规定判决某投资有限公司支付某城建集团有限责任公司补偿款及预期利润合计 21486567 元，有事实依据和法律依据。某投资有限公司主张上述费用不应支持，缺乏依据，二审法院不予支持。

【律师评析】

实务中可期待利益损失赔偿的举证比较困难。在认定可期待利益时考虑三个要件：预见主体，预见时间和预见内容。可预见的主体是违约方，预见时间是订立合同时，预见内容是因违反合同可能给对方造成的损失。难以认定的是预见内容，这涉及法律人的价值判断。承包人在签订施工合同时约定的利润率、行业整体的利润水平、合同的履行情况、承包人的过错等都会影响预期利润损失的认定。法院在认定和计算可得利益时通常需综合运用可预见规则、减损规则、损益相抵规则及过失相抵规则等多项规则，即从守约方主张的可得利益损失赔偿总额中扣除违约方不可预见的损失、守约方不当扩大的损失、守约方因对方违约获得的利益、守约方的过失造成的损失等。

因此，如果合同没有明确约定预期利润，承包人应注意从招标投标文件及合同的签订、类似项目或行业的利润率、发包人的过错、合同终止的原因、合同的实际履行情况等多角度完成举证任务，必要时向法院申请对工程项目预期利润进行鉴定。另外，承包人应注意，主张预期利润的前提是建设工程施工合同有效，且承包人本身没有违约行为。否则，其诉请将难以获得法院的支持。

问题八　发包人单方委托所作的工程审价结论经承包人认可可否作为结算依据？

【问题概述】

建设工程价款结算时一般由发包人委托第三方审价机构进行审核，就发包人单方委托所作的审价报告不外乎三种情形：（1）发包人和承包人均予以认可；（2）发包人认可，承包人不认可；（3）承包人认可，发包人不认可。针对第 1 种情形，该审价报告一般作为双方最终结算依据；针对第 2 种情形，则往往由人民法院依法指定鉴定机构进行重新鉴定；但是针对第 3 种情形，司法实践中往往存在一定争议。本篇主要探讨第 3 种情形下的审价结论能否作为最终结算依据。

【相关判例】

某集团有限公司与某房地产开发有限公司建设工程施工合同纠纷［最高人民法院（2017）最高法民申 2462 号］

【法院观点】

关于应否责令某房地产开发有限公司提交有关审计报告的问题。某房地产开发有限公司提交的《造价汇总表》加盖的是本公司的公章，是自己对工程价款的计算和认可。为完成计算，其有权委托包括某项目管理咨询有限公司在内的其认为适当的任何主体予以辅助或进行造价审计。但该结果对委托人并无约束力，委托人对该结果有采纳与否的权利。该第三方受一方委托进行工程造价计算或审计的行为与受双方委托进行的工程造价鉴定性质完全不同。若某集团有限公司认可该价款，属于双方就工程价款达成新的合意，可据此结算。某集团有限公司不认可该价款，应继续按照合同约定承担提交结算资料进行审计的责任，或依法就工程价款承担举证责任。某集团有限公司关于应责令某房地产开发有限公司提交审计报告的主张，混淆了两个审计的性质。某集团有限公司没有证据证明某项目管理咨询有限公司完成了双方当事人约定的审计以及该审计报告为某房地产开发有限公司所控制，其关于应适用《最高人民法院关于民事诉讼证据的若干规定》第七十四条推定审计已完成，并适用当时《最高人民法院关于适用〈中华人民共和国民事诉讼法〉的解释》第一百一十二条之规定由某房地产开发有限公司承担举证责任倒置后果的再审申请理由不成立。

【律师评析】

笔者认为发包人在对自身委托的审价单位作出的审价报告具有明确的异议并申请造价鉴定时，即使承包人认可，该审价报告也不应当作为结算依据，具体理由如下。

首先，发包人单方委托第三方进行工程结算价款审核，并不代表授权第三方与承包人进行结算，审核结论仅仅是作为双方确定结算价款的参考。发包人当然有权决定是否接受第三方的工程结算价款审价报告作为结算依据。如发包人不认可，则承包人不能直接以第三方的审核报告作为结算工程价款的依据。

其次，《建设工程施工合同司法解释（一）》第三十条规定："当事人在诉讼前共同委托有关机构、人员对建设工程造价出具咨询意见，诉讼中一方当事人不认可该咨询意见申请鉴定的，人民法院应予准许，但双方当事人明确表示受该咨询意见约束的除外。"由此可见，即使是在发承包人双方共同的委托审价机构进行审核的情况下，发包人不予认可审价机构出具的审价报告仍然可以向法院申请鉴定。那么发包人单方委托审价机构出具的审价报告，发包人不予认可当然应允许其申请鉴定。

司法实践中，一般承包人认可发包人单方委托出具的审价报告，诉讼中按此主张权利的，承包人提交该审价报告即已完成了相应的举证责任。如果发包人不予认可，应当就反驳主张承担举证责任，由发包人明确审价报告中的错误及需要鉴定的部分，若发包人没有提出异议或者提出异议但是不申请鉴定，人民法院极有可能确认审价报告的证明力。

当然，笔者认为发承包人在施工合同中明确约定以发包人委托的第三方审价单位作出的审价报告作为最终结算依据或者发包人未在施工合同约定的异议期就审价报告提出异议的，则该审价报告应当作为最终结算依据。

问题九 施工合同无效，结算条款效力如何?

【问题概述】

在建设工程领域，施工合同可能因违法分包、转包、挂靠或者应当进行招标投标却未招标投标等情形而被认定无效，在工程已经开始施工的状态下，无效合同导致的法律后果包括但不限于“恢复原状”“财产返还”等方式可能无法适用。司法实践中，在施工合同被认定无效时，结算条款的效力该如何认定呢?

【相关判例】

某实业股份有限公司与某人民政府建设工程施工合同纠纷［最高人民法院（2021）最高法民终 517 号］

【法院观点】

关于《某县基础设施项目投资建设—回购（BT）合同》（以下简称《BT 合同》），及相关《BT 合同补充合同》效力如何认定的问题。一审法院认为，《招标投标法》第三条规定：“在中华人民共和国境内进行下列工程建设项目包括项目的勘察、设计、施工、监理以及与工程建设有关的重要设备、材料等的采购，必须进行招标：（一）大型基础设施、公用事业等关系社会公共利益、公众安全的项目；（二）全部或者部分使用国有资金投资或者国家融资的项目；（三）使用国际组织或者外国政府贷款、援助资金的项目。前款所列项目的具体范围和规模标准，由国务院发展计划部门会同国务院有关部门制订，报国务院批准。法律或者国务院对必须进行招标的其他项目的范围有规定的，依照其规定。”《建设工程施工合同司法解释》第一条规定：“建设工程施工合同具有下列情形之一的，应当根据合同法第五十二条第（五）项的规定，认定无效……（三）建设工程必须进行招标而未招标或者中标无效的。”案涉工程是河南省开封市某县“一湖、两桥、四路”新建工程，不但全部使用国有资金、投资规模上亿，而且关系社会公共利益及公众安全，根据上述法律规定，属于必须进行招标投标的建设工程项目。但是，某县人民政府与某投资有限公司于 2010 年 2 月 5 日签订的《BT 合同》并未履行招标投标程序，故《BT 合同》因违反法律效力性强制性规定而无效。某投资有限公司为履行 BT 合同设立的项目公司某实业股份有限公司分别于 2010 年 5 月 14 日、2011 年 4 月 29 日、2013 年 6 月 6 日签订的后续三份《BT 合同补充合同》，其内容均为对《BT 合同》的补充和变更，不涉及双方既存债权债务关系的结算和清理，三份补充合同具有从属性而不具有独立性，也均为无效合同。但前述合同中的清理结算条款是具有独立性的约定，双方结算可以参照前述合同中的相关约定。

【律师评析】

《建设工程施工合同司法解释（一）》第二十四条规定："当事人就同一建设工程订立的数份建设工程施工合同均无效，但建设工程质量合格，一方当事人请求参照实际履行的合同关于工程价款的约定折价补偿承包人的，人民法院应予支持。实际履行的合同难以确定，当事人请求参照最后签订的合同关于工程价款的约定折价补偿承包人的，人民法院应予支持。"

因建设工程施工合同的履约过程是将施工方的劳动和建筑材料物化至建筑产品的过程，因此，合同被确认无效后难以适用恢复原状的法律后果，只能采用折价补偿的方式进行处理。同时，参照合同约定结算工程价款也更符合双方当事人在订立合同时的真实意思。

问题十　工程投标保证金纠纷的管辖法院如何确定?

【问题概述】

投标保证金是指在招标投标活动中，投标人按照招标文件的要求向招标人出具的，以一定金额表示的投标责任担保。其功能在于，保证投标人在提交投标文件后不得在投标有效期内随意撤回、撤销投标，中标后不得无正当理由不提交履约保证金和不与招标人签订合同或提出附加条件。否则，招标人有权不予返还其提交的投标保证金。投标保证金除现金外，可以是银行出具的银行保函、保兑支票、银行汇票或现金支票等。那么，工程投标保证金纠纷的管辖法院如何确定？

【相关判例】

某路桥有限公司与某市政建设有限公司建设工程分包合同纠纷［江苏省盐城市中级人民法院（2021）苏 09 民辖终 127 号］

【法院观点】

二审法院经审查认为，根据当时的《最高人民法院关于适用〈中华人民共和国民事诉讼法〉的解释》第二十八条第二款的规定，建设工程施工合同纠纷，按照不动产纠纷确定管辖。该案双方当事人签订案涉合作协议后各自对案涉工程进行了施工，现某市政建设有限公司提起诉讼要求某路桥有限公司支付代垫的投标保证金、返还被截留工程款和银行利息等，据此，双方之间系建设工程施工合同关系，且依据法律规定，该案应当由建设工程即不动产所在地的人民法院管辖。一审法院裁定符合法律规定，某路桥有限公司上诉认为该案应当由合同履行地或被告所在地人民法院管辖，要求将该案移送江苏省溧阳市人民法院管辖审理依据不足，二审法院不予采纳。

【律师评析】

案件当时的《最高人民法院关于适用〈中华人民共和国民事诉讼法〉的解释》第二十八条第二款将建设工程施工合同纠纷也规定为适用不动产纠纷专属管辖，主要是考虑到建设工程施工合同纠纷往往涉及建筑物工程造价评估、质量鉴定、留置权优先受偿执行拍卖等，由建筑物所在地法院管辖，有利于案件审理与执行，这是方便人民群众诉讼和方便人民法院审理“两便”原则的体现。而工程投标保证金产生于建设工程施工合同正式缔结前，当事人单独因为招标投标事项而产生的工程投标保证金纠纷，不涉及建筑物工程造价评估、质量鉴定、留置权优先受偿、执行拍卖等，应按一般合同纠纷确定管辖。但是，如果工程已经实际开工建设，此时招标投标的纠纷应并入建设工程施工合同纠纷，或者当事人诉求中不仅包含投标保证金还包含工程款等诉求，则应适用专属管辖的规定。

问题十一　发包人拖欠工程款的责任如何承担?

【问题概述】

在建设工程领域，发包人拖欠工程款的情形屡见不鲜，那么承包人是否有权据此要求发包人就工程欠款支付利息？工程欠款利息在法律上如何定性？利息与违约金是否可以并举？在建设工程合同无效的情况下承包人是否仍可主张利息？利息计算标准又该如何确定？

【相关判例 1】

某房地产开发有限公司与某建设集团有限公司建设工程施工合同纠纷［最高人民法院（2021）最高法民申 7109 号］

【法院观点】

《建设工程施工合同司法解释》第十七条规定：“当事人对欠付工程价款利息计付标准有约定的，按照约定处理；没有约定的，按照中国人民银行发布的同期同类贷款利率计息。”该案双方当事人于 2019 年 5 月 21 日达成《补充协议》，其中第三项约定：“若甲方未按照本补充协议书约定及时足额支付工程进度款，则按照未支付节点部分支付违约金 30 万元，且甲方需承担未按期支付部分的利息，按年利率 18%计算，直至全部支付完毕。”某房地产开发有限公司和某建设集团有限公司对欠付工程价款利息计付标准有明确约定，该约定不违反法律、行政法规的强制性规定，某房地产开发有限公司应按照约定履行债务。主张违约金过高的违约方应当对违约金是否过高承担举证责任。某房地产开发有限公司认为违约利息标准过高，未提供证据予以证实，应承担举证不能的法律后果。二审判决认定某房地产开发有限公司按照约定年利率 18%支付欠付某建设集团有限公司的工程价款，并无不当。

【相关判例 2】

某建设集团有限公司与某置业有限公司建设工程施工合同纠纷［最高人民法院（2019）最高法民终 1335 号］

【法院观点】

该案中，案涉合同约定按照已完工程价款总额的 2.5%月利率计算利息，该利息约定过高，某置业有限公司一审中请求调减，一审法院参照《最高人民法院关于审理民间借贷案件适用法律若干问题的规定》的相关规定，以年息 24%为标准计付利息并无不当，二审法院予以维持。

【律师评析】

《建设工程施工合同司法解释（一）》第二十六条规定："当事人对欠付工程价款利息计付标准有约定的，按照约定处理。没有约定的，按照同期同类贷款利率或者同期贷款市场报价利率计息。"第二十七条规定："利息从应付工程价款之日开始计付。当事人对付款时间没有约定或者约定不明的，下列时间视为应付款时间：（一）建设工程已实际交付的，为交付之日；（二）建设工程没有交付的，为提交竣工结算文件之日；（三）建设工程未交付，工程价款也未结算的，为当事人起诉之日。"

目前司法实践中，发包人欠付工程价款的，承包人有权主张自应付工程价款之日起计算利息，发承包人对利息标准有约定的按照双方约定执行，但原则上以全国银行间同业拆借中心发布的贷款市场报价利率（LPR）的四倍为限，若发承包人未约定利息标准，则以 LPR 为计算标准。

问题十二　施工合同无效，欠付工程款利息如何计算？

【问题概述】

司法实践中，在建设工程施工合同无效，但建设工程质量合格的情形下，承包人可向发包人主张欠付工程款，但是承包人通常会同时要求发包人支付工程款逾期付款的利息，并主张自双方约定的应付款之日起按双方约定的利息标准计算逾期付款利息。对承包人前述主张，是否应当支持呢？

【相关判例】

吴某与某建筑工程公司、某园林工程有限公司、某文化传播有限公司、某文化发展有限公司建设工程施工合同纠纷［最高人民法院（2019）最高法民再 258 号］

【法院观点】

吴某主张应按四倍利率计算欠付工程款利息，至少应按 1.3 倍予以支持。其与某建筑工程公司签订的《建设工程内部承包合同》因其不具备相应建筑工程施工资质而无效。该合同中关于如发包方违约应按照中国农业银行同期贷款利息的四倍每月计算利息支付给吴某的约定亦无效。根据《建设工程施工合同司法解释》第十七条“当事人对欠付工程价款利息计付标准有约定的，按照约定处理；没有约定的，按照中国人民银行发布的同期同类贷款利率计息”的规定，二审判决按照中国人民银行同期同类贷款利率计付工程款利息并无不当。因自2019年8月20日起，中国人民银行贷款基准利率标准已经取消，故自该日起以全国银行间同业拆借中心公布的贷款市场报价利率作为利息计算标准。

【律师评析】

主流观点认为，倘若建设工程施工合同无效，则合同中有关计息标准的条款亦无效，应视为双方未对利息计算标准作出约定，从而根据《建设工程施工合同司法解释（一）》第二十六条“当事人对欠付工程价款利息计付标准有约定的，按照约定处理。没有约定的，按照同期同类贷款利率或者同期贷款市场报价利率计息”之规定计算利息。

施工合同无效情形下欠付工程款的利息主张能否得到支持，需要从利息的性质入手进行分析。如果是法定孳息，其取得一般不受合同效力的影响，当事人可以依照约定也可以按照交易习惯取得法定孳息，即使施工合同无效，相关当事人亦可以按照交易习惯获得工程款利息。如果被认定为违约金，其取得一般是建立在合同有效的基础上，建设工程合同被认定无效时，当事人无法获得该违约金。

问题十三　工程逾期付款违约金最高支持多少?

【问题概述】

违约金是指当事人在合同中预先约定的当一方不履行合同或不完全履行合同时，由违约方支付给相对方的一定金额的货币，本质上是为了弥补守约方因对方违约而产生的损失。在约定的违约金高于守约方的损失的时候，则体现出对违约方的惩罚。那么工程逾期付款违约金最高支持多少?

【相关判例1】

某建筑有限公司与某工程建设管理局建设工程施工合同纠纷［最高人民法院（2019）最高法民终1588号］

【法院观点】

专用条款第35.1条就违反通用条款第26.4条应承担的违约责任进一步作了约定，即某工程建设管理局违反通用条款第26.4条约定逾期支付工程进度款，应每天按本期应付工程总价款的千分之一向某建筑有限公司支付违约赔偿金。该案中，从某建筑有限公司提交的工程进度款申请单载明的金额及时间与某工程建设管理局实际支付工程进度款的金额及时间上来看，某工程建设管理局确实存在逾期支付工程进度款的情形，根据上述合同约定，某工程建设管理局应承担逾期支付工程进度款违约责任。因某建筑有限公司主张的按日千分之一计算逾期付款违约金，年利率为36.5%，明显过高，一审判决酌定按中国人民银行同期同类贷款基准利率计算违约金，并认定该部分违约金数额为355855.04元，并无不当。

【相关判例2】

某建筑工程有限责任公司与某房地产开发有限公司建设工程施工合同纠纷［最高人民法院（2019）最高法民终1365号］

【法院观点】

某建筑工程有限责任公司认为某房地产开发有限公司除应当按照合同约定支付违约金之外，还应支付迟延付款利息。对此，二审法院认为，《合同法》第一百一十四条规定："当事人可以约定一方违约时应当根据违约情况向对方支付一定数额的违约金，也可以约定因违约产生的损失赔偿额的计算方法。约定的违约金低于造成的损失的，当事人可以请求人民法院或者仲裁机构予以增加；约定的违约金过分高于造成的损失的，当事人可以请求人民法院或者仲裁机构予以适当减少。"从该条规定可以看出，违约金以补偿性为原则，以惩罚性为补充，主要用于弥补守约方因违约方的违约行为造成的损失，同时兼顾一定的惩罚作用，以守约方的实际损失为标准，可以对过高或过低的违约金予以适当调整。该案中，双方当事人就迟延支付工程款的违约金计算方式进行了约定，即以迟延支付工程款的数额为基数按照每日千分之三的标准支付违约金。而某房地产开发有限公司迟延支付工程款给某建筑工程有限责任公司造成的损失主要为资金占用期间的利息损失。虽然某建筑工程有限责任公司一审起诉时主张按照每日千分之一的标准计算违约金，但仍高于其实际损失。一审法院结合双方合同履行情况、预期利益等情况，确定某房地产开发有限公司在利息损失的基础上上浮30%支付某建筑工程有限责任公司违约金，该违约金的计算方式足以弥补某建筑工程有限责任公司的利息损失，亦兼具一定的惩罚性质，属于法律规定范围内的合理调整。前述违约金的计算方式已涵盖利息损失，故一审法院未支持某建筑工程有限责任公司要求某房地产开发有限公司另行支付利息损失的请求并无不当。

【律师评析】

《民法典》第五百八十五条规定："当事人可以约定一方违约时应当根据违约情况向对方支付一定数额的违约金，也可以约定因违约产生的损失赔偿额的计算方法。约定的违约金低于造成的损失的，人民法院或者仲裁机构可以根据当事人的请求予以增加；约定的违约金过分高于造成的损失的，人民法院或者仲裁机构可以根据当事人的请求予以适当减少。当事人就迟延履行约定违约金的，违约方支付违约金后，还应当履行债务。"

从司法实践来看，违约金兼具补偿性和赔偿性双重性质，且"补偿为主、惩罚为辅"，纯粹的惩罚性违约金不被我国法律所支持。针对资金占用费这一最常见的实际损失，法院通常采取的判定标准为以全国银行间同业拆借中心的贷款市场报价利率（LPR）的四倍为上限，以达到双方利益的平衡。因此，实践中关于逾期付款的违约金条款，在证明守约方确实存在经济损失的前提下，约定适用一年期贷款市场报价利率四倍的标准更为符合当前审判工作的实际情况。如果发承包人在约定逾期付款违约金时的计算标准超出一年期贷款市场报价利率的四倍，则存在被法院以违约金约定的标准过高为由而依法调低的可能性。

问题十四　采用认质认价方式确定的材料价格需要按照施工合同的约定下浮吗？

【问题概述】

在整个项目计价下浮的情况下，采用认质认价方式确认的材料价格是否也需要下浮？站在建设单位的角度，一般认为所有的价格都应该下浮，而站在施工单位的角度则认为，既然是认质认价，所认价格就是实际的价格，自然就应该按照认定的价格结算，不应该再行下浮。

【相关判例】

某建设工程有限公司与某中学建设工程施工合同纠纷［安徽省高级人民法院（2018）皖民终 85 号］

【法院观点】

至于变更签证及二次招标总造价应否下浮的问题。某中学主张依据某建设工程有限公司出具的一份竞争性谈判投标函，同意依据审计后的工程施工总造价下浮 18.01%计算结算价，故变更签证、二次招标材料价格下浮返补及认价采保费部分亦应予以下浮。由于变更签证、二次招标材料价格下浮返补及认价采保费部分系在施工过程中对于工程量清单未列入、另行增加的工程量双方直接确定的价款，以及双方同时采购材料所进行的认质认价确定的价格，如再行下浮，明显有违公平原则，故对此部分不应下浮。某建设工程有限公司提出对变更签证部分应按签证计价，不应按后期会议纪要确定价格。而关于某中学提出的应以后期会议纪要确定价格的问题，某建设项目管理有限公司已明确对此问题进行了回应，且某建设项目管理有限公司以后期会议纪要确定价格的部分也只是双方前期签证不明确的部分。根据双方所签订的《补充条款》第十条第 3 项的约定，签证资料与合同具有同等效力，某建设工程有限公司提供的签证均经监理工程师、某中学相关人员签字确认，故某建设项目管理有限公司以“签证明确具体的以签证计算、签证不明确具体的以后期会议纪要确定”的鉴定意见符合双方合同约定，据此作出鉴定意见并无不当，予以采信。

【律师评析】

《民法典》第五百一十条规定：“合同生效后，当事人就质量、价款或者报酬、履行地点等内容没有约定或者约定不明确的，可以协议补充；不能达成补充协议的，按照合同相关条款或者交易习惯确定。”

2017 年发布的《建设工程造价鉴定规范》GB/T 51262—2017 第 5.6.4 条规定：“当事人因材料价格发生争议的，鉴定人应提请委托人决定并按其决定进行鉴定。委托人未及时决定可按以下规定进行鉴定，供委托人判断使用：1. 材料价格在采购前经发包人或其代表签批认可的，应按签批的材料价格进行鉴定；2. 材料采购前未报发包人或其代表认质认价的，应按合同约定的价格进行鉴定。”

从上述规范性文件可以看出，在费率招标的情形下，投标人在投标时投报价格下浮，所有计价文件中的人材机等价格当然要参与下浮，没有发包人签字认可的情形下，如果已标价工程量清单或其他文件中有材料价格的，应该直接按照约定执行。而文件范围以外双方没有约定的部分，比如说施工过程中发承包人认质认价的材料价格就不属于原施工合同约定的下浮范围。因为甲方后批准的材料价格其效力是优于原合同约定的，可以理解为特殊优于普通，也可以理解为补充约定优于在先约定。

问题十五　发承包人之间的走账款能否作为已付工程款？

【问题概述】

建设工程施工过程中时常遇到建设单位要求施工单位配合走账，即发包人将款项支付给承包人以后，又要求承包人将该款项回转至发包人或者发包人指定的第三方账户。此后，承包人起诉发包人要求支付工程款时，发包人大多将走账款也作为已付工程款进行抗辩，从而认为其已履行付款义务，而对于转出金额则认为是承包人向发包人支付的款项，将其作为借款等其他性质款项进行抗辩。所以，走账款是否能被认定为已付工程款？

【相关判例】

某建筑工程有限公司与某置业有限公司、某银行建设工程施工合同纠纷［最高人民法院（2018）最高法民终 99 号］

【法院观点】

事实表明，双方往来资金 15064.10 万元中，其中 9 笔共计 3864.10 万元，只是为了调账，不是真实的业务往来款项；就其中 10700 万元，某建筑工程有限公司按某置业有限公司与某小额贷款有限公司协商后的指示，打入了某小额贷款有限公司指定的收款人账户，用以偿还某置业有限公司的借款；就其中 500 万元，在某置业有限公司以工程款名义支付给某建筑工程有限公司的同日，又向某建筑工程有限公司出具《借条》，通过转账孙某收回了该笔款项。由此可见，虽然某置业有限公司以工程款名义曾经向某建筑工程有限公司支付了 15064.10 万元，但均出于某置业有限公司的需要，某建筑工程有限公司按照某置业有限公司的指令如数转出了全部所收款项。某建筑工程有限公司据此认为，某置业有限公司指令某建筑工程有限公司转出了全部所收款项的行为，等于某置业有限公司完全未支付某建筑工程有限公司工程进度款，该理解并无不当。

【律师评析】

司法实践中，针对走账款能否被认定为已付工程款主要有下列三种观点：

部分观点认为，发包人在向银行贷款，并将款项以工程款名义直接从发包人账户内支付给承包人时，实际上就已消灭了承包人与发包人之间因工程款而产生的相应债权债务关系。承包人依其与发包人之间的约定，将款项转给发包人或其指定的第三人，实际上是在承包人与发包人之间产生了借贷或其他新的法律关系。即使发包人与承包人将走账款约定为非工程款，这实际上也是相应工程款债权债务关系消灭后，双方基于走账约定，对新形成的法律关系项下款项欠付事实的确认。

也有观点认为，走账款不应认定为案涉工程款，发包人仍欠付工程款，但不应支持其优先权请求。虽然不应认定走账款为案涉工程款，发包人仍欠付工程款，但是，走账款项是从发包人的贷款监管账户转出，故承包人应当清楚转账给承包人的走账款可以作为支付工程款之用。承包人因存在配合走账的过错而未能实现其工程款债权，应承担相应不利法律后果。如果允许承包人在收到上述款项后与发包人协商划到其他单位，且承包人一直以发包人尚欠工程款为由主张建设工程价款优先受偿权，导致的后果是承包人永远享有此项权利，并可一直对抗抵押权人，抵押权人的抵押权将难以实现，从而使抵押担保制度落空。

还有观点认为，走账款不应认定为案涉工程款，发包人仍欠付工程款，应支持其优先权请求。

笔者认为，承包人配合发包人走账可能会带来许多法律风险，甚至导致承包人丧失建设工程价款优先受偿权。并且，承包人配合发包人走账从银行获得贷款，如果发包人后期难以偿还银行贷款，还可能存在一定的刑事风险。为此，笔者建议承包人尽可能不要配合发包人走账。当然，因存在承包人在施工合同中相对弱势这一客观因素，承包人必须配合发包人进行走账时，承包人应当尽可能通过书面证据将走账款的性质予以固定，明确其不是真实的工程款。

第五章

建设工程工期

问题一 承包人在发包人未取得施工许可前进场施工，工期从何时起算？

【问题概述】

工程实践中，通常存在这样一种情形：在发包人未取得施工许可前，承包人已实际进场施工。在此情况下，工期起算点容易产生争议，即工期从承包人实际进场施工之日起算，还是从施工许可证上记载的日期起算？

【相关判例】

某建设集团有限公司、某商贸投资开发有限公司建设工程施工合同纠纷［最高人民法院（2018）最高法民再442号］

【法院观点】

关于开工日期的问题。法院认为，开工日期的确定要坚持实事求是的原则，以合同约定及施工许可证记载的日期为基础，综合工程的客观实际情况，以最接近实际进场施工的日期作为开工日期。该案双方签订的《建设工程施工合同》约定的开工日期为2012年2月1日，某建设集团有限公司提交的经济技术签证资料也能够证明项目自2012年2月1日已经开工，且某建设集团有限公司在该案诉讼中对其曾于该日期进场施工亦不否认。故虽然某商贸投资开发有限公司取得施工许可证日期为2012年9月3日，但从上述情况来看，2012年2月1日应为最接近实际进场施工的日期。某建设集团有限公司主张未取得施工许可的施工行为不能视为法律意义上的开工，应以2012年9月3日建设单位取得施工许可证的时间来确定该案的开工日期，该主张与客观事实不符，不应得到支持。至于案涉工程在未取得施工许可证前已经实际施工的问题，属于行政处罚范围，有关行政机关亦对该行为作出了相应的行政处罚决定，该事实不影响法院对实际开工日期的认定。

【律师评析】

《建设工程施工合同司法解释（一）》第八条规定：“当事人对建设工程开工日期有争议的，人民法院应当分别按照以下情形予以认定：（一）开工日期为发包人或者监理人发出的开工通知载明的开工日期；开工通知发出后，尚不具备开工条件的，以开工条件具备的时间为开工日期；因承包人原因导致开工时间推迟的，以开工通知载明的时间为开工日期。（二）承包人经发包人同意已经实际进场施工的，以实际进场施工时间为开工日期。（三）发包人或者监理人未发出开工通知，亦无相关证据证明实际开工日期的，应当综合考虑开工报告、合同、施工许可证、竣工验收报告或者竣工验收备案表等载明的时间，并结合是否具备开工条件的事实，认定开工日期。”

施工许可证载明的日期并不具备绝对排他的、无可争辩的效力。工程施工许可证是建设主管部门颁发给建设单位的准许其施工的凭证，表明建设工程符合相应的开工条件，但并不是确定开工日期的唯一依据。而在实践中，因赶工问题，承包人往往在经发包人同意后提前进场施工，或者因开工条件未具备，承包人在施工许可证记载日期之后进场施工。因此，当实际开工日期与施工许可证上记载的日期不一致时，考虑以实际开工日期作为工期起算点，较为公平合理。

问题二 施工合同无效，发包人能否参照合同约定工期主张相关损失?

【问题概述】

根据《建设工程施工合同司法解释（一）》第二十四条第一款的规定，建设工程施工合同无效但建设工程质量合格的，一方当事人可以请求参照实际履行的合同关于工程价款的约定折价补偿承包人。但对于发包人而言，在施工合同无效的情况下，发包人能否参照施工合同约定工期主张相关损失？

【相关判例】

某房地产开发有限公司与某建筑安装有限责任公司建设工程施工合同纠纷［最高人民法院（2020）最高法民申 690 号］

【法院观点】

关于某房地产开发有限公司申请再审所称逾期竣工违约责任的问题。《建设工程施工合同》《地下汽车库及会所施工协议书》因违反《建筑法》的强制性规定而无效。根据《合同法》第五十六条的规定，无效的合同或者被撤销的合同自始没有法律约束力，上述合同中关于竣工日期及逾期竣工违约条款对双方均无拘束力。根据《合同法》第五十八条的规定，合同无效后，有过错的一方应当赔偿对方因此所受到的损失，双方都有过错的，应当各自承担相应的责任。2017 年 9 月案涉工程实际完工，完工后进行了内部预检及整改，某建筑安装有限责任公司在 2017 年 10 月向某房地产开发有限公司提交验收申请报

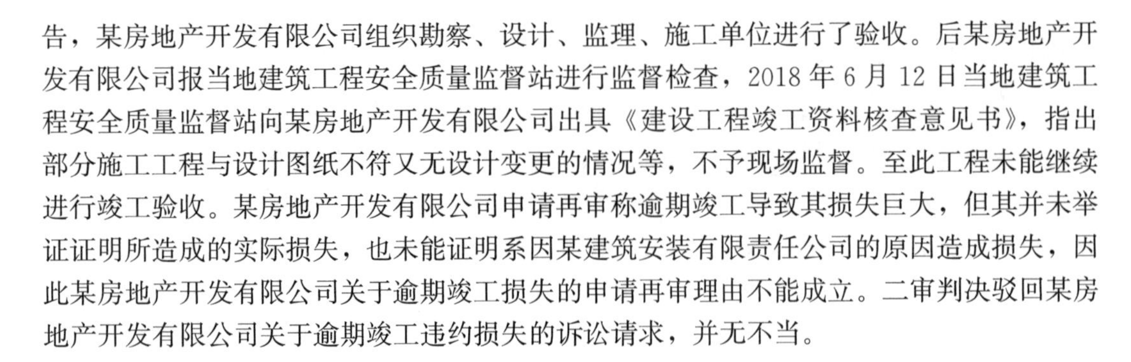

告，某房地产开发有限公司组织勘察、设计、监理、施工单位进行了验收。后某房地产开发有限公司报当地建筑工程安全质量监督站进行监督检查，2018 年 6 月 12 日当地建筑工程安全质量监督站向某房地产开发有限公司出具《建设工程竣工资料核查意见书》，指出部分施工工程与设计图纸不符又无设计变更的情况等，不予现场监督。至此工程未能继续进行竣工验收。某房地产开发有限公司申请再审称逾期竣工导致其损失巨大，但其并未举证证明所造成的实际损失，也未能证明系因某建筑安装有限责任公司的原因造成损失，因此某房地产开发有限公司关于逾期竣工损失的申请再审理由不能成立。二审判决驳回某房地产开发有限公司关于逾期竣工违约损失的诉讼请求，并无不当。

【律师评析】

根据《建设工程施工合同司法解释（一）》第二十四条的规定，建设施工合同无效但工程质量合格的，承包人可以参照合同约定折价补偿。该条款仅规定工程价款可以参照合同约定折价补偿，而非将无效合同进行有效化处理。因此，当建设工程施工合同被认定无效时，合同约定工期条款及相应违约责任条款当然无效，发包人无权依照无效合同的工期条款及相应违约责任条款向承包人主张工期延误违约责任。

但是，《民法典》第一百五十七条规定："民事法律行为无效、被撤销或者确定不发生效力后，行为人因该行为取得的财产，应当予以返还；不能返还或者没有必要返还的，应当折价补偿。有过错的一方应当赔偿对方由此所受到的损失；各方都有过错的，应当各自承担相应的责任。法律另有规定的，依照其规定。"《建设工程施工合同司法解释（一）》第六条规定："建设工程施工合同无效，一方当事人请求对方赔偿损失的，应当就对方过错、损失大小、过错与损失之间的因果关系承担举证责任。损失大小无法确定，一方当事人请求参照合同约定的质量标准、建设工期、工程价款支付时间等内容确定损失大小的，人民法院可以结合双方过错程度、过错与损失之间的因果关系等因素作出裁判。"如果存在工期延误的情形，根据谁主张谁举证原则，发包人在主张损失赔偿时必须提供证据证明对方过错、损失大小、过错与损失之间的因果关系等事实。在损失大小无法确定时，可参考合同约定质量标准、建设工期、工程价款支付时间等内容主张损失。

问题三　承包人未在合同约定期限内提出工期顺延申请，诉讼中主张工期顺延，法院能否支持?

【问题概述】

建设工程实务中，经常存在工程延期的情况，建设工程施工合同中通常会约定发生工期顺延事由后，承包人按照约定的程序提交工期顺延的申请。若在施工过程中，承包人未按合同约定程序申请工期顺延，承包人在诉讼中主张工期顺延是否能得到法院的支持?

【相关判例 1】

某实业有限公司与某集团股份有限公司建设工程施工合同纠纷［最高人民法院

（2020）最高法民申 4769 号］

【法院观点】

关于案涉工程逾期责任承担的问题。（1）某实业有限公司认为某集团股份有限公司未按约定提出延期书面报告，且二审法院未查明工期顺延具体天数，二审关于工程逾期责任承担的认定错误。再审法院认为，承包人是否提出书面延期报告不能成为工程逾期责任认定的充分依据，还应结合工程联系单等反映工程施工情况的证据材料综合认定。二审已查明，案涉工程发生了工期顺延，如部分空调、消防、弱电及土建的施工未完工，停电，缺部分施工图，且部分设计不符合要求需更改设计方案等，案涉工程工期顺延具有合理理由。是否查明工期顺延的具体天数，不影响逾期责任的认定。（2）某实业有限公司认为合同中专用条款第 8.3 条的“我方”是指某实业有限公司而非某集团股份有限公司。经审查，专用条款 8.3 条约定：“因本工程工期极度紧张，空调、消防及弱电施工单位需要积极配合我方施工安排。风口、消防、弱电末端的安装由各相关单位自行完成。如因上述各项内容影响工程质量和工期，我方不承担相关责任。”再审法院认为：（1）根据专用条款 8.1（9）条“双方约定发包人应做的其他工作：协助承包人及其他施工各方协调工作及交叉配合……”的约定，专用条款 8.3 条中的“空调、消防及弱电”属于发包人某实业有限公司应协调的工作；（2）通用条款 8.3 条约定：“发包人未能履行 8.1 各项义务，导致工期延误或给承包人造成损失的，发包人赔偿承包人有关损失，顺延延误的工期。”，因此空调、消防及弱电等工程导致工期延误，由发包人某实业有限公司承担责任，并顺延工期。某实业有限公司关于专用条款 8.3 条中的“我方”是指“某实业有限公司”的主张与前述约定矛盾。

【相关判例 2】

某置业有限公司与某建设有限公司建设工程施工合同纠纷［最高人民法院（2019）最高法民申 5645 号］

【法院观点】

关于工期顺延及工期延误损失的问题。某置业有限公司一审中所举证据显示，其所主张的工期延误损失主要分为两部分，一是因某置业有限公司与银行之间的《固定资产贷款合同》展期而多支付的银行利息，二是因不能如约交房、办证，某置业有限公司所承担的逾期交房违约金，逾期办证违约金。对某置业有限公司所主张的这两部分损失，根据一、二审查明事实，因案涉工程所涉各栋楼在《固定资产贷款合同》到期前均已办理了预售许可证，仅工期延误并不必然影响商品房预售，且案涉工程实际竣工日期是 2015 年 9 月，早于约定的交房日期 2015 年 12 月 30 日。结合工期延误还存在某置业有限公司未按照约定支付工程进度款、未完成场地平整、施工过程中存在设计变更等多种原因，一、二审法院未支持某置业有限公司所主张的工期延误损失并不缺乏证据支持。同时，根据案涉 4.28 合同“专用条款”第 15.1 条“以下非承包人原因造成工期延误，经监理工程师确认报请发包人，工期相应顺延”的约定，出现延误工期情形，应经监理工程师确认并报请发包人。但根据该条约定，并不能得出如未履行上述程序便可视为该事件不影响施工进度的

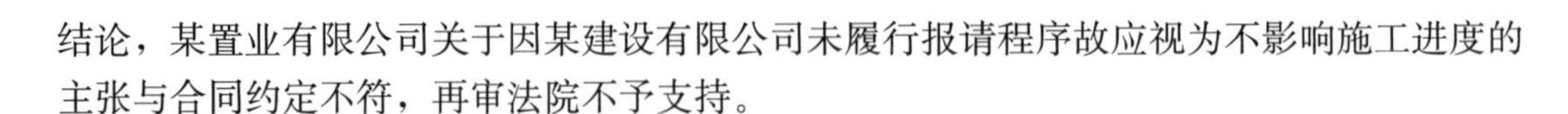

结论，某置业有限公司关于因某建设有限公司未履行报请程序故应视为不影响施工进度的主张与合同约定不符，再审法院不予支持。

【律师评析】

《建设工程施工合同司法解释（一）》第十条规定了两种认定未在约定期限内提出工期顺延申请视为工期顺延的例外情形。第一种情况：当事人约定顺延工期应当经发包人或者监理人签证等方式确认，承包人虽未取得工期顺延的确认，但能够证明在合同约定的期限内向发包人或者监理人申请过工期顺延且顺延事由符合合同约定，承包人以此为由主张工期顺延的，人民法院应予支持。第二种情况：当事人约定承包人未在约定期限内提出工期顺延申请视为工期不顺延的，按照约定处理，但发包人在约定期限后同意工期顺延或者承包人提出合理抗辩的除外。

由此可见，是否在约定期限内提出工期顺延申请，不是判断能否构成工期顺延的唯一标准。如上述判例 1、2 中，法院认为承包人虽然未按合同约定的程序提出延期书面报告，但承包人是否提出书面延期报告不能成为工程逾期责任认定的充分依据，还应结合工程联系单等反映工程施工情况的证据材料综合认定。如果查明发生工期延误系发包人原因而非承包人原因，且符合合同约定工期顺延的情形，那么虽然承包人未按合同约定程序提出延期书面报告，但这仅影响承包人行使要求赔偿的权利，并不代表工期延误的责任由发包人转移给了承包人。因此，发包人主张承包人未申请工期顺延视为施工进度不受影响，进而要求承包人赔偿工期延误损失的诉讼请求不能得到支持。

因此，发生工期顺延事由后，承包人应严格按照合同约定期限及程序提出工期顺延申请，并保存相关证据。如未在合同约定期限内提出工期顺延申请，在诉讼中可以提出合理抗辩，但需要相应证据支撑。

问题四　合同约定工期中并未包含冬歇期，但实际确需冬歇期，工期是否相应顺延?

【问题概述】

工程实践中，施工温度是影响混凝土结构施工质量和安全的关键因素。比如在冬期施工，考虑气温较低不方便施工建设及保障房屋质量，存在停工休息一段时间的工程惯例，也就是通常所称的“施工冬歇期”。如果建设工程施工合同中约定工期未包含冬歇期，但实际施工中需要冬歇期，工期是否相应顺延?

【相关判例】

某房地产开发有限公司与某建设集团有限公司建设工程施工合同纠纷［最高人民法院（2021）最高法民终 372 号］

【法院观点】

合同工期是建设单位与施工单位根据自身的实际需要和实际施工能力，经过协商约定的完成某项建设工程所需要的时间周期，合同当事人应当对建设工程的工期作出明确的要求。合法有效的默认须有当事人的明确约定或法律规定。案涉合同约定的工期中并未说明包含冬歇期。根据青海省冬期施工情况，因需面临无法施工的客观条件限制，确实存在冬歇期。《西宁市城乡建设委员会关于2014年冬季建筑工地大气污染防治工作的通知》和《西宁市城乡规划和建设局关于2015年冬季建筑工地大气污染防治工作的通知》指令冬季停工时间，经某房地产开发有限公司、监理单位、某建设集团有限公司三方协商，确定的两次停工累计200天，应自约定工期中予以扣减。

【律师评析】

工期作为建设工程施工合同的实质性条款内容之一，建设单位与施工单位需要明确约定工期起止时间、总工期天数、包含风险因素、工期计算原则等内容，并作为判断实际施工过程中是否存在工期延误的基础依据。但施工过程中，由于各种因素影响，实际工期往往与合同约定工期存在偏差。就冬歇期而言，如果合同已约定冬歇期，则按合同约定处理；如果合同未约定冬歇期，冬歇期是否计入实际施工期、工期是否相应顺延，需要根据实际情况综合认定。从上述案例来看，虽然合同未约定冬歇期，但施工单位有证据证明冬歇期不计入总工期已经建设单位确认并同意，冬歇期应自约定工期中予以扣减，工期相应顺延。如果施工单位无法举证证明冬歇期停工已经过建设单位同意，但根据当地政策规定或相关政府部门的指令、通知，可以明确冬歇期起止时间的，且在客观上在这段时间内也确实无法进行正常施工，该段冬歇期也应在约定工期中予以扣减，工期相应顺延。

问题五　双方达成工程款结算协议后，一方能否再就逾期竣工、工期延误等进行违约索赔？

【问题概述】

按工程实践惯例，关于逾期竣工、工期延误、质量问题等的违约索赔通常在工程款结算之前或者结算时由一方提出。因此，发承包双方达成工程款结算协议后，一方能否再就逾期竣工、工期延误等进行违约索赔？

【相关判例】

某房地产开发有限公司与某建筑工程有限公司建设工程施工合同纠纷［最高人民法院（2017）最高法民再97号］

【法院观点】

建设工程施工合同当事人在进行工程竣工结算时，应当依照合同约定就对方当事人履行合同是否符合约定进行审核并提出相应索赔。索赔事项及金额，应在结算时一并核定处理。因此，除在结算时因存有争议而声明保留的项目外，竣工结算报告经各方审核确认后，其中的结算意见，属于合同各方进行工程价款清结的最终依据。一方当事人在进行结算时没有提出相关索赔主张或声明保留，完成工程价款结算后又以对方之前存在违约行为提出索赔主张，依法不予支持。由此，在案涉合同未就工程价款结算时保留违约索赔权利作出专门规定的情况下，一、二审法院对于某房地产开发有限公司一审反诉就某建筑工程有限公司逾期竣工、工期延误以及未移交竣工验收资料等进行违约索赔的请求未予支持，符合法律规定。

【律师评析】

《北京市高级人民法院关于审理建设工程施工合同纠纷案件若干疑难问题的解答》第24条对于“当事人就工程款结算达成一致后又主张索赔的，如何处理”的解答认为：“结算协议生效后，承包人依据协议要求支付工程款，发包人以因承包人原因导致工程存在质量问题或逾期竣工为由，要求拒付、减付工程款或赔偿损失的，不予支持，但结算协议另有约定的除外。当事人签订结算协议不影响承包人依据约定或法律、行政法规规定承担质量保修责任。结算协议生效后，承包人以因发包人原因导致工程延期为由，要求赔偿停工、窝工等损失的，不予支持，但结算协议另有约定的除外。”

结算协议系发包人与承包人双方合意达成的协议，除承包人保修义务以外，结算协议包含工程所涉合同价款、调整后的合同价款、索赔金额等一切价款结算内容，系项目工程价款实际履行的最终依据，一般具有终局性、概括性特点。如果结算协议对相关事项未明确声明保留或无另外约定，在达成结算协议后，承包人或发包人无法再就逾期竣工、工期延误等进行违约索赔。

问题六　发包人指定分包单位，且分包合同实质内容由发包人确定，发包人是否对该分包工程工期延误承担责任？

【问题概述】

工程指定分包是指，发包人在施工单位承包工程范围内指定分包方实施部分专业工程的行为，通常由承包人与指定分包方签订分包合同，且在施工过程中，由发包人直接对指定分包方进行管理。在指定分包的情况下，如果发包人对分包工程工期延误存在过错，发包人是否对该分包工程工期延误承担责任？

【相关判例】

某建设有限公司、某文化传播有限公司与马某、沈某、某投资咨询有限公司、某通信服务有限公司、某通讯设备有限公司、某钢结构（集团）股份有限公司建设工程施工合同纠纷［最高人民法院（2021）最高法民终1241号］

【法院观点】

关于案涉工程延误期间责任分配的问题。根据各方当事人一审举证情况，案涉工程工期延误事由包括当地政府要求停工；某建设有限公司作为总承包人在工程监督管理、工程款支付等方面存在问题，影响工期；某文化传播有限公司设计变更导致工程量增加，因人防工程验收需要未及时提供三套图纸且未在验收资料上盖章导致竣工验收迟延；2016 年 1 月 28 日工程联系单反映的变配电、幕墙、公告部位装修、水电安装施工滞后问题。由于案涉专业分包单位系由某文化传播有限公司指定，虽然某建设有限公司与指定分包人签订专业分包合同，但分包合同实质内容系由某文化传播有限公司确定，故一审法院认定某文化传播有限公司对于分包单位工期延误亦存在过错，并根据各方过错程度酌定某建设有限公司对工期延误承担 60％主要责任，即承担工期延误 500 天的违约责任，某文化传播有限公司承担剩余 40％的责任，并无不当，二审法院予以维持。

【律师评析】

在指定分包的情况下，发包方应承担配合承包人按时完工的合同从给付义务。发包人与承包人签订建设工程施工合同，双方根据合同约定享有权利和义务，发包人的合同主给付义务在于及时足额支付工程款，而合同从给付义务即附随义务其实是为了配合承包人按时完工，包括及时提供分包资料、施工场地等。在指定分包情形下更是如此，指定分包方通常是由发包人直接选定，且与发包人关联更加密切，就工期、工程质量等通常听从发包人的指挥安排。

《建设工程施工合同司法解释（一）》第十三条规定：“发包人具有下列情形之一，造成建设工程质量缺陷，应当承担过错责任：（一）提供的设计有缺陷；（二）提供或者指定购买的建筑材料、建筑构配件、设备不符合强制性标准；（三）直接指定分包人分包专业工程。”司法实践中，若发包人对于指定分包人工期延误存在过错，例如发包人欠付工程款、指定分包人因发包人指定进场延迟等，法院可能会参照此条的规定认定发包人应承担工期延误的过错责任。例如在上述案件中，因发包人设计变更导致工程量增加，因人防工程验收需要未及时提供三套图纸且未在验收资料上盖章导致竣工验收迟延，法院认定发包人对于分包单位工期延误存在过错，应承担责任。

问题七 发包人未能及时交付图纸导致承包人未能在约定工期内完工的，工期是否相应顺延？

【问题概述】

工程施工过程中，施工图纸、施工材料等因素都会对施工方案、难度和时间成本产生影响，从而影响工期。若发包人未能及时交付图纸导致承包人未能在约定工期完工，工期是否相应顺延？

【相关判例】

某投资有限公司与某建筑安装集团有限责任公司建设工程施工合同纠纷［最高人民法院（2019）最高法民终 126 号］

【法院观点】

关于某建筑安装集团有限责任公司应否向某投资有限公司支付工程迟延违约金的问题。案涉《施工合同》系双方当事人真实意思表示，且不违反法律、行政法规的强制性规定，一审认定案涉《施工合同》合法有效，并无不当。从合同约定来看，案涉《施工合同》第 4.1 条、第 8.1.7 条以及第 13.1 条约定，发包人开工前提供图纸 3 套；开工后 7 天内，由发包人组织设计、勘查、监理、施工等单位进行图纸会审及设计交接；如果由于发包人原因或经发包人书面认可的其他特殊原因造成工期拖延，其工期相应顺延，费用不增加。上述约定表明，发包人某投资有限公司依约负有及时交付经审查合格、内容完整、数量齐备的施工图纸，如因发包人某投资有限公司未能及时交付图纸等或某投资有限公司书面确认的其他原因导致某建筑安装集团有限责任公司未能在约定工期内完工，工期相应顺延，承包方某建筑安装集团有限责任公司对工期顺延不应承担违约责任。且现有证据不能证明系某建筑安装集团有限责任公司的原因造成了案涉工程工期拖延，且在某投资有限公司认可工期可以顺延的情况下，某投资有限公司关于案涉工程工期延误是由于某建筑安装集团有限责任公司存在非法转包、违法分包等总承包组织不力及管理混乱导致的上诉理由，缺乏事实依据。

【律师评析】

《民法典》第八百零三条规定："发包人未按照约定的时间和要求提供原材料、设备、场地、资金、技术资料的，承包人可以顺延工程日期，并有权请求赔偿停工、窝工等损失。"因此，发包人负有依约提供原材料、设备、场地、资金、技术资料等义务，发包人未依约提供图纸或因发包人原因图纸变更导致施工承包人停窝工的，工期应相应顺延。如上述案例中，因工程设计变更或装修方案调整导致工期延长，不能归咎于承包人，且发包人要求承包人按照图纸重新组织安排工期，发包人也未对承包人工期进度安排提出异议，故法院认定双方已经对工期顺延问题达成一致意见。

因此，对承包人来说，其负有按图施工的义务，在工程施工中应妥善保管每一版图纸，并及时与发包人书面确认变更情况，主动留存证据，以避免工期顺延产生争议。

问题八　承包人工期延误导致发包人向小业主承担逾期交房赔偿金，是否由承包人承担损失?

【问题概述】

承包人工期延误不仅导致工程无法如期竣工，还有可能导致发包人向小业主逾期交房，并向小业主承担逾期交房赔偿金，而发承包双方在签订建设工程施工合同时通常不会就此逾期交房责任进行约定。因此，当因承包人工期延误导致发包人向小业主承担逾期交房赔偿金，发包人是否有权要求承包人承担损失?

【相关判例】

某建设集团有限公司与某置业有限责任公司、某房地产业统建中心建设工程施工合同纠纷［最高人民法院（2021）最高法民终 375 号］

【法院观点】

某置业有限责任公司主张，因某建设集团有限公司工期延误导致其向购房业主逾期交付房屋，其因此向购房业主以抵扣大修基金与契税的方式一次性赔付违约金 1707134 元，向商铺业主支付违约金一千多万元，产生后期监理费用 770445 元，增加看管人员工资 98400 元，某建设集团有限公司均应予以赔偿。首先，某置业有限责任公司提交的证据显示，其以抵扣方式一次性向业主支付逾期交房违约金 1707134 元，有购房合同、交房结算单、延期交房违约金支付单等相关证据予以证明，能够形成证据链条，证明某置业有限责任公司因迟延交付房屋给 5＃、6＃楼业主支付逾期交房违约金的事实，且该部分支付证明均形成于 2016 年年底前后，即某建设集团有限公司撤场之后不久，对该部分损失一审判决未予确认错误，二审法院予以纠正。根据案涉合同有关因承包人原因导致工期拖延，承包人一并承担“不超过合同总造价的百分之一”的违约金和“因工期延误给发包人造成的相关损失”之约定，某建设集团有限公司亦应承担因其迟延交房给某置业有限责任公司造成的上述损失。

【律师评析】

《民法典》第五百八十四条规定：“当事人一方不履行合同义务或者履行合同义务不符合约定，造成对方损失的，损失赔偿额应当相当于因违约所造成的损失，包括合同履行后可以获得的利益；但是，不得超过违约一方订立合同时预见到或者应当预见到的因违约可能造成的损失。”第五百八十五条规定：“当事人可以约定一方违约时应当根据违约情况向对方支付一定数额的违约金，也可以约定因违约产生的损失赔偿额的计算方法。”

通常而言，建设工程施工合同中虽不会直接约定向小业主承担的逾期交房违约赔偿责任由谁承担的问题，但会约定承包人逾期竣工的违约责任。因此，因承包人原因导致工程逾期竣工，进而导致发包人向小业主承担逾期交房赔偿金，承包人应当按施工合同约定承担违约责任。若施工合同约定的违约金不够弥补实际损失，应按实际损失赔偿；若施工合同被认定为无效，虽然其中的违约金条款不能适用，但基于缔约过失责任，承包人也应向发包人承担过错赔偿责任。

问题九 合同约定工期低于定额工期的，约定工期是否有效？

【问题概述】

《建设工程质量管理条例》第十条第一款规定：“建设工程发包单位不得迫使承包方以低于成本的价格竞标，不得任意压缩合理工期。”若双方当事人在施工合同中约定的工期低于定额工期，该约定是否有效？

【相关判例】

某集团有限公司与某房地产有限责任公司、某集团有限公司广西分公司、某甲银行支行、某乙银行支行建设工程施工合同纠纷［最高人民法院（2018）最高法民再163号］

【法院观点】

某集团有限公司还主张，《建设工程施工合同》中580日历天的工期条款因违反行政法规“不得任意压缩合理工期”的强制性规定而无效。对此，法院认为，一方面，定额工期通常考虑施工规范、典型工程设计、施工企业的平均水平等多方面因素而制定，虽具有合理性，但在实际技术专长、管理水平和施工经验存在差异的情况下，并不能完全准确反映不同施工企业在不同工程项目中的合理工期。另一方面，该案中，某集团有限公司作为大型专业施工企业，基于对自身施工能力及市场等因素的综合考量，经与某房地产有限责任公司平等协商，在《建设工程施工合同》中约定580日历天的工期条款，系对自身权利的处分，亦为其真实意思表示，在无其他相反证据证明的情况下，不能当然推定某房地产有限责任公司迫使其压缩合理工期。某集团有限公司的该项再审主张亦缺乏事实依据，不能成立，法院不予支持。

【律师评析】

施工合同约定工期低于定额工期的，虽有违《建设工程质量管理条例》第十条关于定额工期的相关规定，但并不当然无效。《建设工程质量管理条例》仅是行业指导性规定，非效力性强制性规定。定额工期考虑施工规范、典型工程设计、施工企业的平均水平等多方面因素而制定，可以反映一定时期的社会平均水平，但在实际技术专长、管理水平和施工经验存在差异的情况下，并不能完全准确反映不同施工企业在不同工程项目中的合理工期。

因此，对于施工单位而言，作为从事建筑施工工作的专业承包商，其具备相关专业施工资质和施工经验，在签订施工合同时能够基于对自身施工能力及市场等因素的综合考量，充分了解工程设计、工艺和规模，能够根据工程量等内容事前判断所需工期，在此基础上约定的合同工期，无论是否低于规定的定额工期，均为双方真实意思表示，合法有效，应当充分尊重意思自治。

问题十　工程交付早于竣工验收的，如何确定竣工日期？

【问题概述】

实践中，工程一般在竣工验收后交付发包人使用，但在某些特殊情况下存在工程先交付后竣工的情形。那么，承包人交付工程早于竣工验收日期的，实际竣工日期如何确定？

【相关判例】

某建设集团有限公司与某房地产发展有限公司建设工程施工合同纠纷［最高人民法院（2019）最高法民申 679 号］

【法院观点】

关于案涉工程竣工日期的认定问题。《建设工程施工合同司法解释》第十四条规定："当事人对建设工程实际竣工日期有争议的，按照以下情形分别处理：（一）建设工程经竣工验收合格的，以竣工验收合格之日为竣工日期；（二）承包人已经提交竣工验收报告，发包人拖延验收的，以承包人提交验收报告之日为竣工日期；（三）建设工程未经竣工验收，发包人擅自使用的，以转移占有建设工程之日为竣工日期。"该案中，首先，虽然案涉工程是先交付后进行竣工验收，但某房地产发展有限公司并非擅自使用未经竣工验收的案涉工程，提前使用是双方协商的结果。其次，2012 年 7 月 5 日，建设单位、监理单位、勘察单位、设计单位、施工单位相关人员共同参加了案涉工程 5＃、6＃楼工程质监验收并形成《生态时代 5＃、6＃楼工程质监验收会议纪要》，即案涉工程经过了竣工验收，故二审法院以实际验收之日即 2012 年 7 月 5 日为竣工日期符合前述司法解释的规定。

【律师评析】

《建设工程施工合同司法解释（一）》第九条规定："当事人对建设工程实际竣工日期有争议的，人民法院应当分别按照以下情形予以认定：（一）建设工程经竣工验收合格的，以竣工验收合格之日为竣工日期；（二）承包人已经提交竣工验收报告，发包人拖延验收的，以承包人提交验收报告之日为竣工日期；（三）建设工程未经竣工验收，发包人擅自使用的，以转移占有建设工程之日为竣工日期。"竣工日期原则上为竣工验收合格之日，但如果发包人擅自使用，则以移转占有建设工程之日为竣工日期。

工程交付不等于工程使用。因此，工程先交付后竣工的，需要认定发包人是否已擅自使用先交付的工程。比如在上述案例中，工程基于合同约定先交付后进行竣工验收，即发包人系经承包人同意使用未经竣工验收的工程，并非发包人擅自使用工程，故不属于上述规定擅自使用工程的情形，仍应以工程竣工验收合格之日为竣工日期。如果发包人已擅自使用先交付的未竣工工程，则根据上述规定，应当认定在工程交付时已转移占有建设工程，应当以转移占有建设工程之日为竣工日期。

问题十一　在发包人、承包人对工期延误均存在过错的情况下，一方能否要求另一方承担责任？

【问题概述】

工期延误一般由发包人或承包人单方面原因导致，在此情况下，通常由非过错方向过错方主张工期赔偿。若在发包人、承包人对工期延误均有过错的情况下，一方能否要求另一方承担工期延误的责任?

【相关判例】

某集团有限公司与某环保科技股份有限公司、某设计研究院有限公司、某钢铁有限责任公司建设工程施工合同纠纷［最高人民法院（2021）最高法民终 750 号］

【法院观点】

关于某集团有限公司主张停窝工损失 4388900 元能否成立的问题。某集团有限公司主张某环保科技股份有限公司迟延开工、迟延提供图纸、设备以及汽轮机拆除给其造成停窝工损失。二审中，某集团有限公司和某环保科技股份有限公司均认可案涉合同约定案涉工程为开工时间不确定、交工时间确定的工程。某集团有限公司主张因迟延开工导致迟延交工与合同约定不符。案涉合同约定，图纸会审和设计交底时间根据现场情况双方协商确定。一审中某集团有限公司提交横道图、主要图纸需求计划、主要设备到货时间要求表等单方制作的证据，未经监理单位、某环保科技股份有限公司签字确认，无法证明系某环保科技股份有限公司原因导致停窝工的事实，也无法证明停窝工的具体损失。一审中某集团有限公司申请鉴定停窝工损失，因其提交的证据无法证明造成停窝工的具体原因，一审法院未予准许。二审中某集团有限公司提交自行委托第三方机构出具的咨询报告，用以证明停窝工损失，但某集团有限公司无法证明停窝工的具体原因，其按照咨询报告载明的索赔工程费用数额向某环保科技股份有限公司主张停窝工损失没有事实和法律依据，二审法院对某集团有限公司的该项主张不予支持。

关于某环保科技股份有限公司主张延期交工违约金 3170000 元、延期交工管理费 534329 元能否成立的问题。某环保科技股份有限公司、某集团有限公司均认可实际交工日期晚于合同约定的交工日期。一审中，某集团有限公司、某环保科技股份有限公司提交的工作联系单、会议纪要等证据，可以证明造成案涉工程工期延误既有某集团有限公司的原因，也有某环保科技股份有限公司的原因。某环保科技股份有限公司提交的施工进度表、会议纪要、工程联系单等证据，无法证明仅因某集团有限公司原因导致的工期延误的具体天数。某环保科技股份有限公司主张某集团有限公司支付 317 天工期延误导致的违约金和管理费，没有事实依据，二审法院不予支持。

【律师评析】

工期索赔是双向的权利，发承包双方对工程工期延误均有过错的，任一方均有向对方主张工期延误损失的权利，但需要提供证据证明。比如主张发包人造成工期延误损失，根据《民法典》第八百零四条“因发包人的原因致使工程中途停建、缓建的，发包人应当采取措施弥补或者减少损失，赔偿承包人因此造成的停工、窝工、倒运、机械设备调迁、材料和构件积压等损失和实际费用”之规定需要确定工期延误的事实、原因及损失和实际费用。又如在上述案例中，承包人无法证明系发包人原因导致停窝工的事实，也无法证明停窝工的具体损失，发包人也无法证明仅因承包人原因导致的工期延误的具体天数，故双方主张工期延误损失均未得到法院支持。

问题十二 因发包人指定分包单位导致工期延误，建设单位可否要求总承包人对此承担责任？

【问题概述】

发包人指定的分包单位在施工中通常受发包人管理，如因发包人指定分包单位导致工期延误，就工期延误如何归责？总承包人是否对此承担工期延误责任？

【相关判例】

某商业广场有限公司与某建筑有限公司建设工程施工合同纠纷［最高人民法院（2020）最高法民终364号］

【法院观点】

关于某商业广场有限公司反诉主张某建筑有限公司支付工程逾期违约金的问题。该案《施工总包合同》履行过程中，2016年1月27日，某建筑有限公司向某商业广场有限公司出具《承诺书》，承诺北区酒店合同内土建、水电安装及暖通工程于2016年4月15日前完成，2016年5月31日配合业主完成工程竣工验收工作。某建筑有限公司同时表示，若非其自身原因导致不能按时完成上述工作，其不承担相关责任。关于水电安装及暖通工程的问题。根据《施工总包合同》的约定，上述两项工程系甲指分包工程，某建筑有限公司对两项工程负有管理义务。一审中，某商业广场有限公司未提交证据证明某建筑有限公司未尽到管理义务。根据上述某建筑有限公司出具的《承诺书》，对于非因某建筑有限公司原因导致《承诺书》项下工程未按时完工的情况，某建筑有限公司不承担责任。一审判决基于某商业广场有限公司与甲指分包单位存在纠纷、某商业广场有限公司未按时支付工程进度款以及更换分包单位且更换分包单位的竣工资料直至2018年9月10日才移交某建筑有限公司等情形，认定《承诺书》项下工程未按时完工并非某建筑有限公司原因所致，某建筑有限公司不应承担某商业广场有限公司所主张的工程逾期违约责任，并无不当。

【律师评析】

《建设工程施工合同司法解释（一）》第十三条规定：“发包人具有下列情形之一，造成建设工程质量缺陷，应当承担过错责任：（一）提供的设计有缺陷；（二）提供或者指定购买的建筑材料、建筑构配件、设备不符合强制性标准；（三）直接指定分包人分包专业工程。承包人有过错的，也应当承担相应的过错责任。”

虽然该条款规定发包人指定分包单位造成工程质量缺陷情况下，发包人承担过错责任，但笔者认为，若发包人指定分包单位导致工期延误，也可参照该规定认定总承包人的责任，即总承包人对工期延误存在过错，也应当承担相应的过错责任。在上述案例中，《施工总包合同》中约定发包人指定分包工程和发包人直接发包的独立分包工程均纳入总承包管理，但总承包人不得收取任何总承包管理与配合费用，并且总承包人出具的《承诺书》中明确非因总承包人原因导致工期延误，其不承担责任，在此情况下，发包人应证明总承包人未尽管理义务。若合同明确约定指定分包工程工期延误的责任由总承包人承担，则总承包人应对其已按约履行管理义务承担举证责任。

对于总承包人而言，在合同履行过程中，应避免自身原因造成工期延误，并加强对指定分包单位的工期管理，督促指定分包单位按时完成工程施工。若指定分包单位存在工期延误，应及时发函主张相关权利，并保留指定分包单位造成工期延误的相关证据，避免建设单位要求其承担工期延误责任。

问题十三　建设工程施工合同约定固定单价，若实际工期远超约定工期，能否调整合同单价？

【问题概述】

固定单价合同是指双方约定综合单价包含的风险范围和风险费用的计算方法，在约定的风险范围内综合单价不再调整的合同。但当工程实际工期远超约定工期时，期间材料费、人工费、机械费等费用上涨，能否对合同单价进行调整？

【相关判例】

李某与某水电开发有限公司、某水电建设有限责任公司建设工程施工合同纠纷［最高人民法院（2018）最高法民再 145 号］

【法院观点】

案涉工程实际工期远超约定工期，不调整合同价格不符合实际情况。一方面，施工合同关于合同有效期内不调整合同价格的约定有其适用的前提条件。施工合同专用合同条款第 37 条约定："本合同工程在合同有效期内，因人工、材料和设备等价格波动影响合同价格时，均不调整合同价格。"第 38 条约定："本合同工程工效期较短，合同实施期间，只有国家对企业税率进行调整时，才允许调整合同相关费用。除此之外，国家的法律、行政法规或国务院有关部门的规章和工程所在地的省、自治区、直辖市的地方性法规和规章发生变更，导致承包人在实施合同期间所需的工程费用发生增减时，在合同有效期内均不调整合同价格。"从以上约定可知，案涉工程费用不因价格波动而调整是以工程工期较短为基础的。该案合同约定工期为 570 天，但自 2005 年 5 月 18 日施工开始至 2009 年 7 月 15 日竣工，实际施工长达四年多时间，比约定的工期延长了近两倍，合同关于不调整价格的约定已失去了其适用的前提。另一方面，案涉工程施工期间，湖南省水利厅发布的相关文件针对物价上涨导致的水利工程建设人工、材料、设备等价格调整提出了意见。在案涉工程按期完工且鉴定质量为合格的情况下，施工过程中因物价上涨导致人工、材料价格上涨，依据上述文件规定，应调整合同价格。虽然某水电开发有限公司主张不调整工程价款，按照合同约定的固定单价进行结算，但相关文件明确指出，凡建设合同实施期约定不予调整的均应调整。可见，按照合同约定的固定单价进行结算，已经不符合该案的实际情况。

【律师评析】

固定单价合同计价方式下，一般由承包人承担施工期间人工费、材料费等费用上涨的风险，但该风险承担的前提是工程工期较短或在合同约定工期内竣工。如上述案例所示，工程实际工期已远超合同约定工期，合同中约定单价的适用前提系工程工期较短，并且政府发布的相关文件要求因人工、材料价格上涨对固定单价进行调整，故应对合同约定的固定单价进行相应调整。此外，根据公平原则，若因发包人原因导致实际工期远超合同约定的工期，人工费、材料费等费用的上涨已超过承包人的合理预期，根据《最高人民法院新建设工程施工合同司法解释（一）理解与适用》第二十八条："适用情势变更原则是有严格的条件限制的，一般不宜适用情势变更原则来调整承包人与发包人双方当事人的利益和风险分配。如果出现了导致承包人与发包人之间利益的重大失衡，可以慎重适用公平原则进行调整，使当事人的利益得到平衡。"[1] 故应对合同单价进行调整。

对于承包人而言，若因发包人原因导致工期存在延误，在实际工期超过合同约定工期后，应保留因发包人原因导致工期延误的相关证据以及在合同约定竣工日期后产生的人工费、材料费、机械使用费等价格的证据，并按合同约定向发包人发函主张对合同单价进行调整。

问题十四 施工许可证与开工令、竣工验收报告等记载的开工日期不一致时，如何确定开工日期？

【问题概述】

开工日期认定影响工程总工期的认定，当建设工程施工合同、施工许可证、开工报告、开工通知等载明的开工日期不一致时，开工日期如何确定？

【相关判例】

某建工集团有限公司与某房地产开发有限公司建设工程施工合同纠纷［最高人民法院（2021）最高法民申 5035 号］

【法院观点】

关于逾期交房损失的问题。某建工集团有限公司称其无违约行为，二审判决支持某房地产开发有限公司所主张的逾期交房损失缺乏依据。对此再审法院认为，二审已查明，2011 年 6 月 29 日签订的《建设工程施工合同》约定总工期为 500 天，工程变更不影响总工期，开工日期以监理签发的开工令为准。从建设单位、施工单位、监理单位共同盖章确认的 2011 年 10 月 21 日、2011 年 11 月 17 日、2011 年 12 月 18 日工程签证单来看，某建

---

[1] 最高人民法院民事审判第一庭．最高人民法院新建设工程施工合同司法解释（一）理解与适用［M］．北京：人民法院出版社，2021：287.

工集团有限公司 2012 年 1 月 1 日前即进场施工。从监理单位开具的同意 2011 年 12 月 23 日开工的工程开工令来看，案涉工程于 2012 年 1 月 1 日前开工。从建设单位、施工单位、监理单位、设计单位、勘察单位共同盖章确认的竣工验收报告来看，案涉工程的开工日期为 2012 年 1 月 1 日。因此，二审判决以 2012 年 1 月 1 日为案涉工程的开工日期，并根据 500 天工期的约定，认定某建工集团有限公司应于 2013 年 6 月前完成施工并无不当。

【律师评析】

《建设工程施工合同司法解释（一）》第八条规定："当事人对建设工程开工日期有争议的，人民法院应当分别按照以下情形予以认定：（一）开工日期为发包人或者监理人发出的开工通知载明的开工日期；开工通知发出后，尚不具备开工条件的，以开工条件具备的时间为开工日期；因承包人原因导致开工时间推迟的，以开工通知载明的时间为开工日期。（二）承包人经发包人同意已经实际进场施工的，以实际进场施工时间为开工日期。（三）发包人或者监理人未发出开工通知，亦无相关证据证明实际开工日期的，应当综合考虑开工报告、合同、施工许可证、竣工验收报告或者竣工验收备案表等载明的时间，并结合是否具备开工条件的事实，认定开工日期。"因此，当施工许可证与开工令、竣工验收报告等记载的开工日期不一致时，应结合是否具备开工条件的事实，综合考虑认定开工日期。

如上述案例中，虽然施工单位先进场施工，后该工程于 2012 年 7 月取得施工许可证，但施工许可证系工程施工是否取得行政许可的依据，实际开工日期需要根据实际进场施工时间进行认定。该案中的工程签证单、工程开工令以及竣工验收报告均可证实工程在 2012 年 1 月 1 日前已经开工，因此可认为实际开工日期为 2012 年 1 月 1 日。因此，如果施工许可证记载日期与开工通知记载时间、施工单位实际进场日期不一致，需要结合建设单位、施工单位、监理单位盖章确认的工程签证单、竣工验收报告等载明的时间综合认定开工日期。

问题十五　工程由不同承包人分段施工，发包人能否以整体工程完工验收时间作为各段工程完工时间？

【问题概述】

工程分段施工情形中，分段工程之间存在施工进度及完工验收时间不相同的情形。如部分承包人已完成其承包范围内工程，而其他承包人未完成其承包的分段工程，则整体工程完工验收时间如何确定？发包人能否主张以整体工程完工验收时间作为各段工程完工时间？

【相关判例】

某建投集团股份有限公司与某股份有限公司建设工程分包合同纠纷［最高人民法院（2021）最高法民终 1287 号］

【法院观点】

鉴于案涉项目工程分为五个合同段并由不同承包人同时施工，而交工验收又未区分具体合同段并逐一进行，故遵照各自所签合同约定的时间分别计算各个合同段工程的工期更为公平合理。就某股份有限公司基于其所签《工程施工承包合同》施工的工程部分而言，中间交工证书显示完工交付验收的最后时间为 2015 年 5 月 30 日，某建投集团股份有限公司认可该部分证据的真实性，尽管不认可某股份有限公司的证明目的，但未提供进一步的反证足以推翻该部分证据拟证明的事实。某股份有限公司关于其承包施工工程部分的完工时间应为 2015 年 5 月 30 日的上诉主张成立，应予支持。一审判决将某高速公路有限公司对整个项目工程的交工验收时间（2015 年 11 月 27 日）作为某股份有限公司承包施工工程部分的完工时间有失公允，二审法院予以调整。

【律师评析】

根据合同相对性，承包人应对其各自分段承包范围内的工程工期承担责任，若以整体工程完工验收时间作为分段工程的完工时间，可能导致明显不公，因此，分段工程应分别就各自承包施工部分认定完工时间，发包人不能主张以整体工程完工验收时间作为各段工程完工时间。如上述案例中，发包人将工程分为五个合同段交由不同承包人施工，而交工验收又未区分具体合同段并逐一进行，发包人主张将整个项目工程的交工验收时间作为其中某分段工程承包人承包施工工程部分的完工时间，显然有失公允，不能成立。

对于承包人而言，按照施工合同约定完成承包范围内的工程后，应及时向发包人发出工程验收请求、交工证书等材料，并与发包人确定该部分工程的完工时间，保留相关证据，避免在诉讼索赔过程中无法证明该部分工程的完工时间。

第六章

建设工程价款优先受偿权

问题一 建设工程价款优先受偿权的行使是否受合同效力的影响?

【问题概述】

建设工程价款优先受偿权是指承包人对于建设工程的价款就该工程折价或者拍卖的价款优先于其他债权人受偿的权利。然而，在实务中，有时会出现施工合同无效的情况，在此情况下，承包人是否仍然能够行使建设工程价款优先受偿权?

【相关判例】

某建设集团有限责任公司与某房地产有限公司建设工程施工合同纠纷［最高人民法院（2022）最高法民终118号］

【法院观点】

关于案涉工程价款优先受偿权如何认定的问题。某房地产有限公司上诉主张根据《合同法》第二百八十六条和《民法典》第八百零七条的规定：发包人未按照约定支付价款的，承包人可以催告发包人在合理期限内支付价款；发包人逾期不支付的，除根据建设工程的性质不宜折价、拍卖外，承包人可以与发包人协议将该工程折价，也可以请求人民法院将该工程依法拍卖；建设工程的价款就该工程折价或者拍卖的价款优先受偿。承包人对建设工程价款享有优先受偿权的前提是发包人未按照约定支付工程款，且经承包人催告在合理期限内发包人仍逾期不支付工程款。该案中，《建设工程施工合同》被确认无效，那么有关支付工程款的约定自始无效，上述两个前提条件也就不能满足，且法律和司法解释从未规定承包人对根据无效合同原则应取得的折价补偿款享有建设工程价款优先受偿权，因此某建设集团有限责任公司不应享有建设工程价款优先受偿权。法院认为，建设工程价款优先受偿权是法律规定的建设工程承包人的一项法定权利，目的是保障承包人能够优先获得工程款，建设工程施工合同有效并非承包人行使工程价款优先受偿权的前提条件。某房地产有限公司的主张与立法本意并不相符，法院不予支持。

【律师评析】

对于建设工程合同无效时承包人是否有权主张建设工程价款优先受偿权的问题，当前并未有明确的法律法规规定，实务中也有不同的裁判观点。结合上述最高人民法院案例，笔者认为，建设工程价款优先受偿权的行使不应受合同效力的影响，即便合同无效，承包人也有权主张建设工程价款优先受偿权，理由如下。

一方面，从立法目的及公平正义角度来看，《民法典》第八百零七条系从保护劳动者权益角度出发，设立建设工程价款的优先受偿权制度。如果建设工程价款优先受偿权的行使受到合同效力的限制，将会导致承包人的工程欠款无法及时得到应有的偿还，而发包人则可以合同无效为由逃避支付工程款的责任，这将严重损害劳动者的权益，违背了法律保护劳动者合法权益的初衷。

另一方面，从现行法律规定来看，建设工程价款优先受偿权作为一种法定权利，其成立并不依赖于施工合同的有效性。根据《建设工程施工合同司法解释（一）》第三十八条的规定，承包人主张优先受偿权的前提仅是建设工程质量合格，而非合施工合同有效。因此，即便施工合同被认定为无效，只要工程质量符合要求，承包人仍有权主张工程价款优先受偿权。

问题二　停窝工损失是否属于建设工程价款优先受偿权的范围?

【问题概述】

鉴于建设工程周期长、施工环节复杂等特点，施工过程中可能出现地质条件变化、天气因素、设计变更等情况，导致工程无法继续施工，由此产生相应的停窝工损失。停窝工损失是否属于建设工程价款优先受偿权的范围，对于承包人权益保护具有重要影响。对此，目前法律法规尚未有明确规定，实践中亦存在不同的观点。

【相关判例 1】

某建设集团股份有限公司与某培训中心有限公司建设工程施工合同纠纷［最高人民法院（2022）最高法民终 24 号］

【法院观点】

关于优先受偿权的对象以及范围的问题。某培训中心有限公司上诉认为，鉴定机构鉴定的停窝工损失属于损害赔偿金，不应享有优先受偿权。法院认为，依照《建设工程施工合同司法解释（二）》第二十一条的规定，享有优先受偿权的工程价款范围，根据国务院有关行政主管部门的规定确定。该案中由鉴定机构鉴定的停窝工费用，均为住房和城乡建设部、财政部规定的建筑安装工程费用项目，属于工程价款而非逾期支付工程价款导致的损害赔偿金，故该部分费用，应属优先受偿权的范围，对某培训中心有限公司的该项上诉请求，法院不予支持。

【相关判例 2】

某房地产开发有限公司与某建设集团有限公司建设工程施工合同纠纷［最高人民法院（2020）最高法民终 1310 号］

【法院观点】

一审法院认为，依照《建设工程施工合同司法解释（二）》第二十一条的规定，工程价款优先受偿权的范围应当为欠付的工程款，某建设集团有限公司主张的范围包括利息、违约金和窝工损失，明显与上述司法解释的规定不符，利息、违约金和窝工损失不属于优先受偿权的范围。二审判决驳回上诉，维持原判。

【律师评析】

根据现行《建设工程施工合同司法解释（一）》第四十条的规定，承包人建设工程价款优先受偿的范围依照国务院有关行政主管部门关于建设工程价款范围的规定确定，而逾期支付建设工程价款的利息、违约金、损害赔偿金等不属于优先受偿的范围。但该条规定并未明确停工、窝工损失是否属于工程价款优先受偿的范围。

实务中对该问题存在两种观点，亦各有判决。第一种裁判观点认为，停窝工损失属于损害赔偿金，故不应纳入优先受偿权的范围。第二种裁判观点认为，停窝工损失是承包人在工程建设过程中的实际支出，属于工程价款的组成部分，应当参照其他工程价款，享有优先受偿权。如上述相关判例 1，最高人民法院认为，停窝工损失属于住房和城乡建设部、财政部规定的建筑安装工程费用项目，属于工程价款而非逾期支付工程价款导致的损害赔偿金，故应属于建设工程价款优先受偿权的范围。

对于承包人来说，因目前我国法律尚未对停窝工损失的性质作出明确的界定，且各地法院的裁判观点存在不同，所以可能使承包人在维权过程中存在不确定性甚至增加维权难度。为尽可能避免该纠纷的发生，承包人在订立施工合同时，应明确工程进行中因发包人导致的停窝工损失属于工程价款组成部分。在施工合同履行过程中，应及时固定保存好相应证据，例如工程签证、会议纪要、函件等。此外，承包人应多关注当地法院关于该问题的裁判立场，及时了解法律变化，以便更好维护自身权益。

问题三　实际施工人是否享有建设工程价款优先受偿权？

【问题概述】

在建设工程领域中，实际施工人是指依照法律规定被认定为无效的施工合同中实际完成工程建设的主体，包括施工企业、施工企业分支机构、工头等法人、非法人团体、公民个人等[1]。我国现行法律法规赋予实际施工人突破合同相对性向与其没有合同关系的发包人、总承包人主张欠付工程价款的权利，但对实际施工人是否享有建设工程价款优先受偿权的问题尚有争议。

【相关判例 1】

某建筑装饰工程有限公司与某花炮有限公司、某房地产开发有限责任公司、某工矿材料集团公司、刘某第三人撤销之诉［最高人民法院（2021）最高法民申 2458 号］

【法院观点】

某建筑装饰工程有限公司主张其对某房地产开发有限责任公司的债权中有部分系工程款，属于优先受偿的债权。法院认为，根据《建设工程施工合同司法解释（二）》第十七条“与发包人订立建设工程施工合同的承包人，根据合同法第二百八十六条规定请求其承建工程的价款就工程折价或者拍卖的价款优先受偿的，人民法院应予支持”和《最高人民法院关于建设工程价款优先受偿权问题的批复》“人民法院在审理房地产纠纷案件和办理执行案件中，应当依照《中华人民共和国合同法》第二百八十六条的规定，认定建筑工程的承包人的优先受偿权优于抵押权和其他债权”之规定，建设工程价款优先受偿权的请求权主体是承包人。同时，《建设工程施工合同司法解释》第二十六条仅赋予实际施工人突破合同相对性向发包人主张欠付工程价款的权利，并未规定其可以主张建设工程价款优先受偿权，故某建筑装饰工程有限公司作为实际施工方不享有工程款优先受偿权。

【相关判例 2】

某工程有限公司与某建设有限公司、某房地产开发有限责任公司建设工程施工合同纠纷［最高人民法院（2019）最高法民申 6085 号］

【法院观点】

关于某工程有限公司是否可以对工程款就案涉工程行使优先受偿权的问题。在“没有资质的实际施工人借用有资质的建筑施工企业名义的”情况下，实际施工人和建筑施工企业谁是承包人，谁就享有工程价款请求权和优先受偿权。合同书上所列的“承包人”是具有相应资质的建筑施工企业，即被挂靠人；而实际履行合同书上所列承包人义务的实际施工人，是挂靠人。关系到发包人实际利益的是建设工程是否按照合同约定的标准和时间完成并交付到其手中，只要按约交付了建设工程，就不损害发包人的实际利益。但是否享有工程价款请求权和优先受偿权，直接关系到对方当事人的实际利益。事实上，是挂靠人实际组织员工进行了建设活动，完成了合同中约定的承包人义务。所以，挂靠人因为实际施工行为而比被挂靠人更应当从发包人处得到工程款，被挂靠人实际上只是最终从挂靠人处获得管理费。因此，挂靠人比被挂靠人更符合法律关于承包人的规定，比被挂靠人更应当享有工程价款请求权和优先受偿权。挂靠人既是实际施工人，也是实际承包人，而被挂靠

---

[1] 《最高人民法院关于统一建设工程施工合同纠纷中“实际施工人”的司法认定条件的建议的答复 对十二届全国人大四次会议第 9594 号建议的答复》

人只是名义承包人，认定挂靠人享有工程价款请求权和优先受偿权，更符合法律保护工程价款请求权和设立优先受偿权的目的。

【律师评析】

根据《民法典》第八百零七条的规定，承包人对工程价款享有优先受偿权。同时，根据《建设工程施工合同司法解释（一）》第三十五条的规定，与发包人订立建设工程施工合同的承包人，可以依据上述规定请求优先受偿。因此，关于实际施工人是否属于“与发包人订立建设工程施工合同的承包人”、是否享有工程价款优先受偿权的问题，法律法规相关规定尚未明确，在实践中尚有争议。根据司法实践裁判，主要有两种观点：大部分观点认为，根据现行法律规定，只有与发包人订立建设工程施工合同的承包人才享有建设工程价款优先受偿权，实际施工人不属于上述承包人的范围，因而不享有建设工程价款优先受偿权。但少部分观点认为，挂靠关系中的实际施工人作为实际承包人，应该享有优先受偿权。

由于司法裁判观点不统一，最高人民法院民事审判第一庭在2021年第21次专业法官会议纪要中已对这一问题进行明确：“只有与发包人订立建设工程施工合同的承包人才享有建设工程价款优先受偿权。实际施工人不属于‘与发包人订立建设工程施工合同的承包人’，不享有建设工程价款优先受偿权。”因此，实际施工人不享有工程价款优先受偿权。

问题四　承包人对违章建筑是否享有建设工程价款优先受偿权？

【问题概述】

根据《城乡规划法》《建筑法》等的规定，违章建筑是指未经规划、土地主管部门批准以及未领取建设工程规划许可证或临时建设工程规划许可证，而擅自建设的建筑物和构筑物。对于违章建筑，承包人是否享有建设工程价款优先受偿权？

【相关判例】

某建设集团有限公司与某投资（集团）有限责任公司建设工程施工合同纠纷（最高人民法院最高法民终359号）

【法院观点】

某建设集团有限公司上诉主张，该案中双方签订的《建设工程施工合同》无效，工程未竣工验收，也未结算，但由于工程已实际使用，工程价款也通过司法鉴定已经确定，某投资（集团）有限责任公司应当支付工程价款。依照《合同法》第二百八十六条以及相关司法解释的规定，承包人就工程折价或者拍卖变卖的价款享有优先受偿权的条件为案涉工程不存在“除按照建设工程的性质不宜折价、拍卖”情形。该案工程直至某建设集团有限公司起诉前，仍未取得建设工程规划许可证等行政许可手续。根据《土地管理法》《城乡规划法》的相关规定，在城市规划区内，未取得建设工程规划许可证或者违反建设工程规划许可的规定建设，严重影响城市规划的建筑，为违法建筑。按照《城乡规划法》第六十四条的规定，违法建筑尚可采取改正措施消除对规划实施的影响的，限期改正，处建设工程造价5%以上10%以下的罚款；无法采取改正措施消除影响的，限期拆除，不能拆除的，没收实物或者违法收入，可以并处建设工程造价10%以下的罚款。该案案涉项目因未取得建设工程规划许可证，尚未被城乡规划主管部门处理，仍属违法建筑，不宜被拍卖变卖，故某建设集团有限公司不享有对案涉工程折价或拍卖价款的优先受偿权。

【律师评析】

关于承包人对违章建筑是否享有建设工程价款优先受偿权的问题，实务中有不同观点：有观点认为，违章建筑不享有建设工程价款优先受偿权；亦有观点认为违章建筑并非意味着失去所有价值，如果后续通过补办手续使违法建筑转为合法建筑，承包人的优先受偿权仍应受到保护。

但最高人民法院民事审判第一庭在2021年第21次专业法官会议纪要中明确，承包人对违章建筑不享有建设工程价款的优先受偿权，其理由在于：建设工程价款优先受偿权制度系以建设工程的交换价值优先清偿承包人享有的建设工程价款债权，承包人享有建设工程价款优先受偿权的前提是其建设完成的建设工程依法可以流转。根据《民法典》第八百零七条的规定，承包人享有建设工程价款优先受偿权的条件是建设工程宜折价、拍卖。因违章建筑不宜折价、拍卖，故承包人对违章建筑不享有建设工程价款优先受偿权。

此外，从立法目的来看，工程价款优先受偿权的设立是为了依法保护施工方及其农民工的合法权益，并促进建筑业的健康发展。工程价款优先受偿权所保护的是合法权益，且应有利于促进建筑业的健康发展，应体现违法行为不能获利和违法权益不予保护的司法原则。

因此，对于承包人来说，在签订建设工程施工合同时，应注意审查工程项目是否已取得建设用地规划许可证、建设工程规划许可证等行政审批手续，避免因建设工程被认定为违法建筑而导致后续陷入不利的局面。在施工合同履行过程中，承包人要时刻关注发包方的履约能力，在发包方不按合同支付工程款时，及时收集相关证据，依据法律保护自身权益。同时，承包人应确保建设工程的质量合格，这是其主张建设工程价款优先受偿权的前提。

问题五　建设工程价款优先受偿权是否随工程款债权转让而转让?

【问题概述】

在建设工程领域，发包人拖欠工程款的现象时有发生。对此，承包人可能选择将发包人诉至法院，要求发包人支付工程款及承担相应的违约责任；也可能选择将其对发包人的工程款债权转让给第三方，由第三方向发包人主张债权。《民法典》第五百四十七条规定："债权人转让债权的，受让人取得与债权有关的从权利，但是该从权利专属于债权人自身的除外。"建设工程价款优先受偿权是否系专属于承包人自身的从权利？当承包人转让工程款债权后，受让人是否一并取得建设工程价款优先受偿权？

【相关判例】

某建设发展有限公司与某房地产开发有限公司、陈某建设工程施工合同纠纷［最高人民法院（2021）最高法民终958号］

【法院观点】

某开发建设有限公司于2016年12月6日向某建设发展有限公司转让案涉债权，并于2017年2月20日将债权转让的通知送达某房地产开发有限公司，债权转让对某房地产开发有限公司发生法律效力。

建设工程款债权转让后，某开发建设有限公司享有的建设工程价款优先受偿权可以随之转让予某建设发展有限公司，理由如下。第一，建设工程价款优先受偿权为法定优先权，功能是担保工程款优先支付，系工程款债权的从权利，不专属于承包人自身，可以随建设工程价款债权一并转让。《合同法》第八十一条规定："债权人转让权利的，受让人取得与债权有关的从权利，但该从权利专属于债权人自身的除外。"《建设工程施工合同司法解释（二）》第十七条虽然规定由承包人主张优先受偿权，但是并不能得出建设工程价款优先受偿权具有人身专属性。故建设工程价款债权转让的，建设工程价款优先受偿权随之转让，并不违反法律规定。第二，该案建设工程价款优先受偿权与工程款债权一并转让，既不增加某房地产开发有限公司的负担，也不损害某房地产开发有限公司以及其他债权人的利益。

【律师评析】

关于债权受让人是否享有建设工程价款优先受偿权的问题，大部分地方法院认为，建设工程价款优先受偿权不具有人身专属性，可与工程款债权的一并转让。也有部分地方法院认为，建设工程价款优先受偿权属于法定优先权，行使主体应限定为与发包人形成建设工程施工合同关系的承包人，债权受让人不享有建设工程价款优先受偿权[1]。

笔者认为，债权受让人应当享有建设工程价款优先受偿权。建设工程价款优先受偿权作为一项法定优先权，确立初衷系通过保护承包人的建设工程价款债权进而确保建筑工人的工资权益得以实现。对该债权的保护，不因债权主体的改变而改变，而允许受让人享有工程价款优先受偿权，有利于原债权人获得合理的、充足的债权转让对价，更有利于实现建筑工人的劳动债权。如果建设工程价款优先受偿权随债权转让而消灭，将间接导致损害劳动债权的受偿。

因此，对于承包人来说，在发包人拖欠工程款时，除诉讼方式外，可以选择将工程款债权转让给第三方的方式来回笼资金，但应注意债权转让需符合《民法典》有关债权转让的规定，以便受让人可以及时向发包人主张建设工程价款优先受偿权。

---

[1] 《重庆市高级人民法院、四川省高级人民法院关于审理建设工程施工合同纠纷案件若干问题的解答》（2022年12月28日发布）第十七条。

问题六 分期支付结算工程款情形下，如何认定建设工程价款优先受偿权的起算时间?

【问题概述】

根据《建设工程施工合同司法解释（一）》第四十一条的规定，承包人行使建设工程价款优先受偿权应自发包人应当给付建设工程价款之日起算。实践中，因工程款数额巨大，发包人可能无法及时足额支付工程款，此时发包人可能会与承包人约定分期给付工程款。在此情况下，若发包人未按分期约定及时支付工程款，如何认定工程价款优先受偿权的起算时间？应当就每期工程款单独确定优先受偿权的起算时间，还是应以最后一期工程款应付之日作为优先受偿权的起算时间？

【相关判例 1】

某啤酒有限责任公司与某建筑装饰工程有限公司建设工程施工合同纠纷［最高人民法院（2021）最高法民申 4949 号］

【法院观点】

某啤酒有限责任公司主张案涉工程价款优先受偿权行使期限不应从最后一期工程款应付之日起算，二审法院适用法律错误。再审法院认为，工程价款虽可以约定分期给付，但在本质上仍是同一债务，因此，对于行使建设工程价款优先受偿权的起算时间也应从整体性上进行把握，不应分段起算。同时，工程价款优先受偿权是为了保障承包人的工程款债权而设立的法定权利，应当便于承包人行使自身的法定权利，如果对每一期的工程款都单独起算优先受偿权行使期限，承包人需要频繁主张权利，可能就会针对于同一工程价款优先受偿权发生多个纠纷，也会造成司法资源的浪费。因此，二审法院认定在当事人约定分期支付工程款的情况下，工程价款优先受偿权的行使期限应当从最后一期工程款应付之日起算并无不当。

【相关判例 2】

某建设集团公司福清分公司与某银行分行、某电器有限公司建设工程施工合同纠纷［最高人民法院（2020）最高法民申 4870 号］

【法院观点】

根据《最高人民法院关于建设工程价款优先受偿权问题的批复》第四条的规定，建设工程承包人行使优先权的期限自工程竣工之日计算，案涉工程于 2014 年 1 月 21 日竣工验收，某建设集团公司福清分公司 2017 年 4 月 13 日向法院诉请优先受偿权明显超过了六个月除斥期间。某建设集团公司福清分公司与某电器有限公司于 2014 年 9 月 16 日确认工程价款，并于 2014 年 10 月 30 日达成《工程款还款协议书》，约定某电器有限公司于 2017

年3月30日前分五期支付工程款，同时明确约定“无论哪一期逾期支付，均视为某电器有限公司违约，某建设集团公司福清分公司可立即要求某电器有限公司一次性全额偿还全部所欠工程款及因欠款产生的违约金等款项”。某电器有限公司并未按照还款协议约定归还第一期款项，即使酌情考虑案涉工程款的实际支付进度，二审法院以第一期款项到期之日作为某建设集团公司福清分公司行使建设工程优先受偿权的起算时间，并无不当。

【律师评析】

关于分期支付工程款的优先受偿权起算时间的问题，主流观点认为，约定分期给付的建设工程价款在本质上仍是同一债务，建设工程价款优先受偿权的起算也应从整体考虑。若对每一期的工程款都单独起算行使期限，则不利于承包人行使权利，亦违背了建设工程价款优先受偿权的设立初衷。参照《民法典》第一百八十九条“当事人约定同一债务分期履行的，诉讼时效期间自最后一期履行期限届满之日起计算”之规定，在分期支付结算工程款的情形下，建设工程价款优先受偿权从最后一期工程款应付之日起算更为合理。如上述相关判例2所示，最高人民法院虽认定以第一期款项到期之日为建设工程优先受偿权的起算时间，但该认定在一方面系基于发包人与承包人订立的合同中有明确的债权加速到期条款，另一方面，未支付的第一期工程款履行期限到期之日，也就是最后一期工程款应付之日。因此，应当以最后一期工程款应付之日作为工程价款优先受偿权的起算时间。

对于承包人来说，在订立施工合同时，应注意发包人的履约能力。在工程进行中，应保留各阶段工程进度款的结算文件。在工程完成时，应尽快办理结算，确定最终工程款金额及工程款给付日期。若发生发包人无法按时支付工程款的情况，承包人应及时采取法律手段行使建设工程价款优先受偿权，以避免超过最长18个月的合理期限。

问题七　工程未竣工或未结算，如何确定建设工程价款优先受偿权起算之日？

【问题概述】

《建设工程施工合同司法解释（一）》第四十一条规定：“承包人应当在合理期限内行使建设工程价款优先受偿权，但最长不得超过十八个月，自发包人应当给付建设工程价款之日起算。”实务中，在工程已竣工并结算的情形下，对于发包人应当给付建设工程价款之日应无争议。但在工程未竣工或未结算的情形下，如何确定发包人应当给付建设工程价款之日，进而确定建设工程价款优先受偿权起算之日？

【相关判例1】

某银行分行与某冶金建设有限公司、某木业有限公司、罗某建设工程施工合同纠纷［最高人民法院（2022）最高法民终347号］

【法院观点】

关于某冶金建设有限公司行使案涉建设工程价款优先受偿权是否超过法定期限的问

题。鉴于该案属于案涉工程没有竣工、承包人提前退场且没有结算情况下发生的建设工程施工合同纠纷，故该案不存在自建设工程竣工之日或者建设工程合同约定的竣工之日起计算优先受偿权期限的问题。该案中，尽管某冶金建设有限公司于2014年11月4日提起他案一审诉讼之初，未同时主张建设工程价款优先受偿权（后发回重审后变更增加的诉求），但此时某木业有限公司应付工程款金额及支付期限尚未确定，实际上直至诉讼中才以司法鉴定的方式确定案涉工程价款，并由法院对双方争议的已付款项逐笔核查认定后，最终确定欠付工程价款金额，故某冶金建设有限公司在他案一审诉讼中主张建设工程价款优先受偿权，不存在已超过六个月行使期限的问题。

【相关判例2】

某甲饮品有限公司、某乙饮品有限公司与某航天工程有限公司、某基础工程施工有限公司、姜某建设工程施工合同纠纷［最高人民法院（2021）最高法民申7245号］

【法院观点】

某甲饮品有限公司和某乙饮品有限公司主张，应自某航天工程有限公司提交结算资料和汇总表的时间即2017年2月21日起算优先受偿权的期间。法院认为，以提交竣工结算文件之日作为应付款时间的条件是双方当事人对结算文件所载明的工程款均无异议，在此情形下，承包人才具备了根据确定的建设工程价款主张优先受偿权的条件。该案中，某航天工程有限公司提交结算汇总表时，某甲饮品有限公司、某乙饮品有限公司未予审核确认，案涉工程未完成竣工结算。如果某甲饮品有限公司、某乙饮品有限公司认可2017年2月21日为应当给付工程价款之日，须同时认可以结算汇总表计算的金额11585万余元进行结算，但其对该时点的工程款数额仍存在异议，故对某甲饮品有限公司、某乙饮品有限公司的该主张，法院不予支持。

2019年11月7日，某甲饮品有限公司、某乙饮品有限公司与姜某、某基础工程施工有限公司通过核对，确认无争议部分的工程款为62175906.8元，并一致同意就有争议部分的工程款申请法院进行造价鉴定。2020年1月13日，某航天工程有限公司提起该案诉讼，请求判令某甲饮品有限公司、某乙饮品有限公司以双方确认或者造价鉴定的数额为准向其支付相应工程价款，并就案涉工程折价或者拍卖的价款优先受偿。可见，直至某航天工程有限公司起诉之日，双方当事人对应付工程价款仍有争议。该案中，案涉工程交付之日不明，工程价款也未结算，应以某航天工程有限公司起诉时间作为应当给付建设工程价款之日。

【律师评析】

在工程未竣工或未结算的情形下，如何确定建设工程价款优先受偿权的起算之日，需根据不同情形具体分析。如以上最高人民法院裁判观点所示，主要有以下两种情形：第一种情形，在工程未竣工、承包人提前退场且没有完成结算的情况下，优先受偿权行使期限应从工程总价款确定之日起算，如上述相关判例1所示，承包人直至诉讼中申请司法鉴定才最终确认工程价款，优先受偿权行使期限理应自此开始计算；第二种情形，如上述相关判例2所示，在工程已完工但未完成竣工结算的情形下，承包人就工程款提起诉讼并要求确认建设工程价款优先受偿权的，法院一般认定承包人起诉之日为发包人应当给付建设工程价款之日。

总体来说，承包人在未竣工、未结算的情形下主张工程价款优先受偿权，所涉及的法律问题比较复杂。但为避免超过建设工程价款优先受偿权行权期限，在发包人拖欠工程款时，承包人应尽快采取协商、诉讼、仲裁等措施，并提前充分了解可能会面临的风险，提前作好预警，及时完善应对策略。

问题八　抵押权人是否有权提起第三人撤销之诉，要求撤销确认建设工程价款优先受偿权的生效裁判?

【问题概述】

建设工程实务中，由于资金短缺，发包人有时会向银行等金融机构抵押在建工程以获得建设资金，此时，银行作为抵押权人对该工程享有抵押权，该抵押权优于普通金钱债权。而根据法律规定，承包人享有的建设工程价款优先受偿权优于抵押权。因此，若在抵押权人不知情的情况下，发包人与承包人因工程款发生纠纷诉至法院，承包人对在建工程的优先受偿权经由生效裁判文书确认，此时抵押权人能否提起第三人撤销之诉，要求撤销该确认建设工程优先受偿权的生效裁判?

【相关判例】

某银行支行与某建设工程有限公司、某房地产开发有限公司第三人撤销之诉［最高人民法院（2022）最高法民终 161 号］

【法院观点】

关于某银行支行是否具备提起该案第三人撤销之诉主体资格的问题。在建工程设立抵押后，抵押权人对该在建工程享有优先受偿权且该权利优先于普通金钱债权。如果房屋建设工程承包人与发包人之间发生确认建设工程价款优先受偿权的诉讼，因建设工程价款优先受偿权优先于抵押权，该案件一旦确认了承包人的建设工程价款优先受偿权，必然会影响抵押权的受偿顺序，而且在抵押物价值不足以同时覆盖二者的情况下，还会直接损害抵押权人的权益，所以，在建工程的抵押权人对于该房屋建设工程承包人和发包人之间确认建设工程价款优先受偿权的诉讼案件，具有法律上的利害关系，属于《民事诉讼法》第五十九条所规定的第三人。该案中，某银行支行作为案涉工程的抵押权人，在某建设工程有限公司已向其承诺放弃案涉工程价款优先受偿权的情况下，就某建设工程有限公司与某房地产开发有限公司对案涉工程确认建设工程价款优先受偿权的诉讼，具备提起第三人撤销之诉的主体资格。某建设工程有限公司关于某银行支行不具有提起该案第三人撤销之诉主体资格的抗辩意见，于法无据，法院不予支持。

【律师评析】

根据《民事诉讼法》第五十九条的规定，有权提起撤销之诉的第三人包括有独立请求权的第三人，以及虽然没有独立请求权，但与案件处理结果有法律上的利害关系的第三人。因此，抵押权人是否有权提起第三人撤销之诉，需要认定抵押权人是否与案件的处理结果具有法律上的利害关系。

建设工程价款优先受偿权作为一项法定权利，优先于抵押权。如上述案例所述，当建设工程价款优先受偿权与抵押权指向同一标的物，抵押权的实现因建设工程价款优先受偿权的有无以及范围大小受到影响时，应当认定抵押权的实现同建设工程价款优先受偿权案件的处理结果有法律上的利害关系，抵押权人对确认建设工程价款优先受偿权的生效裁判具有提起第三人撤销之诉的原告主体资格。

但抵押权人在提起第三人撤销之诉时应注意需在法律规定的除斥期间内，即自知道或者应当知道其民事权益受到损害之日起六个月内。而关于抵押权人针对建设工程价款优先受偿权提起第三人撤销之诉能否得到支持，取决于生效判决对于承包人享有的建设工程价款优先受偿权的认定是否正确。合法有效的建设工程价款优先受偿权至少应满足承包人应在法定期间内行使建设工程价款优先受偿权以及承包人行权方式应符合法律规定。若承包人主张优先受偿权存在瑕疵，抵押权人针对建设工程价款优先受偿权提起第三人撤销之诉很可能会得到法院支持，具体还需根据案情进行分析。

因此，对于抵押权人来说，当标的物同时存在建设工程价款优先受偿权时，虽然该权利优先于抵押权，但仍应密切关注建设工程价款优先受偿权的认定是否正确，积极关注案件进展，如认为生效法律文书确有错误，应在法定期限内及时提起第三人撤销之诉。对于承包人来说，应注意在法定期间内正确行使建设工程价款优先受偿权，避免因行权不当，导致建设工程价款优先受偿权丧失。

问题九 承包人诉前发函是否属于建设工程价款优先受偿权的行权方式?

【问题概述】

根据《建设工程施工合同司法解释（一）》第三十五条的规定，承包人可以就工程折价或者拍卖的价款优先受偿，但并未规定建设工程价款优先受偿权实现方式限于诉讼途径。因此，在实践中，如果在起诉前，承包人选择向发包人发函主张建设工程价款优先受偿权，是否可以认定为采取了正确的行权方式?

【相关判例 1】

某建工工业有限公司与某交通装备有限公司建设工程施工合同纠纷［最高人民法院（2022）最高法民再 114 号］

【法院观点】

根据《合同法》第二百八十六条“承包人可以与发包人协议将该工程折价，也可以申请人民法院将该工程依法拍卖”之规定，承包人直接向发包人主张工程款优先受偿权，应当以达成工程折价协议为必要，否则，承包人的单方主张并不能被视为正确的行权方式，不能起到催告优先受偿权的法律效果。

【相关判例 2】

某能源有限公司与某天工集团有限公司与破产有关纠纷［最高人民法院（2021）最高法民申 2026 号］

【法院观点】

当时《合同法》第二百八十六条规定："发包人未按照约定支付价款的，承包人可以催告发包人在合理期限内支付价款。发包人逾期不支付的，除按照建设工程的性质不宜折价、拍卖的以外，承包人可以与发包人协议将该工程折价，也可以申请人民法院将该工程依法拍卖。建设工程的价款就该工程折价或者拍卖的价款优先受偿。"从该法条内容看，其并未规定建设工程价款优先受偿权必须以何种方式行使，因此只要某天工集团有限公司在法定期间内向某能源有限公司主张过优先受偿的权利，即可认定其已经行使了优先受偿权。某能源有限公司称某天工集团有限公司仅在"催款函"中宣示优先受偿的权利，该方式不属于建设工程价款优先受偿权的行使方式，没有法律依据。

【相关判例 3】

某银行支行与某建设集团有限公司、某置业有限公司第三人撤销之诉［最高人民法院（2020）最高法民申 5386 号］

【法院观点】

关于案涉《函件》能否作为某建设集团有限公司行使优先受偿权依据的问题。《合同法》第二百八十六条规定："发包人未按照约定支付价款的，承包人可以催告发包人在合理期限内支付价款。发包人逾期不支付的，除按照建设工程的性质不宜折价、拍卖的以外，承包人可以与发包人协议将该工程折价，也可以申请人民法院将该工程依法拍卖。建设工程的价款就该工程折价或者拍卖的价款优先受偿。"承包人享有的工程价款优先受偿权系法定权利，该条规定承包人可以通过协议折价或者申请拍卖的方式主张优先受偿权，并未限定承包人必须通过诉讼的方式主张。该案中，某建设集团有限公司以发函的方式向某置业有限公司主张工程价款优先受偿权，并不违反法律规定。

【律师评析】

关于建设工程价款优先受偿权行权方式，《民法典》第八百零七条规定："承包人可以与发包人协议将该工程折价，也可以请求人民法院将该工程依法拍卖。建设工程的价款就该工程折价或者拍卖的价款优先受偿。"根据该条规定，建设工程价款优先受偿权的法定行权方式有两种，即协议折价方式或请求法院拍卖方式。但承包人以诉前发函方式主张建设工程价款优先受偿权的效力问题，本质上是对上述规定的理解与适用问题。上述规定所提及的两种建设工程价款优先受偿权的行权方式到底是指引性规定还是限制性规定？承包人行使优先受偿权是否仅限于协议折价或请求法院拍卖？

对此，实务中有不同的裁判观点。一种裁判观点认为，承包人向发包人发函主张建设工程价款优先受偿权但未达成折价协议的，不产生承包人享有建设工程价款优先受偿权的法律后果。另一种裁判观点认为，只要在法定期间内承包人向发包人发函主张了建设工程价款优先受偿权，即属于采取了法定的行权方式，可以认定承包人合法行使了建设工程价款优先受偿权。

对于承包人来说，应在法定期间内及时行使建设工程价款优先受偿权，同时，为了避免不必要的风险，承包人应按照法定行权方式来行使该权利，即通过达成工程折价协议或请求法院拍卖的方式。如果选择与发包人达成合法有效的工程折价协议，应在协议中明确发包人已认可承包人对其承建工程享有建设工程价款优先受偿权。如果选择请求法院拍卖的方式，或者选择向法院提起诉讼的方式，应注意诉讼证据的固定与优先受偿权的范围。

问题十　承包人向抵押权人承诺放弃建设工程价款优先受偿权是否有效?

【问题概述】

建设工程领域中，发包人为筹集建设资金需要而向银行或非银行金融机构贷款，并将在建工程抵押。同时，银行基于保护自身债权需要，可能会要求承包人承诺放弃对该在建工程的优先受偿权。在此情况下，承包人向抵押权人作出的放弃建设工程价款优先受偿权的承诺是否有效?

【相关判例1】

某建设集团有限公司与某银行支行、某实业股份有限公司第三人撤销之诉［最高人民法院（2019）最高法民终978号］

【法院观点】

该案中，某建设集团有限公司向某银行支行出具的《承诺函》，仅是针对特定抵押权人作出的对工程价款优先于抵押权受偿顺位的放弃，不是对作为承包人所享有的法定工程价款优先受偿权的绝对放弃，因其未针对发包人某实业股份有限公司承诺放弃该等优先受偿权，故某建设集团有限公司与某实业股份有限公司在建设工程施工合同纠纷诉讼中达成和解，确认其对施工工程项目进行评估、拍卖，折价所得价款享有优先受偿权具有正当性。因此，某银行支行主张“17号调解书”第2.5条内容错误，依据不足。关于“17号调解书”第2.5条内容是否损害某银行支行的合法权益的问题，法院认为，首先，作为银行业金融机构的某银行支行，在从事贷款业务过程中有检查、监督贷款使用情况的责任，其在与某实业股份有限公司签订的《房地产借款合同》中也约定有相关条款，某建设集团有限公司基于对某银行支行的信赖，在某实业股份有限公司未按承诺将案涉贷款全部用于支付其承建工程的工程款情况下，有理由认为《承诺函》所附生效条件未成就，故对于在其与某实业股份有限公司达成的调解协议中未涉及《承诺函》相关内容不具有主观过错。

【相关判例2】

某资产管理股份有限公司与某建筑安装工程有限公司、某银行分行合同纠纷［最高人

民法院（2019）最高法民终 1951 号］

【法院观点】

关于承包人是否可以放弃建设工程价款优先受偿权以及放弃该权利的承诺是否因损害建筑工人利益而无效的问题。《合同法》第二百八十六条赋予承包人建设工程价款优先受偿权，重要目的在于保护建筑工人的利益。建设工程价款优先受偿权虽作为一种法定的优先权，但现行法律并未禁止放弃或限制该项优先权，且基于私法自治之原则，民事主体可依法对其享有的民事权利进行处分。《建设工程施工合同司法解释（二）》第二十三条规定："发包人与承包人约定放弃或者限制建设工程价款优先受偿权，损害建筑工人利益，发包人根据该约定主张承包人不享有建设工程价款优先受偿权的，人民法院不予支持。"该条款包含两层意思，一是承包人与发包人有权约定放弃或者限制建设工程价款优先受偿权，二是约定放弃或者限制建设工程价款优先受偿权不得损害建筑工人利益。案涉《承诺书》虽系作为承包人的某建筑安装工程有限公司向作为发包人债权人的银行作出，而非直接向发包人某置业有限公司作出，但《承诺书》的核心内容是某建筑安装工程有限公司处分了己方的建设工程价款优先受偿权，且《承诺书》以银行依约发放贷款给作为发包人的某置业有限公司用于商业广场项目建设为所附条件，则判断某建筑安装工程有限公司该意思表示、处分行为的效力必然仍要遵循《建设工程施工合同纠司法解释（二）》第二十三条的立法精神，即建设工程价款优先受偿权的放弃或者限制，不得损害建筑工人利益。

该案中，尚无证据显示某建筑安装工程有限公司出具的《承诺书》存在《合同法》第五十二条规定的合同无效的法定情形，但确定某资产管理股份有限公司的诉讼主张能否得到支持，仍需讨论某建筑安装工程有限公司放弃建设工程价款优先受偿权的承诺，是否客观上产生了损害建筑工人利益的后果。就该案而言，某置业有限公司在某建筑安装工程有限公司进行商业广场项目施工后并未支付工程款以至双方涉诉。政府部门亦于 2014 年 1 月为某建筑安装工程有限公司垫付建筑工人工资 1300 万元。虽然某置业有限公司与某建筑安装工程有限公司于 2014 年 7 月 16 日在法院组织下达成调解协议，某置业有限公司同意向某建筑安装工程有限公司支付工程款 126561566 元，并同意该款项在某建筑安装工程有限公司施工的商业广场工程价款范围内优先受偿，且某建筑安装工程有限公司应在收到前述工程款后偿还政府部门垫付款项，但直到 2018 年 7 月 27 日福建省宁德市中级人民法院作出执行分配方案，某建筑安装工程有限公司才就调解书中确定的工程价款通过行使优先受偿权实际获得分配仅 68939365 元。后经法院裁定，某建筑安装工程有限公司亦进入破产清算程序。以上事实足以说明，在该案中，若还允许某建筑安装工程有限公司基于意思自治放弃建设工程价款优先受偿权，必然使其整体清偿能力恶化影响正常支付建筑工人工资，从而导致侵犯建筑工人利益。某资产管理股份有限公司虽主张政府部门垫付的建筑工人工资已经通过执行款项得到了受偿，但是某建筑安装工程有限公司取得相应执行款正是其行使建设工程价款优先受偿权的结果。一审法院认定《承诺书》中某建筑安装工程有限公司放弃优先受偿权的相关条款因损害建筑工人利益而无效，并无错误。

【相关判例 3】

某建设发展有限公司与某银行、某汽车有限公司、某贸易有限公司第三人撤销之诉

[最高人民法院（2021）最高法民申6948号]

【法院观点】

关于某建设发展有限公司放弃建设工程价款优先受偿权的承诺是否有效的问题。工程款优先受偿权是建设工程施工人的法定权利，属于具有担保性质的财产权利。根据相关司法解释精神，在不损害建筑工人利益的前提下，并不禁止权利人放弃或者限制工程款优先受偿权。某建设发展有限公司主张其放弃案涉工程款优先受偿权损害建筑工人的利益，但未提供相应证据，仅凭另案民事判决第三项“某汽车有限公司应于判决生效后十日内支付某建设发展有限公司停工期间工作人员工资224000元及……”，不足以证明建筑工人利益实际受到损害。该案二审判决认定某建设发展有限公司在该案中对案涉工程款优先受偿权的放弃未违反法律、行政法规的强制性规定，合法有效，并无不当。

【律师评析】

《建设工程施工合同司法解释（一）》第四十二条规定：“发包人与承包人约定放弃或者限制建设工程价款优先受偿权，损害建筑工人利益，发包人根据该约定主张承包人不享有建设工程价款优先受偿权的，人民法院不予支持。”该条款包含两层意思，一是承包人与发包人有权约定放弃或者限制建设工程价款优先受偿权，二是约定放弃或者限制建设工程价款优先受偿权不得损害建筑工人利益。因此，在不损害建筑工人利益的前提下，承包人向银行或非银行金融机构作出的放弃建设工程价款优先受偿权的承诺合法有效。

但如上述案例所示，除承包人放弃建设工程价款优先受偿权的承诺是否有效存在争议外，司法裁判中还有法院认为承包人作出的放弃建设工程价款优先受偿权的承诺，仅是针对特定抵押权人作出的对工程价款优先于抵押权受偿顺位的放弃，而不是对其享有的法定工程价款优先受偿权的绝对放弃。此外，承包人作出放弃工程价款优先受偿权承诺的目的在于使发包人取得融资资金并将资金作为该在建工程工程款，并以此作为承诺的生效条件。因此，若发包人或抵押权人未按约定将融资款项用于支付工程款，承包人可以承诺的生效条件未成就为由，仍主张建设工程价款优先受偿权。

如何认定发包人与承包人约定放弃建设工程价款优先受偿权是否损害建筑工人利益?

【问题概述】

根据《建设工程施工合同司法解释（一）》第四十二条的规定，在不损害建筑工人利益的前提下，法律并不禁止发包人与承包人约定放弃或者限制建设工程价款优先受偿权。在实务中，如何认定发包人与承包人约定放弃建设工程价款优先受偿权是否损害建筑工人利益?

【相关判例】

某资产管理股份有限公司与某建筑安装工程有限公司、某银行分行合同纠纷［最高人

民法院（2019）最高法民终1951号］

【法院观点】

该案中，尚无证据显示某建筑安装工程有限公司出具的《承诺书》存在《合同法》第五十二条规定的合同无效的法定情形，但确定某资产管理股份有限公司的诉讼主张能否得到支持，仍需讨论苏州某建筑安装工程有限公司放弃建设工程价款优先受偿权的承诺，是否客观上产生了损害建筑工人利益的后果。就该案而言，某置业有限公司在某建筑安装工程有限公司进行商业广场项目施工后并未支付工程款以至双方涉诉。政府部门亦于2014年1月为某建筑安装工程有限公司垫付建筑工人工资1300万元。虽然某置业有限公司与某建筑安装工程有限公司于2014年7月16日在法院组织下达成调解协议，某置业有限公司同意向某建筑安装工程有限公司支付工程款126561566元，并同意该款项在某建筑安装工程有限公司施工的商业广场工程价款范围内优先受偿，且某建筑安装工程有限公司应在收到前述工程款后偿还政府部门垫付款项，但直到2018年7月27日福建省宁德市中级人民法院作出执行分配方案，某建筑安装工程有限公司才就调解书中确定的工程价款通过行使优先受偿权实际获得分配仅68939365元。后经法院裁定，某建筑安装工程有限公司亦进入破产清算程序。以上事实足以说明，在该案中，若还允许某建筑安装工程有限公司基于意思自治放弃建设工程价款优先受偿权，必然使其整体清偿能力恶化影响正常支付建筑工人工资，从而导致侵犯建筑工人利益。

【律师评析】

《民法典》第八百零七条赋予承包人建设工程价款优先受偿权，立法目的在于保护建筑工人的利益。虽然建设工程价款优先受偿权是一种法定的优先权，但现行法律并未禁止放弃或限制该项优先权，且基于私法自治之原则，民事主体可依法对其享有的民事权利进行处分。但放弃建设工程优先受偿权不应损害建筑工人的利益，否则就与建设工程价款优先受偿权制度的精神背道而驰。

实务中，关于发包人与承包人放弃建设工程价款优先受偿权的约定是否损害建筑工人利益的认定标准尚未达成一致，但衡量是否损害建筑工人利益，一般可以从以下方面入手：一方面，建筑工人利益最直观体现在工资能否按时足额发放，若承包人承诺放弃优先受偿权直接导致该工程的建筑工人工资无法按时足额发放，则显而易见损害了建筑工人利益；另一方面，承包人的整体资产负债情况及清偿能力也是判断标准之一，如承包人在资不抵债、缺少现金流甚至已进入破产清算程序等情形下，仍允许承包人放弃其建设工程价款优先受偿权，则必然导致建筑工人利益的损害。

问题十二　基坑、土方等基础工程承包人能否主张建设工程价款优先受偿权？

【问题概述】

建设工程价款优先受偿权是承包人主张工程款的一项重要权利。实务中，通常认为该优先受偿权主体限于进行建设工程主体施工的承包人，即直接与发包人签订合同的承包人。但实践中，有些建设项目的基坑、土方等分项工程由发包人单独发包，且这些分项工程是整个建设工程不可分割的一部分，此类承包人并未参与工程主体施工，是否有权主张享有建设工程价款优先受偿权？

【相关判例】

某建设（集团）有限责任公司与某房地产有限公司建设工程施工合同纠纷［最高人民法院（2021）最高法民再188号］

【法院观点】

《合同法》第二百八十六条规定的享有优先受偿权的承包人所完成的工程并不局限于单独的建筑物或构筑物，如装饰装修工程的承包人也享有优先受偿权。对于同一建设工程，由于存在工程技术内容不同、需要多方投资等情况，存在多个承包人是常见现象；只要承包人完成的工程属于建设工程，且共同完成的建设工程宜于折价、拍卖，就应当依法保障承包人的优先受偿权。该案中，案涉海峡友谊大厦的基坑深度达19.1米，某房地产有限公司将案涉项目的基坑支护、降水、土石方挖运工程发包给某建设（集团）有限责任公司施工，某建设（集团）有限责任公司就其施工工程办理了建筑工程施工许可证。某建工集团有限公司是案涉海峡友谊大厦的总承包方，对工程主体进行施工。上述事实能够证明，某建设（集团）有限责任公司施工的基坑支护、降水、土石方挖运工程，从设计到具体施工，均与总承包方密切联系，与主体工程的施工严密配合，交叉进行，属于案涉海峡友谊大厦项目建设工程不可缺少的内容。在整个施工过程中，某建设（集团）有限责任公司投入的建筑材料和劳动力已经物化到案涉海峡友谊大厦项目整个建筑物之中，与建筑物不可分割。某建设（集团）有限责任公司作为与发包方某房地产有限公司订立建设工程施工合同的承包人，在未受偿工程款15398977.71元范围内有权就案涉海峡友谊大厦工程折价或者拍卖的价款优先受偿。二审法院认定某建设（集团）有限责任公司的施工内容实质是对拟修建建筑物所依附的土地现状进行的改变，尚未建成单独的建筑物或构筑物，客观上不具备行使建设工程价款优先受偿权的条件，系认定事实和适用法律错误，再审法院予以纠正。

【律师评析】

《民法典》第八百零七条及《建设工程施工合同司法解释（一）》第三十五条均规定了承包人的建设工程价款优先受偿权。此外，根据《建设工程施工合同司法解释（一）》第三十七条的规定，装饰装修工程具备折价或者拍卖条件的，装饰装修工程的承包人可向人民法院请求就该装饰装修工程折价或者拍卖的价款优先受偿。可见，目前我国法律法规并未将建设工程价款优先受偿权的主体限于工程主体承包人，符合折价或拍卖条件的装饰装修工程的承包人也同样享有建设工程价款优先受偿权。

结合上述案例可知，对于同一建设工程，由于存在工程技术内容不同、需要多方投资等情况，存在多个承包人是常见现象，只要承包人完成的工程属于建设工程，且共同完成的建设工程宜于折价、拍卖，就应当依法保障承包人的优先受偿权。且基坑、土方工程作为基础施工工程，是整个工程的关键部分，若无基础工程又如何建造主体工程，因此最终完工的建筑物的价值理应包含基础工程价值，基坑、土方等基础工程承包人亦能主张建设工程优先受偿权。

对于承包人来说，即使有裁判观点认定基坑、支护等分项工程承包人享有建设工程价款优先受偿权，但实践中仍存在发包人将基坑等分项工程进行单独发包从而导致施工合同无效的风险。此外，基坑、土方等基础工程承包人主张建设工程价款优先受偿权时，应首先保证施工合同的有效性，在合同履行过程中注意固定证据，以便更好行使权利。

问题十三　未经诉讼可以直接在执行程序中主张建设工程价款优先受偿权吗?

【问题概述】

建设工程价款优先受偿权系赋予承包人的一项法定优先权，权利人一般在工程款纠纷诉讼中一并向法院主张确认优先权，且法院通常对建设工程价款优先受偿权进行实质审查。但发包人以工程向第三人抵债并被第三人申请执行时，在未经诉讼审判的情形下，承包人是否可以直接在执行程序中主张建设工程价款优先受偿权?

【相关判例】

某银行与某实业有限责任公司、何某、吕某、田某借款合同纠纷［最高人民法院(2021）最高法执监 239 号］

【法院观点】

建设工程价款优先受偿权属于法律赋予建设工程承包人的法定优先权，优于抵押权和其他债权。依照《最高人民法院关于建设工程价款优先受偿权问题的批复》第一条关于“人民法院在审理房地产纠纷案件和办理执行案件中，应当依照《中华人民共和国合同法》第二百八十六条的规定，认定建筑工程的承包人的优先受偿权优于抵押权和其他债权”的规定，未取得生效法律文书确认建设工程价款优先受偿权的承包人在执行程序中主张优先受偿权的，人民法院有权对优先受偿权能否成立作形式审查。但各方主体对于工程价款的真实性、行使优先受偿权的主体和期限、优先受偿权范围等问题存在争议的，最终应通过诉讼经审判程序予以确认。就该案而言，执行程序中，田某作为利害关系人主张其对以物抵债的案涉工程享有装饰装修工程价款优先受偿权，并提交《工程承发包合同》、工程结算协议、欠条等证据材料加以证实，被执行人某实业有限责任公司亦认可田某承包案涉工程装修以及相应的工程结算价款无误，吉林省高级人民法院根据以上查明的事实，结合田某行使优先受偿权的时间，初步认定其对案涉工程装修增值部分变价款享有优先受偿权，具有一定事实依据，符合该案实际。进而，吉林省高级人民法院对于可能损害田某优先受偿权的白城中院将案涉工程以物抵债给某银行的执行行为依法予以纠正，并无明显不当。该案后续执行中，如田某暂未取得确认其工程价款优先受偿权的生效法律文书，案涉工程仍未能变价成功且某银行同意以该工程抵偿债务，可在预留或者提存相当数额工程款以保障承包人优先权的前提下，依法作以物抵债等处理，妥善保护各方主体合法权益。

【律师评析】

根据最高人民法院民事审判第一庭的意见[1]，对于人民法院在执行程序中收到承包人要求行使未经生效法律文书确认的建设工程价款优先受偿权申请的，可分两种情况予以处理：一是如果被执行人对其申请的工程款金额无异议，且经法院审查承包人提供的建设工程合同及相关材料合法有效，亦未发现承包人和被执行人恶意串通损害国家、集体和第三人利益的，应准许其优先受偿；二是如果被执行人对其申请的工程款金额有异议，法院应当告知承包人另行诉讼，但法院对工程变价款的分配程序须待诉讼有结果后方可继续进行。

我国实行审执分立原则，承包人是否享有建设工程价款优先受偿权，以及在多少工程款范围内享有建设工程价款优先受偿权，属于实体审查问题，需审判法院经由诉讼程序或者是仲裁庭经由仲裁程序确认，执行法院仅能对此作形式审查。如上述案例所示，在承包人提供合法有效的充分证据，且被执行人发包人对工程款无异议的情形下，执行法院可以初步认定承包人享有优先受偿权，但承包人的建设工程价款优先受偿权最终应通过诉讼在审判程序中予以确认。为保障承包人优先权，在承包人未取得生效裁判文书前，可以预留或者提存相当数额工程款。

因此，对于承包人来说，应在法定期间内及时行使建设工程价款优先受偿权，必要时可直接向人民法院提起诉讼，确认承包人享有的建设工程价款优先受偿权及优先受偿范围。无法直接提起诉讼的，承包人应注意固定好相应证据，比如与发包人就是否享有工程价款优先受偿权及优先受偿权范围达成书面协议。此时，若发生承包人的工程价款优先受偿权尚未被生效裁判确认但发包人已进入执行程序的情况，承包人也可及时向执行法院提交证据以主张建设工程价款优先受偿权。

问题十四 已竣工验收的工程，在诉讼中发现质量问题，是否会影响承包人主张建设工程价款优先受偿权？

【问题概述】

《建设工程施工合同司法解释（一）》第三十八条规定：“建设工程质量合格，承包人请求其承建工程的价款就工程折价或者拍卖的价款优先受偿的，人民法院应予支持。”可知，行使建设工程价款优先受偿权的前提是工程质量合格。实践中，已竣工验收的工程应是已达到质量合格标准的工程，但建筑物也是有使用寿命的，随着工程的交付使用，可能会陆续出现一些质量问题。因此，当发包人与承包人因工程款发生纠纷诉至法院，在诉讼过程中发现已竣工验收的工程又出现质量问题时，是否会影响承包人主张建设工程价款优

[1] 最高人民法院民事审判第一庭．民事审判指导与参考［M］．北京：人民法院出版社，2016.

先受偿权？

【相关判例】

某建筑有限公司、某置业有限公司与某幕墙工程有限公司建设工程施工合同纠纷［最高人民法院（2022）最高法民终 63 号］

【法院观点】

关于优先受偿权的问题。一审法院认为，《建设工程施工合同司法解释（二）》第十九条规定："建设工程质量合格，承包人请求其承建工程的价款就工程折价或者拍卖的价款优先受偿的，人民法院应予支持。"经鉴定，某建筑有限公司已完石材幕墙工程存在不符合国家质量标准、未按设计图纸和技术规范施工等质量问题。故某建筑有限公司主张工程价款优先受偿权，不符合法律规定，一审法院不予支持。

关于某建筑有限公司能否就其承建的案涉工程享有优先受偿权的问题。二审法院认为，《建设工程施工合同司法解释（二）》第十九条规定："建设工程质量合格，承包人请求其承建工程的价款就工程折价或者拍卖的价款优先受偿的，人民法院应予支持。"所谓建设工程质量合格，是已竣工或者未竣工的工程，经相关部门组织竣工验收、相关机构进行工程质量检测后作出符合国家建筑工程质量标准结论的事实。已经竣工验收的工程，可推定工程质量符合正常使用标准。诉讼中通过鉴定发现存在可修复的部分质量问题，并不意味着该工程属于不合格工程。对存在质量问题的部分进行修复属于承包人的保修责任，不影响承包人对工程价款优先受偿权的主张和享有。幕墙工程属于案涉工程的分项工程，案涉工程已经投入使用多年，在施工人表示愿意维修的情况下，发包人拒绝维修，一审判决以幕墙工程存在部分质量问题为由，认定案涉工程不合格，进而认定某建筑有限公司不享有建设工程价款优先受偿权，认定事实、适用法律有误，二审法院予以纠正。一审判决关于优先受偿权的问题说理不当，适用法律有误，应予以纠正。

【律师评析】

实践中，竣工验收是建设工程的最后一环，建设工程需经由建设单位、监理单位、勘测设计单位等相关部门组织竣工验收，由住房和城乡建设部门对单位工程、分部工程等进行质量检测，由公安消防、市政等相关部门验收，最后得出工程是否合格具备验收条件的结论。建筑工程质量是百年大计，关于工程竣工验收及质量检测过程的要求十分细致严格，因此，正如最高人民法院在上述案例中的观点，已经竣工验收的工程，可推定工程质量符合正常使用标准。即使在诉讼中通过鉴定发现存在可修复的部分质量问题，也并不意味着该工程属于不合格工程。对存在质量问题的部分进行修复属于承包人的保修责任，不影响承包人对工程价款优先受偿权的主张和享有。进而，根据《建设工程施工合同司法解释（一）》第三十八条的规定，承包人可就质量合格的建设工程主张建设工程价款优先受偿权。

此外，对于发包人来说，若其在工程交付使用后发现已竣工验收的工程存在质量问题，且工程在保修期内，其有权要求承包人履行保修义务，但不能因此阻却承包人的建设工程价款优先受偿权；若承包人不及时履行保修义务，经提示仍不履行，发包人或可通过减少工程款的方式来维护自身权益。对于承包人来说，建设工程价款优先受偿权是保障工程款利益的一项重要权利，承包人应严格把控工程质量，在发生纠纷时也能有效主张建设工程价款优先受偿权。

问题十五 工程未结算，发包人进入破产程序的情形下，建设工程价款优先受偿权的行使期间应从何时起算？

【问题概述】

《建设工程施工合同司法解释（一）》第四十一条规定："承包人应当在合理期限内行使建设工程价款优先受偿权，但最长不得超过十八个月，自发包人应当给付建设工程价款之日起算。"该规定中的合理期限为除斥期间，一旦经过即消灭实体权利，故认定建设工程价款优先受偿权的起算点十分重要。在工程已结算应付款已确定时，优先受偿权的起算之日应为发包人应付工程款之日。但出现工程未结算，发包人就进入破产程序的情形时，承包人主张建设工程价款优先受偿权时应以何时为起算点？

【相关判例】

某建工工业有限公司与某交通装备有限公司建设工程施工合同纠纷［最高人民法院（2022）最高法民再 114 号］

【法院观点】

《企业破产法》第四十六条第一款规定："未到期的债权，在破产申请受理时视为到期。"武隆区人民法院于 2015 年 9 月 24 日受理了某交通装备有限公司的破产重整申请，即使在某交通装备有限公司破产前，某建工工业有限公司主张的工程款未到应付款时间，进入破产程序后，该债权也应于 2015 年 9 月 24 日加速到期。某建工工业有限公司在 2016 年 1 月 29 日向管理人申报了共计 55470547 元的债权，该债权被列入了《重整计划》的临时表决权额，但未主张工程款优先受偿权。

某建工工业有限公司虽于 2016 年 7 月 22 日向管理人主张优先受偿权，但未得到管理人的确认，故该日期不能认定为某建工工业有限公司的行权时间。此时，作为债权人的某建工工业有限公司如认为其享有优先受偿权，应当及时提起确认之诉，但其直到 2018 年 10 月 8 日才提起诉讼。

概言之，在发包人进入破产程序的情形下，承包人的工程款债权加速到期，优先受偿权的行使期间从承包人申报债权时起算，该权利的行使不以工程款结算为必要。该案从 2016 年 1 月 29 日至 2018 年 10 月 8 日，远超六个月，也超十八个月。因此，即便如某建工工业有限公司主张该案应适用《建设工程施工合同司法解释（一）》关于十八个月的行权期间，亦不能使某建工工业有限公司享有优先受偿权。在《重整计划》经法院批准进入执行阶段后，2018 年 4 月 11 日《建设工程结算审核定案表》载明审定债权金额为 62000006.89 元。同日，某建工工业有限公司再次申报工程款优先受偿权，后未被管理人确认。

优先受偿权的行使期间为除斥期间，一旦经过即消灭实体权利，故审定债权金额及再次申报优先受偿权的行为并不能使某建工工业有限公司的优先受偿权失而复得。况且，优先受偿权对其他债权人利益有重大影响，如允许某建工工业有限公司在重整计划执行过程中，依然可以行使优先受偿权，实际上是将其未及时行使优先权的法律后果转嫁给其他债权人，对其他债权人不公，也不利于重整计划的执行。

【律师评析】

《企业破产法》第四十六条规定："未到期的债权，在破产申请受理时视为到期。"因此，当工程未结算而发包人已进入破产程序，承包人所享有的相应工程款债权加速到期。结合《建设工程施工合同司法解释（一）》第四十一条的规定，当工程未结算而发包人已进入破产程序时，承包人建设工程价款优先受偿权的起算之日应为承包人债权申报时间。

对于承包人来说，根据《企业破产法》的相关规定，承包人应依照法定的程序及时申报建设工程价款优先受偿权，且应提供充分证据，否则可能有无法行权的风险。在发包人进入破产程序后，承包人应当主动联系管理人，了解债权申报的方式和所需要的证明材料，收集能证明建设工程价款优先受偿权成立的相关证据，例如施工合同、竣工验收报告、工程结算书等。若发生工程未完工结算，发包人进入破产程序的情形，此时，工程款债权加速到期，承包人应及时准备好相关材料，在法定期限内向破产管理人申报。

第七章

建设工程签证与索赔

问题一 发承包双方签订结算协议后能否再提出索赔主张?

【问题概述】

在工程竣工验收合格后，发承包双方会对工程项目进行结算并达成结算协议，而实践中存在部分结算协议并未明确约定最终结算价款是否包含工期或质量违约金、停窝工索赔等其他费用的情形。那么，在完成工程结算之后，发承包双方还能就工期延误、质量问题所造成的各种损失进行索赔或者主张违约责任吗?

【相关判例】

某房地产开发有限公司与某建设发展有限公司建设工程施工合同纠纷［最高人民法院（2017）最高法民终 883 号］

【法院观点】

关于有关规费等费用 6848666.5 元是否应在欠付工程款中抵扣问题。某房地产开发有限公司主张该结算金额中应扣除代扣代缴的费用以及某建设发展有限公司应承担的相关费用。对此，二审法院认为，某房地产开发有限公司与某建设发展有限公司在一审期间于 2017 年 3 月 18 日就最终结算总金额形成会议纪要并签订结算协议，明确约定案涉三份合同已经解除，其最终结算总金额为 99801600 元，上述结算金额为含税金额，且为某建设发展有限公司完成该工程应获得的全部和最终的结算总额，亦是双方结算争议事项的最终解决。双方承诺放弃对彼此其他任何形式的费用请求或索赔。从合同文义和目的来看，结算协议是有关施工合同解除后为解决双方纠纷而订立，是对有关纠纷的一揽子解决。“放弃对彼此其他任何形式的费用请求或索赔”的表述，明确表明了这一结算金额是各方磋商、互谅的最终结果，不应再有任何扣减。某房地产开发有限公司关于扣减有关费用的主张缺乏事实依据，二审法院不予支持。

【律师评析】

首先，从竣工结算报告的性质分析，结算报告是发承包双方根据有关法律法规规定和合同约定，在承包人完成合同约定的全部工作后，对最终工程价款的调整和确定，该案中发承包双方已经通过工程竣工结算就工程造价的确认、已支付工程款、尚欠付工程款等事项达成了合意，这其中已然包括工程逾期竣工、工程工期延误导致的损失等，结算协议中约定的最终结算工程款本就是双方磋商、互谅后，达成一致所形成的最终结果。

其次，假如发承包中的任何一方认为尚有争议事项无法在工程竣工结算时一并解决，并且想要保留自己索赔权利，其应当在结算时就向对方作出明确的意思表示，如若不然应当默认双方达成的结算协议具有终局性。

鉴于此，为了避免发承包双方今后在结算过程中丧失违约索赔权利，笔者建议，发承包双方在签署结算协议时应当明确约定是否保留其他权利。若发承包双方对工程中所涉问题均无异议，应当在结算协议中约定，放弃就结算前工程所涉事项主张任何违约责任或索赔的权利；若发承包双方对工程中所涉问题存在异议，则可以约定一方就异议项保留向对方主张违约责任或者索赔的权利。

问题二　建设单位未按照合同约定的程序进行索赔，是否丧失索赔权利?

【问题概述】

发承包双方通常会在施工合同中对索赔的期限、程序进行明确约定，当承包人未在约定的期限内发出索赔意向通知书，发包人便以此为由主张承包人丧失索赔权利。那么承包人未按合同约定的程序进行索赔是否直接导致其权利丧失呢?

【相关判例 1】

某煤业开发有限公司与某设计研究院建设工程施工合同纠纷［最高人民法院（2020）最高法民申 43 号］

【法院观点】

某煤业开发有限公司与某设计研究院在《设计施工总承包补充合同》中约定的开工日期为 2011 年 9 月 1 日，工期为 390 天，而某设计研究院直至 2013 年 3 月 12 日才提交《联动、重载试车申请表》，故某设计研究院的确存在工程逾期的事实。但双方在《设计施工总承包合同》第 23.4.1 条中约定，发包人应在知道或应当知道索赔事件发生后 28 天内，向承包人发出索赔通知……发包人未在前述 28 天内发出索赔通知的，丧失要求扣减和（或）延长缺陷责任期的权利。某煤业开发有限公司未在其知道或应当知道某设计研究院工期逾期的事实后 28 天内向某设计研究院索赔，按照合同约定，其已经丧失了该项索赔权利。

【相关判例2】

某建工集团有限公司与某高速公路集团有限公司建设工程施工合同纠纷［最高人民法院（2020）最高法民终941号］

【法院观点】

虽然案涉《公路工程专用合同条款》《合同通用条款》对索赔程序进行了约定，但据双方一审中提交的证据，某建工集团有限公司在施工过程中已通过报告、工程联系单、说明等方式向监理单位反映相关情况，已积极主张权利。《建设工程施工合同司法解释（二）》第六条第一款规定："当事人约定顺延工期应当经发包人或者监理人签证等方式确认，承包人虽未取得工期顺延的确认，但能够证明在合同约定的期限内向发包人或者监理人申请过工期顺延且顺延事由符合合同约定，承包人以此为由主张工期顺延的，人民法院应予支持。"据此规定，某建工集团有限公司可就因工期顺延而增加的施工费用向某高速公路集团有限公司主张权利。此外，案涉合同对索赔程序的约定仅系双方对于解决纠纷的程序性约定，承包人未在约定时限内主张权利，并非直接丧失实体权利。如果承包人有充分证据证明其权益受损，在未超过法定诉讼时效期间的情况下，不应剥夺其索赔的权利。因此，某建工集团有限公司有权就双方争议款项主张权利。一审判决仅以某建工集团有限公司未按合同约定索赔程序索赔而不予支持其权利主张，系认定事实和适用法律错误，二审法院予以纠正。

【律师评析】

逾期索赔失权条款常见于建设工程施工合同，为国际建筑市场的既有规则。为规范国内市场秩序，我国建设部2013年版《建设工程施工合同（示范文本）》首次借鉴了FIDIC（国际咨询工程师联合会）编制出版的《施工合同条件》，引入了逾期索赔失权条款，对工期索赔程序进行细化。2017版《建设工程施工合同（示范文本）》继续沿用了该条款。

笔者认为，若发承包双方仅在合同专用条款、通用条款中约定索赔期限、索赔程序，法院可能会认定前述约定仅是解决纠纷的程序性约定，只是合同双方当事人约定的履行某种义务的期限，并非权利的存续期间，且其本质上仍是合同，而不是法律法规的强制性规定，违反上述约定的法律后果，只是被索赔人获得了对抗索赔权人请求的抗辩权从而使索赔权无法实现，但是索赔权利仍然存在，而非被消灭。

根据现有国际工程惯例和国内司法实践，承包人未按照合同约定程序索赔并不必然导致失权，如果逾期索赔行为并不会影响对索赔事件的调查，裁判机关可在公平合理的前提下认可承包人并未丧失主张工期顺延的权利。

鉴于此，为了避免发承包双方今后因违反逾期索赔失权条款导致丧失违约索赔权利，笔者建议发承包双方均可采取如下措施：

（1）提高和强化及时签证、依约索赔的意识和自觉性，把签证和索赔作为降低成本和提高效益的最有效手段。

（2）高度重视证据资料的收集，建立严格的文档记录和资料保管制度，加强专业的和有针对性的签证和索赔管理。

（3）明确发包人代表和承包人项目经理的量化管理责任，杜绝该签未签、该赔不赔的情况。

（4）高度重视索赔的时限和程序性要求。在合同订立之初，做好合同交底工作，编制索赔清单，列明索赔事件、索赔期限和索赔程序。在索赔事件发生后，严格按照合同约定的索赔期限和索赔程序向约定的主体提出索赔意向，避免逾期索赔失权后果的发生。注意提出签证和索赔的期限和程序，凡是应该在施工过程中提出的均应及时提出。

问题三　承包人自行增加的施工内容，监理和发包人明知但未提出异议的，可否视为发包人、承包人就相关施工内容达成了变更合意？

【问题概述】

在工程施工过程中时常会发生增减项，但是在固定单价和固定总价包死的情况下，发包人通常不会轻易对承包人进行增减项审定，因此承包人想要获得签证是非常困难的。那么在承包人自行增加了施工内容而监理单位和发包人都没有及时提出异议的情况下，承包人提出其增加的费用由发包人承担能否得到法院的支持呢？

【相关判例】

某置业有限责任公司与某建设集团有限公司、某置业发展有限公司建设工程施工合同纠纷［最高人民法院（2020）最高法民终483号］

【法院观点】

关于室内不同墙体交界处纤维网格布的费用问题。一审法院认为，验收规范对该施工项目无强制性要求，双方亦未提供与此施工项相关的隐蔽工程验收资料，但双方当事人及鉴定机构于2019年8月12日对17＃楼302室、2＃楼2102户进行了现场勘验，发现有外露的纤维网格布。即便施工图纸未设计不同墙体交界处铺设纤维网格布，在某建设集团有限公司实际施工时，监理单位对该施工内容也应明知，监理单位和某置业有限责任公司未就此提出异议，应视为双方就施工方式变更达成合意。故该部分价值902384.57元应计入工程造价。

关于室内不同墙体交界处纤维网格布费用902384.57元的问题。二审法院认为，某置业有限责任公司上诉提出，合同约定承包人不得对原工程设计进行变更，施工图纸未设计不同墙体交界处纤维网格布，某建设集团有限公司自行增加的施工，不应由某置业有限责任公司承担费用。经查，纤维网格布客观存在，虽然验收规范对该施工项目无强制性要求，但是监理单位和某置业有限责任公司明知某建设集团有限公司以此方式施工却未提出异议，一审法院认定双方就施工方式达成合意，处理无明显不当，二审法院予以维持。

【律师评析】

该案施工过程中，无论是监理还是发包人，在明知承包人的施工方式发生了变更的情况下，既没有对承包人提出异议，也没有下达整改通知。而承包人在施工过程中变更的施工方式属于肉眼可见的外观表象事实，因此可以认定承包人与发包人就施工方式的变更达成了合意。

笔者认为，若承包人在施工过程中自行增加施工内容，对于增加的工程量，需要具体结合个案中工程的实际施工内容、合同履行情况和双方的过错等因素来认定发包人是否需要承担相应费用。

当然，发包人是否需要承担承包人自行增加工程量的费用在未来司法审判中仍会存在风险与变数，因此承包人在履行施工合同的过程中，应当严格按照设计图纸和施工标准进行施工；发包人和监理单位也应当对承包人增加的施工内容及时地提出异议，否则就承包人自行增加的工程量法院也可能会认定发承包双方已经达成变更的合意。

问题四 工程签证存在瑕疵能否作为工程结算依据?

【问题概述】

工程签证是发承包双方对施工过程中涉及的合同之外的工程量或者价款进行增减时所制作的证明文件，工程签证在工程建设活动中的重要性仅次于施工合同及补充协议，并且签证能够作为建设工程合同之外价款结算的依据。工程施工过程中，签证往往存在不符合施工合同之约定或者是存在合同一方当事人要求的签证主体未经授权、签证主体不完整、签证系事后补签等瑕疵问题，那么当签证存在瑕疵时能否作为工程结算的有效依据?

【相关判例 1】

某机械有限公司与某建设有限公司建设工程施工合同纠纷［最高人民法院（2017）最高法民终 577 号］

【法院观点】

虽然合同中约定任何设计变更或现场签证都必须由某建设有限公司项目经理审核、基建部负责人批准并加盖基建部公章后生效，并且设计变更或现场签证完成后按设计变更的结算方法进入结算，某机械有限公司必须在 7 天内提交变更预算，而案涉 31 份经济签证单没有完全按照上述程序签字、提交和审批，但是，31 份经济签证单对于签证事项、签证原因、工程量变化、价格计算和增减数额均有明确陈述，又得到了监理单位的盖章认可，且均盖有发包人某建设有限公司的公章。因此，应当认为发包人某建设有限公司对该等经济签证单所载内容已经认可。

【相关判例 2】

某房地产有限公司与秦某建设工程施工合同纠纷［最高人民法院（2021）最高法民申 5357 号］

【法院观点】

关于二审采纳案涉签证数据是否正确的问题。秦某借用大洋公司名义与某房地产有限公司签订的两份《建设工程施工合同》，明确合同价款的确定方式为“采用预算加现场签证”。秦某提供的经济签证虽未有某房地产有限公司盖章，但已经监理公司确认及监理工程师签字，其中部分签证中还有相关行政管理部门材料证明停工等产生费用的事由。且另案中其他案涉工程签证亦未有某房地产有限公司签字盖章确认，故案涉签证的形成过程符合上述合同约定与双方结算习惯，二审将此作为秦某向某房地产有限公司主张工程额外产生费用的依据，并无不当。

【律师评析】

笔者认为，工程签证的瑕疵问题主要出现在签证主体、签证程序和签证真实性等方面，从最高人民法院的裁判思路上看，法院在裁判时并不会仅仅局限于工程签证在表面形式上的瑕疵问题，而是更加重视通过查明具体的案件事实来确认签证内容是否是双方的真实意思表示以及工程实际上是否按照签证内容施工。换言之，即使工程签证的确有明显的形式瑕疵问题，但通过判断签证经办主体的身份、变更工程的实际施工情况等，能够证明签证已经双方确认的，此类签证也能够作为案涉工程结算依据。

作为工程价款结算的主要依据之一，工程签证的真实性和有效性，直接关系到发承包双方的切实利益。

对发包方而言，在合同订立的过程中，可以明确约定施工签证的主体、时间和程序，也可以考虑设置一些约束条件，如不按照合同约定办理签证，签证就会被认定无效。在合同履行的过程中，有必要对发包人代表、监理等具有签证授权的人员实施监督，以防这类人员利用职务之便与承包人串通进行签证。另外，对于签证资料的保管，建设单位公章、项目章和财务章的保管和使用，可以建立一套严谨规范的管理制度，对在工程签证期间发生的洽商、沟通等往来书面资料进行适时的存档，严格控制印章的使用。

对承包人来说，若出现工程变更、设计变更和索赔等情况，必须严格依照合同约定的程序进行签证，以免发包人将签证程序存在瑕疵作为抗辩理由。签订签证时，应仔细核查发包人所派签证主体的授权权限、资质有无涵盖签证范围，并妥善保存有关证件、档案及书面磋商文件等相关资料。若发包人拒不签订书面签证，则应当尽可能通过书面函件的方式予以证实。

材料调差不符合约定的签证形式要件，材料价差能否计入工程价款?

【问题概述】

建设工程的施工时间一般长达一年甚至更久，由此导致材料例如钢筋水泥等的价格可能随市场的变化而出现大幅度的波动。发承包人在施工合同中会对材料调差方式进行明确约定，在未约定的情况下，发承包人一般会以签证的形式进行确认，当材料调差的签证单不符合合同的形式要件，该材料价差能否计入工程价款?

【相关判例】

某冶金建设公司与某房地产开发有限公司建设工程施工合同纠纷［最高人民法院（2020）最高法民再336号］

【法院观点】

关于鉴定意见书中未履行盖章程序的签证单所涉的三项费用是否应计入工程款的问题。双方在《建设工程施工合同》中约定，包括设计图纸变更、价款变更、工程量增减、工期等直接导致工程价款增加或减少、工期顺延或者提前等内容的签证，除经发包方派驻的工程师确认外必须经发包人加盖印章，方发生效力。鉴定意见“不确定部分”中承建单位未按合同要求盖章的签证单已经过某房地产开发有限公司派驻的工程师金某的签字确认，在某房地产开发有限公司未提交充分证据证明该部分工程系由其他施工人施工或上述签证系虚假签证的情况下，虽然某房地产开发有限公司未在该签证单上加盖印章，但无法否定该部分建设工程系由某冶金建设公司施工完成的事实，故从公平角度考虑，应对该部分工程及相应1383694.68元工程价款予以认定。关于鉴定意见“不确定部分”中未经某房地产开发有限公司盖章的材料价差部分，根据合同的约定，对大宗材料，承包方必须在材料采购前的七个工作日呈报《材料报价清单》，由发包方认可后组织承包方、监理单位进行市场调查后七个工作日内确定价格。其他未确定的零星材料按《贵州省造价信息（遵义地区）材料价格》单价或双方协商单价结算，因材料的市场价格随行情不断变化，故对该部分价差的认定应按照双方合同约定从严把握，因该部分签证未经发包方某房地产开发有限公司盖章确认，故法院对于鉴定意见“不确定部分”关于材料价差的两项费用1089170.5元、125624.72元不予支持。综上，法院将某房地产开发有限公司应付工程款调整为4385106.68元（即3001412元＋1383694.68元＝4385106.68元）。

【律师评析】

该案中，最高人民法院严格根据施工合同的约定从严把握材料价差调整的方式。因施工合同约定对大宗材料，承包方必须在材料采购前的七个工作日呈报《材料报价清单》，由发包方认可后组织承包方、监理单位进行市场调查后七个工作日内确定价格。而某冶金建设公司未严格执行，事后某房地产开发有限公司未在签证单上盖章确认。因此最高人民法院判决对该项调价差不予支持。

材料差价签证不同于普通的工程量签证，材料的市场价格随市场的变动而不断变化。发承包人应当在施工合同中约定材料调差的调整以信息价还是双方确认的市场价发生变化为前提。约定不明的，发承包人应当及时通过合法有效的签证方式予以确认。

问题六　工程联系函仅有监理人的签字而未经建设单位盖章，该工程联系函对建设单位是否具有约束力？

【问题概述】

施工现场，发包人的代理人主要有两类，一类是发包人的现场代表，是基于劳动合

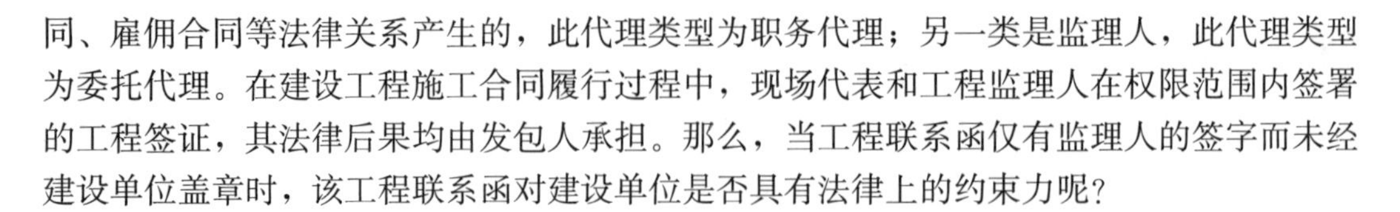

同、雇佣合同等法律关系产生的，此代理类型为职务代理；另一类是监理人，此代理类型为委托代理。在建设工程施工合同履行过程中，现场代表和工程监理人在权限范围内签署的工程签证，其法律后果均由发包人承担。那么，当工程联系函仅有监理人的签字而未经建设单位盖章时，该工程联系函对建设单位是否具有法律上的约束力呢？

【相关判例】

某房地产开发有限公司与某建筑工程有限公司、梅某建设工程施工合同纠纷［最高人民法院（2021）最高法民申 2016 号］

【法院观点】

某建筑工程有限公司于 2015 年 8 月 28 日出具的《工程联系函》载明，某房地产开发有限公司未按约定支付进度款导致停工。该联系函上有监理单位刘某的签字。某建筑工程有限公司提交的某房地产开发有限公司认可的其他联系函上也有刘某的签字。监理单位在施工过程中受建设单位某房地产开发有限公司委托，代表某房地产开发有限公司监督工程有关事宜，其所签字的文件对某房地产开发有限公司具有法律效力，故该《工程联系函》对某房地产开发有限公司有约束力。综上，该案二审判决认定停工和工期延误原因在于某房地产开发有限公司，并无不当。

【律师评析】

目前司法实践中，如前所述监理单位实际系受发包人的委托在施工现场进行监管，在施工合同未明确约定联系函需发包人代表签字才有效的情况下，监理人员的签字一般应被认定合法有效。为了防止监理人滥用职权，损害发包人的合法权益，笔者建议：（1）应当明确监理人的权限，如对总监理与专业监理设置有差异的权限，确认工程联系单时应当加盖监理项目章且监理人应签字；（2）监理人应在签证联系单上明确其签字行为是否代表签收或者认可联系单所述事实，否则将推定其认可签证单的内容。

问题七　监理单位认可存在停工事实的工程联系单，可否作为停工损失的计算依据？

【问题概述】

目前司法实践对监理单位的职责权限及范围的认定仍然具有较大争议，对于监理单位签字认可的签证联系单的法律效力意见不一。那么监理单位认可存在停工事实的工程联系单，可否作为停工损失的计算依据？

【相关判例】

某建设集团有限公司与某工程建设管理局建设工程施工合同纠纷［最高人民法院（2019）最高法民终 1588 号］

【法院观点】

案涉停工损失系鉴定机构依据N0045＃和N0050＃两份工程联系单载明的内容鉴定得出的数额。首先，监理单位已确认N0045＃工程联系单中施工单位提出的停工损失项目和单价属实，建设单位亦明确表示“具体工程量请监理方与合同项目部共同确认”，表明监理单位和建设单位均认可存在停工事实。一审判决结合某工程建设管理局在2012年3月至6月存在逾期支付进度款的事实，对该N0045＃工程联系单载明的停工损失予以确认，并无不当。该工程联系单属于确认停工损失的联系单，在某工程建设管理局已认可停工事实的前提下，该局现以该工程联系单属内部处理文件，并非变更工程联系单为由，主张其不应承担停工损失责任，与前述查明及认定的事实不符。其次，N0050＃工程联系单已明确记载，由于停工长期日晒雨淋导致混凝土接触模板损坏，不能二次利用，并由此而造成相应损失。监理单位对停工时间予以确认，而建设单位并未就该停工损失提出异议。虽然监理单位在该联系单上写明“……但为何导致以上情况，项目部有无相关资料证明其不是自身原因而造成，资料齐全重新核实”，但要求某建设集团有限公司证明不是因其自身原因造成上述损失，这实质上属于要求某建设集团有限公司对消极事实进行证明，不尽合理。一审判决根据上述事实，结合某工程建设管理局在该期间内确实存在逾期支付进度款的事实，对N0050＃工程联系单载明的停工损失予以确认，并无不当。对于某工程建设管理局关于某建设集团有限公司未提供证据证明该联系单载明的模板损坏的具体原因的上诉主张二审法院不予支持。

【律师评析】

笔者认为在无相反证据证明经监理人员签字的联系单与实际不符的情况下，该联系单一般被认定为合法有效。该案中，因施工单位与监理单位通过工程联系单共同确认停工的事实，故发包人与承包人对案涉工程出现停工并无异议，但是对相应损失由谁来承担存在争议。承包人在提交工程联系单后已完成初步举证责任，此后应由发包人就其对工程停工事实无过错提供证据予以证明。因此发包人应当审慎选择监理单位，并与监理单位通过合同方式明确约定监理权限，若因监理人不称职造成发包人损失，发包人有权向监理单位进行追索。

问题八 施工合同中承包人放弃权利索赔条款的效力如何认定?

【问题概述】

除法律法规明确禁止外，民事权利可以被放弃。现行有效的法律法规并未明确禁止承包人自愿放弃索赔权利。但是司法实践中，发包人基于自身权利考虑往往利用其主导地位要求承包人放弃索赔权利并将该内容约定在施工合同中，在此情形下，承包人的索赔权利放弃条款的效力又该如何确定呢?

【相关判例】

某建筑有限公司与某企业发展有限公司建设工程施工合同纠纷［最高人民法院

(2021) 最高法民申 5098 号]

【法院观点】

某建筑有限公司主张案涉施工合同背离了招标文件的实质性内容，该案应以招标文件作为认定双方结算情况、违约责任等的依据。某建筑有限公司提交的招标文件在违约责任的约定上与案涉施工合同有所不同。招标文件中的专用合同条款 16.1.1 约定："发包人违约的其他情形：对工程中途停建、缓建或者由于发包人错误造成的返工，发包人应采取措施弥补或减少损失；同时，发包人应赔偿承包人由此产生的停工、窝工、返工、倒运、人员和机械设备调遣、材料和构件积压等相关损失，工期顺延；因发包人原因导致工程工期顺延过程中遇到材料、人工价格上涨的，发包人应支付该差价等。"施工合同专用合同条款 16.1.1 约定："发包人违约的其他情形：因发包人原因导致工程中途停建、缓建或者暂停施工的，工期相应顺延，承包人应采取措施减少损失，但承包人放弃就费用及损失提出任何补偿或索赔的权利。"施工合同专用合同条款 16.2.3 则在招标文件专用合同条款 16.2.3 的基础上，增加了"承包人不得以任何理由停工、怠工、取闹，否则视为违约，并向发包人支付本合同总价的 5%作为违约金。经发包方书面催告后，承包人仍未改正的，发包人有权解除合同……"及承包人不得将工程转包、违法分包或变相联名转包，若违反此约定将被视作根本性违约等约定。建设工程施工合同应以招标投标文件为依据，但合同当事人可以根据具体情况，通过平等协商的方式，在合同中对招标投标文件予以具体细化。某建筑有限公司通过施工合同约定放弃了因发包人原因造成工期顺延情况下承包人就相关费用及损失向发包人提出补偿或索赔的权利，同意增加因承包人违约而解除合同的情形，属于其对自身民事权利的处分。上述违约条款不属于可能限制或排除其他竞标人参与竞争的实质性条款，是双方就招标文件中的违约责任的细化与完善，不违反法律、行政法规的强制性规定，某建筑有限公司以此为由主张案涉施工合同无效，于法无据，不应支持。

【律师评析】

该案中，虽然发承包人签署的施工合同相较于招标文件多了承包人的索赔权利放弃条款，但是该约定属于承包人对自身权利的合法处分，施工合同可以对招标文件中未细化的违约责任进行明确，此索赔权利条款并非可能限制或排除其他竞标人参与竞争的实质性条款，发承包人制定违约责任条款也不违反法律法规的强制性规定，因此该条款具有约束力。作为承包人，在签约前应注重索赔条款。若合同明确约定承包人自愿放弃对发包人的索赔，承包人出于承接工程考虑而签署该合同后将难以主张该条款无效。

问题九　承包人提供的索赔材料未经发包人确认，是否具有证明力?

【问题概述】

建设工程领域的索赔难点在于承包人的举证责任。施工过程中，发包人口头要求承包人更改设计或施工方案，事后又未给予签证。在此情况下，承包人索赔时可能面临举证难的问题，诉讼过程中，承包人提交的索赔材料未经发包人确认，是否具有证明力？

【相关判例】

某新能源有限公司与某化工有限公司建设工程施工合同纠纷［最高人民法院（2019）最高法民终1356号］

【法院观点】

一审法院认为，某新能源有限公司在确认场地移交时并未提出场地场平标高超高的问题，之后单方发函要求业主方确认但未得到某化工有限公司的认可。因此，某新能源有限公司提出的该项主张没有事实依据，对此不予支持。

二审法院认为，对于“主厂房内增加交接班室”“982平台场地欠回填”“A列外场平土石方开挖”等三项，某新能源有限公司并未举示某化工有限公司的确认文件，因此不予支持。

【律师评析】

该案中最高人民法院不支持承包人的索赔主张的原因主要在于承包人提供的多挖工程量证据材料未经过发包人确认，而施工合同中双方明确约定承包人进行索赔时需要提供业主签发的正式的书面变更单，故承包人单方面制作的工程文件并不能够支持承包人的索赔主张。

鉴于此，承包人在施工过程中应当注重材料的收集，针对索赔事项，主要证明索赔权存在、索赔事项已发生、因此给承包人造成了损失以及承包人已按规定的程序提出了索赔。从证明对象来看，具体施工索赔证据包括招标文件、投标报价文件、施工协议书及其附属文件、来往信件、会议记录、施工现场记录、工程财务记录、现场气象记录、市场信息资料、工程所在地的政策法令性文件。

针对发包人拒绝签证的情形，承包人应当通过多次发函的形式来固定证据以明确索赔事项实际存在且承包人已积极主张权利。

问题十 承包人未按约定程序索赔的法律后果如何认定？

【问题概述】

发承包人一般在施工合同中明确约定承包人的索赔程序，包括但不限于在约定期限内向监理或发包人提出索赔意向通知书、索赔报告及相关索赔文件。但是实际操作中，大部分承包人未能严格按照合同约定程序进行索赔。针对承包人未按照合同约定的程序进行索赔是否失去索赔权这一问题，司法实务中裁判观点并不统一。

【相关判例】

某新能源有限公司与某化工有限公司建设工程施工合同纠纷［最高人民法院（2019）

最高法民终 1356 号〕

【法院观点】

案涉合同之“合同条款”第二十条是当事人双方自行实现索赔目的的程序约定。当事人一方提出索赔请求不符合合同约定的方式导致的后果是不能自行结算，但不能据此排除其自行结算未果后转而寻求司法救济进行强制结算的权利。某新能源有限公司提出的索赔请求形式不合约定，并不当然导致其索赔权利的丧失，也不影响索赔约定目的的实现。人民法院应当依照法律规定，对索赔事由和请求进行实体审查并作出判断。根据工程惯例，承包人申请索赔并不一定必须严格采取索赔报告等固定形式，其他书面文件，只要包括对窝工事实的描述且表明承包人主张权利的内容，亦可以证明承包人向发包人提出过索赔申请。事实上，某新能源有限公司分别于 2009 年 1 月 5 日、2009 年 6 月 29 日、2010 年 9 月 5 日、2010 年 4 月 14 日向某化工有限公司发送的桐梓-RD-078-2009-01-05、桐梓-DR-303-2009-06-29、桐梓-DR-834-2010-09-05、桐梓-DR-707-2010-04-14 传真文件均提出了索赔要求。某化工有限公司《关于 3＃锅炉刚性梁事宜的函》也证实其收到了某新能源有限公司要求确认窝工费的传真，仅认为设备安装顺序及现场安装情况“不完全属实”。一审判决以某新能源有限公司未按合同约定方式报送索赔报告，驳回某新能源有限公司的窝工损失请求，适用法律确有不当。

【律师评析】

该案中，最高人民法院从工程惯例出发进行认定，虽一定程度上弱化了双方合同约定的索赔程序，但在大原则上仍要求承包人实际行使了索赔的权利。按照最高人民法院的观点，索赔程序上的瑕疵并不必然导致实体权利的消灭。

笔者认为，若承包人没有按照合同约定的索赔程序提出索赔，虽然发包人可以根据合同约定拒绝承包人的索赔，但是，这并不意味着承包人就不能利用合同中的纠纷解决条款，如仲裁、诉讼条款等，向发包人主张损害赔偿。发包人的合同义务对应的并非承包人的索赔权利，发包人应积极地履行其合同义务。如果发包人不能按照合同履行其约定的义务，则承包人有权向其请求赔偿，但该权利不是必须通过索赔来实现，也可以通过仲裁、诉讼等方式实现。

笔者建议，与之后通过仲裁、诉讼等途径进行救济相比，承包人可以在前期通过索赔来实现自己的权益，这对于承包人来说可以及时解决问题和尽早获得损失赔偿。所以，对于承包人而言，如果出现了索赔事件，应尽量根据合同约定的程序，收集有关的证据和资料，并尽量向业主方提出索赔。

问题十一 承包人如何证明停窝工损失?

【问题概述】

施工过程中，业主无法提供符合约定的开工条件或者未及时提供施工图纸可能造成承包人在进场后处于停窝工状态，进而导致人工、材料以及机器设备等损失增加。那么承包人在主张停窝工损失时需要提供哪些证实来证实其主张呢?

【相关判例】

某集团有限公司与某环保科技股份有限公司、某设计研究院有限公司、某钢铁有限责任公司建设工程施工合同纠纷［最高人民法院（2021）最高法民终750号］

【法院观点】

关于某集团有限公司主张停窝工损失4388900元能否成立的问题。某集团有限公司主张某环保科技股份有限公司迟延开工、迟延提供图纸、设备以及汽轮机拆除给其造成停窝工损失。二审中，某集团有限公司和某环保科技股份有限公司均认可案涉合同约定案涉工程为开工时间不确定、交工时间确定的工程。某集团有限公司主张因迟延开工导致迟延交工与合同约定不符。案涉合同约定，图纸会审和设计交底时间根据现场情况双方协商确定。一审中某集团有限公司提交横道图、主要图纸需求计划、主要设备到货时间要求表等单方制作的证据，未经监理单位、某环保科技股份有限公司签字确认，无法证明系某环保科技股份有限公司原因导致停窝工的事实，也无法证明停窝工的具体损失。一审中某集团有限公司申请鉴定停窝工损失，因其提交的证据无法证明造成停窝工的具体原因，一审法院未予准许。二审中某集团有限公司提交自行委托第三方机构出具的咨询报告，用以证明停窝工损失，但某集团有限公司无法证明停窝工的具体原因，其按照咨询报告载明的索赔工程费用数额向某环保科技股份有限公司主张停窝工损失没有事实和法律依据，二审法院对某集团有限公司的该项主张不予支持。

【律师评析】

在该案中，虽然某集团有限公司在对停窝工损失提出索赔时，已经提供了相关的材料，并在诉讼过程中委托了鉴定，但因为缺少能够证明停窝工的具体原因和损失情况的关键证据，导致索赔失败。

通常情况下，承包人主张停窝工损失时其举证责任主要包括两方面：(1) 停窝工的具体原因；(2) 因停窝工而造成的损失金额。在停窝工的具体原因方面，承包人应当保留书面证据证实停窝工系发包人导致，相关证据材料包括双方往来函件、签证联系单、会议纪要等；而在针对损失金额方面，停窝工损失主要包括人工、材料和机械设备损失，司法实践中，当双方未就损失达成合意时，则可以通过司法鉴定对损失予以确认，此时承包人应当对管理人员以及工人的人数、工资，材料的采购成本以及机械设备的租赁费用进行举证。

问题十二　逾期索赔失权条款的法律效力如何认定?

【问题概述】

2013年版和2017年版《建设工程施工合同（示范文本）》通用条款第19条对承包

人和发包人逾期索赔失权均约定，承包人应在知道或应当知道索赔事件发生后 28 天内发出索赔意向通知书，否则丧失要求追加付款和（或）延长工期的权利；发包人应在知道或应当知道索赔事件发生后 28 天内发出索赔意向通知书，否则丧失要求赔付金额和（或）延长缺陷责任期的权利。司法实践中，当承包人逾期向发包人进行索赔时，承包人是否丧失相应的索赔权？

【相关判例】

某建筑设计有限公司与某投资控股集团有限公司、某建设集团有限公司建设工程合同纠纷［最高人民法院（2021）最高法民终 1312 号］

【法院观点】

一审法院认为，可以认定该案第四期、第五期、第六期工程进度款已经支付，这符合该案实际。至于逾期支付工程进度款利息，属于索赔事项。《EPC 总包合同》约定："23.1 承包人索赔的提出。根据合同约定，承包人认为有权得到追加付款和（或）延长工期的，应按以下程序向发包人提出索赔：（1）承包人应在知道或应当知道索赔事件后 28 天内，向监理人递交索赔意向通知书，并说明发生索赔事件的事由，承包人未在前述 28 天内发出索赔意向通知书的，丧失要求追加付款和（或）延长工期的权利……（3）索赔事件具有连续影响的，承包人应按合理时间间隔继续递交延续索赔通知，说明连续影响的实际情况和记录，列出累计追加付款金额和（或）工期延长天数；（4）索赔事件影响结束后 28 天内，承包人应向监理人递交最终索赔通知书，说明最终要求索赔追加付款金额和延长的工期，并附必要的记录和证明材料。"该案中，某建筑设计有限公司并未提供证据证明其在索赔事件发生后，依照约定的条件向某投资控股集团有限公司提交过索赔通知书，故某建筑设计有限公司已经丧失要求某投资控股集团有限公司支付逾期支付工程进度款利息的权利。

二审法院认为，变更增加工程费用也可以被认定为属于索赔事项。依照《EPC 总包合同》第二部分通用条款第 23.1 条"承包人索赔的提出。根据合同约定，承包人认为有权得到追加付款和（或）延长工期的，应按以下程序向发包人提出索赔：（1）承包人应在知道或应当知道索赔事件后 28 天内，向发包人递交索赔意向通知书，并说明发生索赔事件的事由，承包人未在前述 28 天内发出索赔意向通知书的，丧失要求追加付款和（或）延长工期的权利"的约定，某建筑设计有限公司并未提供证据证明其在索赔事件发生后 28 天向发包人提交过索赔意向通知书，故某建筑设计有限公司也已经丧失要求增加上述工程费用的权利。

【律师评析】

司法实践中，法院对逾期索赔失权条款的效力认定不一，学者们对该条款的效力认定问题也提出了不同观点。部分观点认为承包人索赔权就是请求权，理应适用诉讼时效三年期间的规定。而逾期索赔失权条款的规定期限是 28 天，根据诉讼时效的规定，该"逾期索赔失权条款"系当事人以意定方式对诉讼时效利益的预先放弃，违反了法律、行政法规的强制性规定，应为无效。因此在超过约定的索赔期间后，当事人仍然可以依据诉讼时效的相关规定主张索赔权，超过 28 天后再去行使索赔权并不一定会丧失胜诉的权利。另外也有人认为逾期索赔失权条款的适用意义与除斥期间的法律意义大致相同，承包方或发包方在 28 天内未行使权利，则导致索赔请求权丧失。

因此为了防范上述风险，承包人在索赔事件发生后应当按照施工合同的约定及时向发包人行使索赔权以维护自身合法权利。

问题十三　施工合同无效时，承包人能否向发包人主张停窝工损失?

【问题概述】

《民法典》第八百零四条规定："因发包人的原因致使工程中途停建、缓建的，发包人应当采取措施弥补或者减少损失，赔偿承包人因此造成的停工、窝工、倒运、机械设备调迁、材料和构件积压等损失和实际费用。"那么，当施工合同被认定无效时，承包人是否有权向发包人主张停窝工损失?

【相关判例】

陈某与某建筑安装集团有限公司、某房地产开发有限公司建设工程施工合同纠纷［最高人民法院（2022）最高法民再 193 号］

【法院观点】

再审庭审中，陈某承认当时知道案涉工程没有取得许可证，也明知自己不具备施工资质，该案二审判决认定陈某对实际履行的建设工程施工合同无效应承担责任并无不当，但是，案涉工程停窝工损失的发生有发包人的原因，并非全由合同无效导致。根据鉴定意见对停窝工损失发生原因的记载，发包人对损失的发生负有责任。陈某明知自身不具备案涉工程施工资质，明知案涉工程没有取得许可证、未签订合同而进场施工，导致案涉合同无效、工程暂缓施工进行整改，陈某对损失的产生存在一定过错。综合考虑导致案涉工程损失发生的过错以及该案实际，停窝工损失以各方分担为宜。停窝工损失以 12974336.47 元为基数，由某房地产开发有限公司、某建筑安装集团有限公司负担 70%，陈某负担 30%，即某房地产开发有限公司、某建筑安装集团有限公司应当共同赔偿陈某案涉工程停窝工损失 9082035.53 元。

【律师评析】

在合同被确认无效或者被撤销后，一般都会产生损害赔偿的责任。在合同被确认无效或者被撤销后，凡是因合同的无效或者被撤销而使对方当事人产生损失的，主观上有故意或者过失的当事人都应当赔偿对方的财产损失。上述案例中，对于造成案涉工程处于停窝工状态发承包人均有过错，发包人未取得施工许可证，而承包人没有施工资质且明知没有施工许可证，因此最高人民法院按照过错比例对责任进行分担，由各方按比例承担相应停窝工损失。

鉴于此，对于停工损失费的承担，必须先分清哪些损失是由无效合同造成的，哪些损失与合同效力无关。对于由无效合同造成的损失，应当由造成合同无效的过错方承担。对于由无效合同之外的原因造成的损失，基于诚信原则，应当由造成实际损失的过错方承担。因此，虽然由于承包人的过错造成施工合同无效，但只要承包人停工是由于发包人的原因造成的，停工损失与合同效力无关，该责任就应当由造成实际损失的过错方即发包人承担。

问题十四　发包人未依约支付工程价款，承包人可否停工并主张发包人赔偿损失?

【问题概述】

《民法典》第七百八十八条第一款规定："建设工程合同是承包人进行工程建设，发包人支付价款的合同。"承包人具有保质保量完成工程建设的义务，发包人则具有依约支付工程价款的义务，任何一方未履行合同约定的义务都需要承担相应的法律后果。在工程实务中，我们常见到发包人未依约支付工程价款，此时，承包人可否采取停工措施并要求发包人对停工损失进行赔偿呢?

【相关判例 1】

某商业城开发有限公司与某建设集团有限公司、某投资集团股份有限公司建设工程施工合同纠纷［最高人民法院（2021）最高法民终 688 号］

【法院观点】

由于 1、2 号楼 3 层至顶层主体施工完成，4～13 层砌筑完成，某商业城开发有限公司应及时支付相应工程款。但某商业城开发有限公司除返还某建设集团有限公司 600 万元保证金外，未支付任何工程款。某建设集团有限公司有理由认为某商业城开发有限公司可能丧失给付工程款能力或者可能拒不给付工程款。在某建设集团有限公司起诉后，某商业城开发有限公司仍未支付相应工程款或提供适当担保。某建设集团有限公司依法停止施工系保护自己合法权益的行为，不应认定为违约。

【相关判例 2】

某房地产开发有限公司与某建设集团有限公司建设工程施工合同纠纷［最高人民法院（2020）最高法民终 1310 号］

【法院观点】

该案中，四组团《施工补充协议》第八条第十一项约定，因某房地产开发有限公司原因造成工期延误，其责任由某房地产开发有限公司承担。某建设有限公司承包某房地产开发有限公司四个组团工程，双方在签订第四组团建设工程合同时，前三组团工程均处于工程进度款欠付状态。双方于 2018 年 4 月 25 日就工程款的支付达成《协议》，但某房地产开发有限公司在支付了协议约定的第一笔 793 万元款项后再未付款，导致 22 号、26 号楼停工，某房地产开发有限公司应当承担由此给某建设有限公司造成的窝工损失。某房地产开发有限公司提供的证据不能证明停工损失是由某建设有限公司自身所致，此上诉理由不能成立，法院不予支持。

【律师评析】

《最高人民法院第八次全国法院民事商事审判工作会议纪要》第 32 条规定："因发包人未按照约定提供原材料、设备、场地、资金、技术资料的，隐蔽工程在隐蔽之前，承包人已通知发包人检查，发包人未及时检查等原因致使工程中途停、缓建，发包人应当赔偿因此给承包人造成的停（窝）工损失，包括停（窝）工人员人工费、机械设备窝工费和因窝工造成设备租赁费用等停（窝）工损失。"

最高人民法院在上述相关案例 1 中认为，发包人未支付相应工程款或提供适当担保，承包人可依法停止施工保护自己的利益；最高人民法院在上述相关案例 2 中认为，发包方不能支付全部工程进度款导致承包人停工，停工损失由发包人承担。综合以上两个案例我们可以得出最高人民法院的观点：由于发包人未依约支付工程款导致承包人停工的，发包人应赔偿承包人的停窝工损失。

笔者认为，实践中经常出现发包人未依约支付工程款（包括预付工程款和按工程进度支付的工程款）的情形，此时承包人有权行使先履行抗辩权或不安抗辩权，立即采取停止施工措施，并可以书面催告发包人依约支付工程款。

笔者建议，无论承包人是依法停工还是依约停工，只要发生了停工的情况，其就应该及时地准备好现场签证单、往来文件，以及机械设备租赁费和人工费等停工期间的费用支出、停工时间、停工原因等方面的证据。同时，承包人在停工之后，还应该采取必要的措施，以避免损失的扩大。

问题十五　工期顺延未签证，承包人可以主张顺延工期吗？

【问题概述】

在施工过程中如发生不可抗力，或者其他不可归责于承包人的意外事件导致工期延误的，承包人有权主张工期顺延。通常情况下，发生工期顺延应当经发包人签证确认，但是实务中，发包人处于主导地位，即使承包人要求顺延的主张符合客观情况，发包人也可能拒不签证，在此情形下，承包人是否有权主张顺延工期？

【相关判例】

某建筑安装股份有限公司与某保科技有限公司建设工程施工合同纠纷［最高人民法院（2020）最高法民申 210 号］

【法院观点】

关于某建筑安装股份有限公司应否承担迟延完工的违约责任的问题。对于案涉工程实际竣工日期晚于约定竣工日期即工程存在逾期，双方并无异议。某建筑安装股份有限公司主张工程逾期存在合理抗辩事由，对此应承担相应的举证责任。某建筑安装股份有限公司以某保科技有限公司未取得建设规划许可证、提交工程设计图纸迟延及存在停水停电情况等为由，主张工期应顺延。根据《建设工程施工合同司法解释（二）》第六条的规定，当事人约定顺延工期，应当经发包人或监理人确认，或承包人能证明其在合同约定的期限内提出工期顺延的申请且该顺延事由符合合同约定。该案某建筑安装股份有限公司未能提供证据证明发包人或监理人已确认工期顺延或其在顺延事由发生后按约提出申请，应承担举证不能的不利后果。该案二审判决基于该案工程施工图纸确有变更，但该变更对工期影响天数难以确定等情形，从平衡双方当事人利益的角度考虑，以合同约定的工程总价与实际完成工程经鉴定机构鉴定的总价的差额和合同约定的工程总价的比值作为系数，再以该系数乘以合同总工期，计算工期顺延天数为 88 天，相对公平合理，不违反法律规定。

【律师评析】

《建设工程施工合同司法的解释（一）》第十条第一款规定：“当事人约定顺延工期应当经发包人或者监理人签证等方式确认，承包人虽未取得工期顺延的确认，但能够证明在合同约定的期限内向发包人或者监理人申请过工期顺延且顺延事由符合合同约定，承包人以此为由主张工期顺延的，人民法院应予支持。”

笔者认为，承包人未在顺延事由发生后在施工合同约定的期限内向发包人提出顺延工期的申请，但已有证据足以证明工程工期事实上发生变更，法院应从平衡发承包人的利益角度出发，以公平合理的方式酌定工期顺延天数。基于此，在发包人拒绝签证的情形下，承包人应当通过书面发函的形式要求发包人顺延工期，明确顺延工期的事实基础并且附上相应证据资料。

第八章

建设工程竣工验收

问题一　承包人已经提交竣工验收报告，发包人拖延验收的，如何确定竣工日期？

【问题概述】

《建设工程质量管理条例》第十六条规定："建设单位收到建设工程竣工报告后，应当组织设计、施工、工程监理等有关单位进行竣工验收。"工程实践中，承包人工程完工后向发包人申请竣工验收，但发包人拖延组织竣工验收，那么在这种情况下，竣工日期如何认定呢？

【相关判例】

某建筑工程有限公司与某房地产开发有限责任公司建设工程施工合同纠纷［最高人民法院（2021）最高法民申 1272 号］

【法院观点】

关于案涉工程竣工时间的认定问题。2016 年 9 月双方签订的《会议记录》约定，某房地产开发有限责任公司对于砌体分项工程、消防水暖安装工程不再施工，由某建筑工程有限公司另行安排人员进行施工，并约定针对以上因素造成的竣工验收问题，某房地产开发有限责任公司不负责任。2016 年 9 月 27 日，某房地产开发有限责任公司以某建筑工程有限公司第一项目部的名义分别向某建筑工程有限公司、工程监理公司提交《关于验收佰欣商务中心楼二期工程的申请报告》，该申请报告载明案涉工程已按图纸设计内容及相关要求全部完工，并具备验收条件，某建筑工程有限公司工作人员在报告上签名并注明属实，监理公司在报告上加盖公章、由工程师注明同意验收。但某建筑工程有限公司之后并未组织验收，亦未提供证据证明其要求某房地产开发有限责任公司补充竣工验收材料。二审判决根据《建设工程施工合同司法解释》第十四条“承包人已经提交竣工验收报告，发包人拖延验收的，以承包人提交验收报告之日为竣工日期”的规定，认定案涉工程的竣工日期为某房地产开发有限责任公司提交验收报告之日，认定事实及适用法律并无不当。某房地产开发有限责任公司派人看护施工现场并不影响案涉工程的竣工验收，某建筑工程有限公司以某房地产开发有限责任公司未交付工程为由认为未组织竣工验收的责任在于某房地产开发有限责任公司的再审申请事由，不能成立。综上，某建筑工程有限公司关于竣工时间认定错误的再审申请事由不能成立，再审法院不予支持。

【律师评析】

《建设工程施工合同司法解释（一）》第九条规定：“当事人对建设工程实际竣工日期有争议的，人民法院应当分别按照以下情形予以认定：（一）建设工程经竣工验收合格的，以竣工验收合格之日为竣工日期；（二）承包人已经提交竣工验收报告，发包人拖延验收的，以承包人提交验收报告之日为竣工日期；（三）建设工程未经竣工验收，发包人擅自使用的，以转移占有建设工程之日为竣工日期。”

工程竣工后的验收，是发包人对承包人履行义务是否符合合同约定进行的检验，也是承包人请求支付工程款的前提条件。如果建设单位为了自己的利益恶意阻止条件成就，应当视为条件已成就。在承包人已经提交竣工验收报告，而发包人拖延验收时，应当以承包人提交竣工验收报告的时间作为竣工时间。

问题二　发包人能否以承包人未交付竣工资料为由拒付工程款?

【问题概述】

在建设工程施工合同中常见的纠纷就是承包人向发包人索要工程款，发包人常以承包人未依约提供竣工资料为由主张付款条件未成就来进行抗辩。承包人未依约定提供工程竣工资料是否能作为发包人拒付工程款的合理抗辩事由呢?

【相关判例】

某建筑工程有限公司与某房地产开发有限公司建设工程施工合同纠纷［最高人民法院（2019）最高法民终 1622 号］

【法院观点】

关于欠付工程款利息起算日期及利息计算标准的问题。某房地产开发有限公司认为因某建筑工程有限公司未交付竣工资料，故工程款支付条件尚不成就。对此，二审法院认为，建设工程通常按照施工、提交竣工验收报告、经过竣工验收合格、提交竣工结算资料、完成竣工结算、工程交付使用的流程进行。但案涉工程已于 2012 年 9 月 15 日先行交付使用，即某建筑工程有限公司已经履行施工合同约定的主要义务，某房地产开发有限公司以某建筑工程有限公司交付竣工资料的次要义务抗辩其支付工程款的主要义务，与权利义务对等的公平原则不符，不具有合理性。《建设工程施工合同司法解释》第十八条规定："利息从应付工程价款之日计付。当事人对付款时间没有约定或者约定不明的，下列时间视为应付款时间：（一）建设工程已实际交付的，为交付之日……"案涉工程于 2012 年 9 月 15 日交付使用，一审判决认定该日期为应付款时间并按照某建筑工程有限公司主张的付款时间即 2013 年 1 月 17 日开始计算欠付工程款利息并无不当。

【律师评析】

先履行抗辩权的发生，需具备以下条件：一是需基于同一双务合同；二是该合同需由一方当事人先为履行；三是应当先履行的当事人不履行合同或者不适当履行合同。建设工程施工合同是一种双务合同，依据双方合同的本质，合同抗辩的范围仅限于对价义务，也就是说，一方不履行对价义务的，相对方才享有抗辩权。正如该案裁判观点，只有对等关系的义务才存在先履行抗辩权的适用条件。该案先履行义务是交付竣工资料，后履行义务是支付工程价款，两者性质不同，前者并非建设工程施工合同的主要义务，后者则是建设工程施工合同的主要义务，二者不具有对等关系，原则上不能适用先履行抗辩权。

然而，笔者认为，使用上述裁判思路的前提是双方合同没有特别约定，双方当事人仍然可以约定将合同非主要义务作为合同主要义务的对价义务。意思自治原则是合同法中的重要原则之一，在不违反法律、行政法规的强制性规定，不违背公序良俗的前提下，当事人可以基于自身实际，在合同中对双方的权利义务作出新的安排。竣工资料涉及合同项下已完工程的竣工备案、房屋交付、产权办理等，因此，当事人可以明确约定：承包方未及时交付竣工资料，发包方有权拒绝支付工程价款。在此情况下，未交付竣工资料构成发包人拒付工程价款的抗辩事由。

问题三　如何认定擅自使用?

【问题概述】

根据《建设工程施工合同司法解释（一）》第九条的规定，建设工程未经竣工验收，发包人擅自使用的，以转移占有建设工程之日为竣工日期。若发承包人协商一致同意后提前使用，发包人是否也构成擅自使用呢?

【相关判例】

某建设集团有限公司与某房地产发展有限公司建设工程施工合同纠纷［最高人民法院（2019）最高法民申 679 号］

【法院观点】

关于案涉工程竣工日期的认定问题。《建设工程施工合同司法解释》第十四条规定："当事人对建设工程实际竣工日期有争议的，按照以下情形分别处理：（一）建设工程经竣工验收合格的，以竣工验收合格之日为竣工日期；（二）承包人已经提交竣工验收报告，发包人拖延验收的，以承包人提交验收报告之日为竣工日期；（三）建设工程未经竣工验收，发包人擅自使用的，以转移占有建设工程之日为竣工日期。”该案中，首先，虽然案涉工程是先交付后进行竣工验收，但某房地产发展有限公司并非擅自使用未经竣工验收的案涉工程，提前使用是双方协商的结果。其次，2012年7月5日，建设单位、监理单位、勘察单位、设计单位、施工单位相关人员共同参加了案涉工程5号、6号楼工程质监验收并形成《生态时代5号、6号楼工程质监验收会议纪要》，即案涉工程经过了竣工验收，故二审法院以实际验收之日即2012年7月5日为竣工日期符合前述司法解释的规定。

【律师评析】

针对“擅自”的理解，最高人民法院的上述裁判观点认为“擅自”是指发包人未经承包人同意提前使用不符合法定交付条件的建筑物或建筑工程。但是发包人若是在与承包人达成合意的前提下提前使用则不视为擅自使用。笔者认为该观点值得商榷，具体理由如下。

建设工程质量不仅关系到发包人财产利益，同时也关系到施工人员的人身安全，甚至涉及公共安全利益，为确保交付的工程质量过关，《建筑法》第六十一条第二款规定：“建筑工程竣工经验收合格后，方可交付使用；未经验收或者验收不合格的，不得交付使用。”《建设工程质量管理条例》第十六条第二款规定：“建设工程竣工验收应当具备下列条件……（四）有勘察、设计、施工、工程监理等单位分别签署的质量合格文件……”第四十九条规定：“建设单位应当自建设工程竣工验收合格之日起15日内，将建设工程竣工验收报告和规划、公安消防、环保等部门出具的认可文件或者准许使用文件报建设行政主管部门或者其他有关部门备案”。

因此，建设工程竣工不是仅凭发包人与承包方的协商就可以完成的事情，而是需要勘察、设计、监理、消防、环保等主体或部门的共同认可，未通过各相关主体和部门的认可，不能认为完成了竣工验收工作，在此之前都应当视为“擅自”。

问题四 如何认定工程是否具备竣工验收条件？

【问题概述】

《建设工程施工合同司法解释（一）》规定了承包人已经提交竣工验收报告，发包人拖延验收的，以承包人提交验收报告之日为竣工日期。该规定的前提条件系工程已具备竣工验收条件，但司法实践中在未实际验收的情况下，如何认定工程已具备竣工验收条件呢？

【相关判例】

某房地产开发有限公司与某建设开发有限责任公司建设工程施工合同纠纷［最高人民法院（2019）最高法民终1466号］

【法院观点】

该案工程分为一期和二期。关于一期工程，根据合同约定，就一期工程建设单位、监理单位、施工单位、设计单位四方已作出《1号-3号，〈单位（子公司）工程质量竣工验收记录〉》，四方一致表示，1号-3号楼竣工验收完毕。关于二期工程，根据该案查明事实，2014年7月24日，某建设开发有限责任公司已向某房地产开发有限公司申请验收，某房地产开发有限公司并未对该申请予以回复。《建设工程施工合同司法解释》第十四条第二项规定了承包人已经提交竣工验收报告，发包人拖延验收的，以承包人提交验收报告之日为竣工日期。双方建设工程施工合同第32.3条亦约定了，发包人在收到承包人送交的竣工验收报告后28天内不组织验收的，视为竣工验收报告已被认可。因此，二期工程虽未进行竣工验收，但施工方已向建设方提出竣工验收的申请，说明已基本完成案涉工程的建设，因某房地产开发有限公司原因未组织验收。因此，案涉工程应按前述法律规定视为竣工，并具备结算条件。

某房地产开发有限公司主张案涉工程不具备竣工结算条件的理由主要有以下几点：（1）一期工程《1号-3号，〈单位（子公司）工程质量竣工验收记录〉》系伪造；（2）二期工程存在大量未完工程，且存在严重质量问题；（3）该案工程严重超期。关于理由（1）：一审中，法庭组织证据交换，某房地产开发有限公司已核对证据原件，该验收记录盖有某房地产开发有限公司、某建设开发有限责任公司以及监理单位某建设监理总公司、设计单位某建筑规划设计（北京）有限公司公章，客观有效。某房地产开发有限公司在一审庭审中仅对证明问题提出异议，并未对验收记录的真实性提出异议，二审中其又以证据系伪造提出异议，在其无有效证据证明的情况下，违反了禁止反言原则。关于理由（2）：某房地产开发有限公司亦认可鉴定机构仅以实际完成工程量计算工程款；某房地产开发有限公司主张的质量问题在该案中并未经鉴定机构或有权机关认定，及并无有效证据证明该问题系某建设开发有限责任公司所致，其二审提交的检验报告、施工方案等均系单方证据，不足以证明其主张，其提交的报案材料，不能证明该案涉及刑事案件并正式立案；另外，某房地产开发有限公司在有权依法组织验收，并在验收中提出质量异议的情况下，拒绝按法定方式行使权利，应对其不当行为承担后果。关于理由（3）：根据该案查明事实，因某房地产开发有限公司拖欠工程进度款、变更施工项目，造成工期顺延，在某建设开发有限责任公司按月汇报工程进度时，某房地产开发有限公司未提出工程逾期问题，相反以协调会、签证方式认可工期顺延。以上，某房地产开发有限公司关于案涉工程不具备竣工结算条件的理由不能成立，对其该项上诉理由，二审法院不予支持。

【律师评析】

建设工程完工后，承包单位应当向建设单位提供完整的竣工验收资料和竣工验收报告，建设单位应当及时组织设计、施工、监理单位参加竣工验收，检查整个工程是否已按照图纸和合同约定全部完成建设。如果建设工程已经具备竣工验收的所有前提条件，而建设单位为了自己的利益恶意不履行验收义务，应当视为工程已经验收。但在具体案件中认定拖延验收时，一般法院将结合初验时间、发包人收到竣工验收申请后是否有提出过异议、分项验收报告，甚至通过现场勘验的方式确定案涉工程是否已经具备竣工验收的条件。

问题五 发包人擅自使用未经竣工验收工程，承包人是否还需配合验收?

【问题概述】

《建设工程施工合同司法解释（一）》规定建设工程未经竣工验收，发包人擅自使用的，以转移占有建设工程之日为竣工日期。那么在发包人擅自使用未经竣工验收工程时，承包人后续是否负有配合竣工验收的义务？

【相关判例】

某建设有限公司与某人防投资开发有限公司建设工程施工合同纠纷［最高人民法院（2018）最高法民申279号］

【法院观点】

再审法院认为，该案的主要问题是，二判决适用法律是否确有错误。首先，发包人擅自使用未经竣工验收的建设工程，其法律后果是由发包人对其所使用部分工程承担质量风险责任，而非免除施工单位配合办理竣工验收及备案手续的义务。《合同法》第二百七十九条规定："建设工程竣工后，发包人应当根据施工图纸及说明书、国家颁发的施工验收规范和质量检验标准及时进行验收。验收合格的，发包人应当按照约定支付价款，并接收该建设工程。建设工程竣工经验收合格后，方可交付使用；未经验收或者验收不合格的，不得交付使用。"《建筑法》第六十一条规定："交付竣工验收的建筑工程，必须符合规定的建筑工程质量标准，有完整的工程技术经济资料和经签署的工程保修书，并具备国家规定的其他竣工条件。建筑工程竣工经验收合格后，方可交付使用；未经验收或者验收不合格的，不得交付使用。"前述条文是关于建设工程竣工验收的规定，并强调未经验收或验收不合格的工程不得交付使用。《建设工程施工合同司法解释》第十三条规定："建设工程未经竣工验收，发包人擅自使用后，又以使用部分质量不符合约定为由主张权利的，不予支持；但是承包人应当在建设工程的合理使用寿命内对地基基础工程和主体结构质量承担民事责任。"该条司法解释是关于发包人擅自使用未经竣工验收的建设工程的法律后果的规定，即擅自使用未经验收的建设工程的，除建设工程合理使用寿命内的地基基础和主体结构外，发包人对其擅自使用部分承担工程质量风险责任，该条文并未规定此种情形下免除施工单位对于办理竣工验收及备案手续的协助义务。该司法解释第十四条第三项规定："建设工程未经竣工验收，发包人擅自使用的，以转移占有建设工程之日为竣工日期。"该条文是关于竣工日期的规定。即使结合上述四个条文，亦不能得出施工单位对擅自使用未经验收的工程的发包人免除其办理竣工验收及备案手续的协助义务，更不能得出支付工程款为施工单位履行协助办理竣工验收及备案手续义务的前提条件。该案中，即使认定作为发包人的某人防投资开发有限公司在案涉工程未经验收合格情况下擅自使用，其后果也仅仅是由其对所使用的部分工程的质量风险承担责任，某建设有限公司作为施工单位的办理竣工验收及备案手续的协助义务并不因此而免除。

【律师评析】

《建设工程质量管理条例》第十六条第五项以及《房屋建筑和市政基础设施工程竣工验收备案管理办法》第五条第五项，都对施工单位配合竣工验收需要承担的义务作出相应的规定。尽管建设单位是组织竣工验收、办理竣工验收备案的责任主体，但竣工验收及办理工程竣工验收备案应当提交的文件中，部分文件需要施工单位签署或者提供，如技术档案和施工管理资料，工程使用的主要建筑材料、建筑构配件和设备的进场试验报告，施工单位签署的质量合格文件和工程保修书等。配合竣工验收是施工单位的法定义务，即使建设单位擅自使用未经验收的工程，其后果也仅仅是发包人对所使用的部分工程的质量风险承担责任，施工单位配合竣工验收及备案的义务仍未被免除。

问题六 竣工验收前发包人擅自使用建设工程，能否视为工程已经竣工验收?

【问题概述】

《民法典》第七百九十九条第二款规定："建设工程竣工经验收合格后，方可交付使用；未经验收或者验收不合格的，不得交付使用。"正常情形下，建设工程施工完毕后，只有经过验收合格才能够交付发包人使用。但是实践中经常出现发包人为提前获得投资效益，急于使用尚未经过竣工验收的工程。那么，发包人在竣工验收前擅自使用工程，能否视为该工程已经竣工验收?

【相关判例】

某大酒店有限公司与某建设发展有限公司建设工程施工合同纠纷［最高人民法院（2020）最高法民申2575号］

【法院观点】

关于案涉工程是否应视为已经竣工并具备结算条件的问题。《建筑法》第六十一条第二款和《合同法》第二百七十九条均规定，建设工程竣工经验收合格后，方可交付使用；未经验收或者验收不合格的，不得交付使用。《建设工程施工合同司法解释》第十四条第三项规定："建设工程未经竣工验收，发包人擅自使用的，以转移占有建设工程之日为竣工日期。"某大酒店有限公司作为案涉工程的开发商，在明知工程未经竣工验收的情况下，将案涉工程房屋交付业主装修入住，其行为已经构成擅自使用。同时，案涉工程除零星工程外已经基本完成，主体工程已经验收合格，双方办理了水电交接手续。综合以上情况，应视为工程已经竣工并具备结算条件。

【律师评析】

《建设工程施工合同司法解释（一）》第九条规定："当事人对建设工程实际竣工日期有争议的，人民法院应当分别按照以下情形予以认定：（一）建设工程经竣工验收合格的，以竣工验收合格之日为竣工日期；（二）承包人已经提交竣工验收报告，发包人拖延验收的，以承包人提交验收报告之日为竣工日期；（三）建设工程未经竣工验收，发包人擅自使用的，以转移占有建设工程之日为竣工日期。”笔者认为该条第三项重点在于发包人擅自使用，具体分析如下。

（1）关于“使用”，实践中有不同观点：一是认为工程被发包人占用就视为使用；二是认为工程处于发包人实际控制状态，就构成对工程的使用；三是认定发包人依照工程的建设目的对工程进行使用才是法律意义上的使用。对于上述三种观点应作分析。首先，发包人如果仅是偶然的或者短暂的占用了建筑物，例如临时看管工程，不应笼统地将其视为对工程的使用；其次，工程如果处于发包人控制状态，但发包人未有任何投入使用的行为，或者派遣不属于承包人一方的施工人员对工程进行了短暂的施工操作，不宜视为对工程的使用；最后，建设工程的使用应满足设计要求和施工合同中约定的相应的功能目的。

（2）该款规定的“擅自”是指发包人违反法律强制性规定未经承包人同意提前使用不符合法定交付条件的建筑物或建筑工程。但是发包人若是在与承包人达成合意的前提下提前使用则不视为擅自使用。

问题七　承包人拒绝配合竣工验收备案，发包人有何救济途径？

【问题概述】

工程实务中存在部分承包人以拒绝配合竣工备案来要求发包人先行支付工程款或顺延工期。那在承包人拒绝配合竣工备案时，发包人如何救济？

【相关判例】

某建设集团股份有限公司与某投资置业有限公司、某文化厅建设工程施工合同纠纷［最高人民法院（2015）民一终字第269号］

【法院观点】

根据查明事实，讼争工程已经综合验收合格，办理竣工验收备案手续的法定条件已经具备。承包人以双方对开工日期和竣工验收日期有争议为由，不予配合备案。二审法院认为，发包人已经明确表示不以竣工验收备案表上的开工日期与竣工日期作为双方工期索赔的依据，一审判决也表述将在本诉案件审理中对上述争议进行认定，双方也可在履行竣工验收备案手续时另行约定开工日期和竣工日期，而不单纯以竣工备案表中载明的日期为准。据此，开工日期和竣工日期争议在该案中并不影响某建设集团股份有限公司办理竣工验收备案手续。承包人系案涉工程的总承包单位，其与发包人约定发包人可以对专业工程另行分包，承包人予以配合，发包人按照分包工程总造价的3%支付总承包服务费。此约定虽违反专业分包工程的分包单位应由总承包单位选定的相关法律规定，但不影响承包人将发包人自行分包的工程纳入总承包管理范围，并履行竣工验收手续。承包人参加了发包人组织的验收，其主张部分分包工程资料不真实，但不能否定讼争工程已经综合验收合格，具备法定备案条件的客观事实，涉及的具体问题，双方可在履行备案程序过程中予以解决，承包人以材料虚假为由，主张免除配合义务，不能成立。

关于一审法院应否先行判决的问题。《民事诉讼法》[1] 第一百五十三条规定："人民法院审理案件，其中一部分事实已经清楚，可以就该部分先行判决。"该案承包人应履行配合竣工验收备案义务的事实已经查清，可以先行判决。承包人有关发包人未按照施工合同约定支付工程款，有权不配合办理竣工验收备案手续的抗辩理由不能成立。该案中，竣工验收备案手续不能及时办理，已经影响到购房户办理产权证的权利。权衡各方利益，一审法院就此先行判决并无不当。

【律师评析】

《建设工程质量管理条例》第四十九条规定："建设单位应当自建设工程竣工验收合格之日起 15 日内，将建设工程竣工验收报告和规划、公安消防、环保等部门出具的认可文件或者准许使用文件报建设行政主管部门或者其他有关部门备案。"

竣工验收备案的责任主体虽然是发包人，但是备案过程中需要承包人配合盖章以及提供施工过程中的所有档案资料。若承包人拒不配合办理备案手续，发包人可以启动诉讼流程，但发包人在诉讼前应当发函催告承包人履行配合义务。

问题八　施工单位拒不配合办理竣工验收备案，发包人能否主张赔偿损失?

【问题概述】

竣工验收备案，是指建设工程竣工验收合格后，建设单位向建设行政主管部门报备审核的行为。这是一种行政备案制度，目的是对建设工程质量进行监督管理和确保建设行为的合法合规性。发包人起诉要求施工单位配合办理竣工验收，提起的诉讼为给付行为的诉讼。在司法实践中，给付行为的诉讼即使判决，在执行层面也存在现实的困难。那么施工单位不配合竣工验收备案的，发包人能否要求承包人赔偿损失？

【相关判例 1】

某房地产开发有限公司与某建设集团有限公司建设工程施工合同纠纷［最高人民法院（2018）最高法民再 326 号］

【法院观点】

法院认为，施工合同履行中，作为施工合同甲方的某房地产开发有限公司，在建设项目经营管理方面存在疏漏，疏于履行合同监管职责。就竣工资料备案一节，经法院多轮协调，双方数次前往沈阳市城建档案馆办理工程档案备案手续，均因缺乏必备施工资料及双方相互推诿和埋怨，配合协调不畅，导致备案未果。某房地产开发有限公司请求某建设集

[1] 为案件判决时采用的 2012 版《民事诉讼法》。

团有限公司支付违约金，数额以 7585 万元为基数，自 2013 年 4 月 16 日起至实际交付全部竣工资料止，按照中国人民银行规定的同期同类贷款利率的四倍计算。法院认为，某房地产开发有限公司请求支付的违约金数额过高，某房地产开发有限公司对某建设集团有限公司逾期履行合同存在协调、配合不力的过错。结合发承包双方建房、付款等施工合同主要权利义务实际履约情况，某建设集团有限公司违约的主观过错程度，逾期移交施工资料构成违约至通过“解疑”程序为讼争房产办理权属文件期间违约造成的实际损失情况，再审审查程序至再审程序中双方未履行施工合同协作义务至今仍未办妥工程档案备案的过错等，法院酌定，某建设集团有限公司向某房地产开发有限公司支付违约金 1000 万元。依据《合同法》第一百一十四条第三款的规定，当事人就迟延履行约定了违约金，违约方某建设集团有限公司支付违约金后，还应当向某房地产开发有限公司继续履行移交工程档案备案必备施工资料，并协助办理工程档案备案的相关手续的义务。

【相关判例 2】

某建筑工程有限公司与某建筑材料有限公司建设工程施工合同纠纷［最高人民法院（2021）最高法民终 643 号］

【法院观点】

依法依规办理建设工程竣工备案是相关政府职能部门对工程进行质量监管的要求。配合发包人某建筑材料有限公司办理案涉工程竣工备案手续，也是承包人某建筑工程有限公司作为施工单位的当然义务。某建筑工程有限公司所称资料缺失、无法配合完成竣工备案手续等理由，不能免除其依法应当承担的合同义务。某建筑材料有限公司一审反诉请求某建筑工程有限公司配合办理备案手续，并具体陈述其不予配合的情形。一审法院对其请求未予支持确有不当，二审法院依法予以纠正。某建筑材料有限公司虽称某建筑工程有限公司不配合备案给其造成损失，但未提出请求赔偿的具体数额和相应证据，一审法院对此问题未予处理，并无不当。某建筑材料有限公司如另有证据证明某建筑工程有限公司不配合办理竣工备案手续造成自身损失，可以依法另行主张。

【律师评析】

发包人以承包人拒不配合竣工验收备案提出的诉讼请求在司法实践中可以表现为三类：（1）要求承包人立即移交竣工资料；（2）要求承包人配合办理竣工验收备案手续；（3）要求承包人赔偿因未及时办理竣工验收备案手续所造成的损失。但实际中，发包人要求承包人赔偿逾期竣工备案的损失，可能存在举证困难即间接损失难以得到支持的困境，所以笔者建议发包人直接在施工合同中约定不配合竣工验收备案的违约责任，以此督促承包人配合。

问题九　因发包人原因导致工程未能竣工验收，发包人能否拒付结算款？

【问题概述】

一般情况下，工程结算款的付款条件主要是：（1）工程已经竣工验收合格；（2）发承包人已就工程造价形成一致意见。但是施工合同履行过程中，往往会由于各种原因导致工程无法通过验收，那么在因发包人原因导致工程无法竣工时，承包人能否要求发包人支付竣工结算款呢？

【相关判例】

某房地产开发有限公司、某置业有限公司与某建设有限公司、某工程有限公司建设工程施工合同纠纷［最高人民法院（2019）最高法民终1668号］

【法院观点】

二审法院认为，虽然《建设工程施工补充协议》第四条第5项约定，某房地产开发有限公司、某置业有限公司支付剩余工程款的前提是取得竣工备案证。但是，某建设有限公司、某工程有限公司承建的是和昌国际城一期案涉工程的地基和主体工程部分，而其余专业工程均由某房地产开发有限公司、某置业有限公司另行发包给第三方施工。某建设有限公司、某工程有限公司负责施工的地基和主体工程均在协议约定的480个日历天工期内竣工验收合格。某房地产开发有限公司、某置业有限公司未举证证明可以排除专业工程逾期是导致案涉工程未如期竣工备案的因素；同时，某建设有限公司、某工程有限公司在一审庭审中陈述C7、C8栋工程已经进行主体验收，未能办理竣工验收备案的原因是C9栋工程没有报建手续，因C9栋工程已建成的裙楼系违章建筑，影响到C7、C8栋工程的竣工备案，某房地产开发有限公司、某置业有限公司对该事实未予否认，因此可以确认发包人的建设手续不完善亦是导致案涉有关工程逾期不能竣工备案的因素之一。同时，根据《湖北省房屋建筑工程和市政基础设施工程竣工验收及备案管理办法》及湖北省住房和城乡建设厅《关于进一步做好工程竣工验收及备案管理工作的通知》的规定，建设单位按合同支付工程款是办理工程竣工验收备案的必备条件之一。因无足够证据证明前述工程未获得竣工备案证系由某建设有限公司、某工程有限公司未提交完整的竣工验收备案资料所直接导致，所以，A1、A2、A3、A5号楼，C7～C9号楼，商业广场等工程未获得竣工备案证不能归责于某建设有限公司和某工程有限公司。考虑到某建设有限公司、某工程有限公司已按协议约定履行了其主要义务，其为工程投入的人、财、物已经由某房地产开发有限公司、某置业有限公司享有。某房地产开发有限公司、某置业有限公司以某建设有限公司、某工程有限公司未完全履行提交竣工验收备案资料的附随义务和部分工程尚未取得竣工备案证为由，长期不履行支付剩余工程价款的主要义务，有失公平。据此，一审法院从平衡承包人与发包人双方利益的角度出发，根据已查明的案件事实及案涉工程的造价鉴定意见，判决某房地产开发有限公司、某置业有限公司支付案涉的质量合格工程的剩余工程价款及利息，并无不当。

【律师评析】

《民法典》第一百五十九条规定："附条件的民事法律行为，当事人为自己的利益不正当地阻止条件成就的，视为条件已经成就；不正当地促成条件成就的，视为条件不成就。"该案中，某建设有限公司、某工程有限公司已按协议约定履行了其主要义务，其施工的C7、C8栋工程已经进行主体验收，而无法通过竣工验收备案的原因在于某房地产开发有限公司、某置业有限公司未办理C9栋工程的报建手续，因此根据上述规定，应当视为付款条件已成就，承包人有权依据造价鉴定意见要求发包人支付结算款。

问题十　发包人擅自使用未经竣工验收工程，承包人是否承担保修责任？

【问题概述】

根据《建设工程施工合同司法解释（一）》第十四条的规定，发包人在擅自使用工程后又提出质量异议，以此主张拒绝或者减少支付工程价款，或者要求承包人返工、修理或者支付修复费用的，法院不予支持，但是地基基础工程和主体结构除外。那在此情形下，承包人是否承担保修责任？

【相关判例1】

某房地产开发有限公司与某建设集团有限公司建设工程施工合同纠纷［最高人民法院（2019）最高法民再166号］

【法院观点】

《建设工程质量管理条例》第三十二条规定："施工单位对施工中出现质量问题的建设工程或者竣工验收不合格的建设工程，应当负责返修。"第四十条第三款规定："建设工程的保修期，自竣工验收合格之日起计算。"第四十一条规定："建设工程在保修范围和保修期限内发生质量问题的，施工单位应当履行保修义务，并对造成的损失承担赔偿责任。"施工方对建设工程应承担的质量责任，包括对施工中出现质量问题的工程及经验收不合格的工程应承担的质量返修责任，以及对经验收合格但在使用过程中出现质量问题的工程应承担的保修责任。某房地产开发有限公司未进行竣工验收擅自使用工程，只能够推定工程质量合格，并不能免除承包人对案涉工程的质量保修义务。故二审判决关于在欠付工程款中扣除保证金的认定正确，某建设集团有限公司主张不应当予以扣减的再审理由不能成立。

【相关判例2】

某房地产开发有限公司与张某建设工程施工合同纠纷［最高人民法院（2021）最高法民申2311号］

【法院观点】

再审法院经审查认为，该案再审审查的主要问题是二审对双方就案涉工程是否交付以及工程是否存在质量问题等争议处理是否妥当。

对于某房地产开发有限公司为证明其再审主张向再审法院提交的证据，再审法院经审查认为，证据1虽记载"各全款购买天水家园的业主因未办理入住手续而未入住"，但不能证明案涉工程未使用。且该证据同时记载"部分业主已经办理房本"，证据2亦有"其中5栋楼已入住”的记载，因只有作为开发商的某房地产开发有限公司可以办理产权证，以上证据恰恰证明张某施工上述工程后已经将其实际交付给某房地产开发有限公司及案涉工程已被入住、使用的事实。对于证据3、4、5欲证明事项，某房地产开发有限公司二审中主张，对于张某撤场后的未完工程，由某房地产开发有限公司自行组织完成施工，故应扣除相应施工费用；某房地产开发有限公司的以上自认，可以证明其在竣工验收前擅自使用案涉工程，根据《建设工程施工合同司法解释》第十三条“建设工程未经竣工验收，发包人擅自使用后，又以使用部分质量不符合约定为由主张权利的，不予支持”的规定，已构成某房地产开发有限公司免除张某对其施工工程存在质量瑕疵的维修或返工义务的情形。综上，某房地产开发有限公司关于新证据足以推翻二审判决的再审主张，依法不能成立。

【律师评析】

对于未经竣工验收擅自使用，承包人对地基基础工程和主体结构外的工程应否承担保修责任，司法实践中有两种观点。最高人民法院民事审判第一庭在其编著的《最高人民法院新建设工程施工合同司法解释（一）理解与适用》一书第十四条中认为，一旦建设单位提前使用建设工程，质量瑕疵的返工义务即行消失[1]。因此，对于施工单位的返工责任亦应予以免除。上述最高人民法院的判例中，也存在两种意见相悖的结论。

问题十一 承包人能否以资料缺失为由拒绝承担配合竣工验收备案的责任?

【问题概述】

根据《房屋建筑和市政基础设施工程竣工验收备案管理办法》第五条，竣工验收备案指在“小验收”合格的前提下，引入规划、公安消防、环保等行政主管部门进行“大验收”，将建设工程竣工验收报告和规划、公安消防、环保等部门出具的认可文件或者准许使用文件报工程所在地建设主管部门进行审核的行为。通常情况下，竣工验收备案的责任主体是发包人，但是承包人有配合的义务。但是承包人能否以资料缺失为由主张免除自身配合竣工验收备案的责任？

【相关判例】

某建筑工程有限公司与某建筑材料有限公司建设工程施工合同纠纷［最高人民法院（2021）最高法民终643号］

【法院观点】

依法依规办理建设工程竣工备案是相关政府职能部门对工程进行质量监管的要求。配

[1] 最高人民法院民事审判第一庭．最高人民法院新建设工程施工合同司法解释（一）理解与适用［M］．北京：人民法院出版社，2021：149.

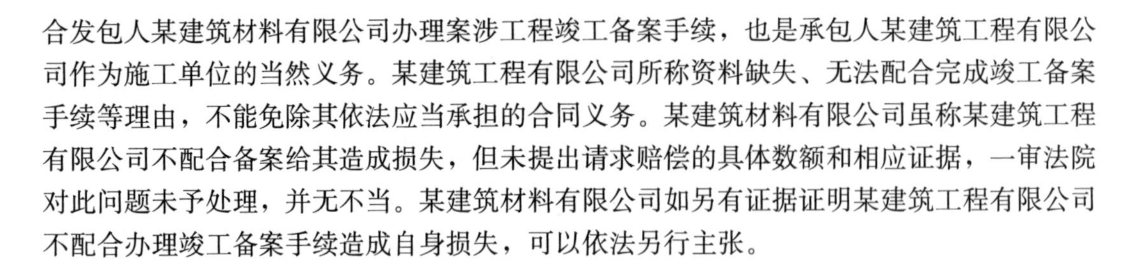

合发包人某建筑材料有限公司办理案涉工程竣工备案手续，也是承包人某建筑工程有限公司作为施工单位的当然义务。某建筑工程有限公司所称资料缺失、无法配合完成竣工备案手续等理由，不能免除其依法应当承担的合同义务。某建筑材料有限公司虽称某建筑工程有限公司不配合备案给其造成损失，但未提出请求赔偿的具体数额和相应证据，一审法院对此问题未予处理，并无不当。某建筑材料有限公司如另有证据证明某建筑工程有限公司不配合办理竣工备案手续造成自身损失，可以依法另行主张。

【律师评析】

承包人不能以资料缺失为由拒绝承担配合竣工验收备案的责任。配合竣工验收备案是承包人必须履行的责任，备案资料缺失可能会影响竣工验收的顺利进行。发包人以承包人拒不配合竣工验收备案提出的诉讼请求在司法实践中可以表现为三类：(1)要求承包人立即移交竣工资料；(2)要求承包人配合办理竣工验收备案手续；(3)要求承包人赔偿因未及时办理竣工验收备案手续所造成的损失。如若承包人以资料缺失为由逃避配合竣工验收备案的责任，发包人可以要求承包人赔偿逾期竣工备案的损失，但是可能存在举证困难，为此，在资料缺失的情况下，承包人可以通过以下方法完善资料：(1)从监理单位获得。在监理单位还未撤场时，是从监理单位索取资料的最佳时期，甚至一些隐蔽工程的资料也可以从监理那里直接获取。(2)从建设单位索取。(3)到城建档案馆调取。只要城建档案馆保存有该资料，用这种方法调取档案就比较容易。(4)重新制作。这是针对还来得及重新制作的资料而言，如群体工程，分包、监理等单位尚在，对已竣工的最终验收资料还是可以及时补救的，不过能够补救的资料只是极少数。大量资料不能后补，何况资料后补是违反资料规程要求的。因此为防资料丢失，施工单位应当从管理入手，设置资料员岗位系统性保管所有工程资料。

问题十二　竣工验收的标准如何认定？

【问题概述】

《建设工程质量管理条例》第十六条规定：“建设单位收到建设工程竣工报告后，应当组织设计、施工、工程监理等有关单位进行竣工验收。建设工程竣工验收应当具备下列条件：(一)完成建设工程设计和合同约定的各项内容；(二)有完整的技术档案和施工管理资料；(三)有工程使用的主要建筑材料、建筑构配件和设备的进场试验报告；(四)有勘察、设计、施工、工程监理等单位分别签署的质量合格文件；(五)有施工单位签署的工程保修书。”

在承包人未提供完整竣工验收资料而发包人组织竣工验收且验收结论经各方盖章确认时，能否认定工程已经竣工验收合格？

【相关判例】

某房地产开发有限公司与某建设实业有限公司建设工程施工合同纠纷［河南省高级人

民法院（2016）豫民终 1444 号］

【法院观点】

某房地产开发有限公司上诉称，某建设实业有限公司没有交付竣工验收资料，证明工程没有经过竣工验收，这就涉及对工程竣工验收标准的认定问题。根据《建设工程质量管理条例》第十六条的规定，工程竣工验收系建设单位等平等主体对施工单位是否全面履行合同义务、建设工程质量是否符合合同约定的一种确认，具有民事法律行为的性质，其效力及于合同各方，并非行政管理行为。2013 年 1 月 31 日，某房地产开发有限公司、某建设实业有限公司及设计单位、监理单位共同进行竣工验收，交工简要说明写明："该工程于 2011 年 4 月 1 日正式开工，于 2013 年 1 月 20 日竣工。现已具备交工条件，工程质量符合法律、法规和工程建设强制性条文、设计文件及施工合同要求。"验收意见为"该工程评为合格"，四方负责人员签字、盖章确认。某房地产开发有限公司在《交工验收证书》上签字、盖章的行为就是对验收的认可，系其真实意思表示，已经产生竣工验收的民事法律效果，一审判决认定案涉工程已经竣工验收的依据充分，某房地产开发有限公司认为没有交付竣工验收资料就证明没有竣工验收的上诉理由不能成立。

施工合同中承包人的主要义务是工程建设并交付合格的建筑产品。承包人的交付包括两个方面：一是建筑工程实体本身的交付；二是建筑工程有关的技术档案和资料的交付。这两项交付义务与工程竣工验收属于不同事项，他们之间不存在必然的逻辑关系。因此，通过未交付竣工验收资料不能得出建设工程没有经过竣工验收的结论。

【律师评析】

在工程建设领域，竣工验收通常由建设单位组织，由相关政府部门、设计单位、施工单位、监理单位等多方共同参与。如果案涉工程已经完成了施工、调试、试运行等环节，且符合国家相关标准和设计要求，即使未交付竣工验收资料，也可以认为该工程已经通过了竣工验收。

当然，在具体案件中，认定案涉工程是否经过竣工验收，还需要结合具体情况进行分析。如果建设单位、施工单位等各方的验收记录、会议纪要、试运行报告等资料均表明该工程已经完成了竣工验收，那么未交付竣工验收资料并不影响该工程的竣工验收状态。

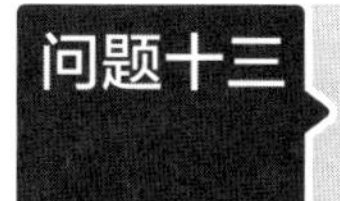

问题十三　买受人因房产尚未竣工验收无法办理过户，可否排除案外人对标的房产的执行？

【问题概述】

排除执行是指在执行过程中，被执行人认为执行标的存在瑕疵或者不符合法律规定的情况，可以向执行法院提出异议，要求停止执行或撤销执行。司法实践中，在开发商作为被执行人的执行案件中，案涉不动产实际已被销售但因未竣工验收而无法办理过户，此时房产买受人可否排除案外人对标的房产的执行？

【相关判例】

某银行支行与尹某、某房地产开发有限公司执行异议之诉［最高人民法院（2020）最高法民终760号］

【法院观点】

二审法院认为，该案为申请执行人执行异议之诉，争议焦点为：尹某是否对案涉房产享有排除执行的权利。

《最高人民法院关于人民法院办理执行异议和复议案件若干问题的规定》第二十八条规定："金钱债权执行中，买受人对登记在被执行人名下的不动产提出异议，符合下列情形且其权利能够排除执行的，人民法院应予支持：（一）在人民法院查封之前已签订合法有效的书面买卖合同；（二）在人民法院查封之前已合法占有该不动产；（三）已支付全部价款，或者已按照合同约定支付部分价款且将剩余价款按照人民法院的要求交付执行；（四）非因买受人自身原因未办理过户登记。"

该案中，关于尹某是否在人民法院查封前签订合法有效的书面买卖合同的问题。一审查明，根据某建筑装饰工程有限公司与某房地产开发有限公司签订的《民工权益保障承诺书》《项目A8地块写字楼幕墙工程施工合同》《工程质量保修书》及《工程竣工验收证明书》《基本建设工程结算审核定案表》，结合双方盖章的《情况说明》《购房承诺书》《委托付款函》等在案证据，因某建筑装饰工程有限公司承建项目某地块写字楼幕墙工程，某房地产开发有限公司欠付某建筑装饰工程有限公司工程款1962314.59元。2016年8月，某建筑装饰工程有限公司与某房地产开发有限公司协商以房抵扣工程款，某建筑装饰工程有限公司将其对某房地产开发有限公司享有的工程款债权1962314.59元转为尹某购买案涉商铺的购房款。2016年9月12日，尹某与某房地产开发有限公司就案涉商铺签订《购买协议》。案涉商铺于2017年7月20日被查封。某银行支行未提供证据证明案涉《购买协议》系尹某与某房地产开发有限公司串通倒签而形成的虚假购房合同，其主张该以物抵债协议不能体现双方买卖房屋的真实意思表示，只是债务人履行债务的变通方式，不能认定为上述司法解释第二十八条规定的合法有效的房屋买卖合同的理由不能成立。一审认定尹某在人民法院查封之前已签订合法有效的书面买卖合同并无不当。

关于尹某是否在人民法院查封前合法占有案涉商铺的问题。二审法院认为，上述司法解释规定的占有是指对不动产的支配和管理，应以是否实际控制不动产为标准。一审查明，《交房通知书》《商业物业服务合同》《授权委托书》《商铺移交使用备忘录》《物业费发票》等在案证据证明，2016年9月2日尹某就案涉商铺办理完毕相关手续，并委托案外人钱某与皓某签订《商业物业服务合同》后，将案涉商铺出租给某甲公司使用，约定相应物管费由某甲公司承担。某甲公司承租后，支付了2016年9月16日至2019年3月15日期间的物管费。尹某在人民法院查封前已实际控制了案涉商铺，实现了对案涉商铺的占有。某银行支行主张案涉商铺未经竣工验收，某房地产开发有限公司违法交付，尹某系违法占有，二审法院认为，首先，尹某是基于合法有效的《购买协议》占有案涉商铺，虽然案涉商铺未办理竣工验收手续，但尹某系根据某房地产开发有限公司的交房通知正常办理接房手续。其次，尹某接房后将案涉商铺出租给某甲公司使用，可以证明案涉商铺已经具备了正常使用的条件，故一审认定尹某在人民法院查封前已合法占有该不动产并无不当。某银行支行该项上诉理由不能成立，不予支持。

关于尹某是否已支付了全部价款的问题。根据已查明的案件事实，某建筑装饰工程有限公司与某房地产开发有限公司同意以房抵扣工程款，并将其对某房地产开发有限公司的工程款债权 1962314.59 元转为尹某购买案涉商铺的购房款，实质是某乙公司以其对某房地产开发有限公司的债权作为尹某向某房地产开发有限公司购买案涉商铺对价的一部分，不违反法律、行政法规的规定。尹某与某房地产开发有限公司签订的《购买协议》约定，案涉商铺房屋总价为 2263670 元，代收房屋维修基金 11220 元。扣除工程款抵扣金额 1962314.59 元，购房款差额为 312575.41 元。其后，尹某向某房地产开发有限公司转账支付 112575.41 元，并通过案外人尹某账户向某房地产开发有限公司转账支付 200000 元。因此，尹某已支付了案涉商铺全部价款。某银行支行称尹某未支付案涉商铺全部价款的上诉理由亦不成立，不予支持。

关于是否因尹某自身原因未办理过户登记的问题。一审查明，案涉商铺位于 A8 地块，因该地块上商铺未办理竣工验收手续，不具备产权证办理条件，故案涉商铺未办理所有权证并非由买受人尹某的自身原因导致。综上，尹某对案涉商铺享有的权利符合上述司法解释规定的情形，一审认定尹某对案涉商铺享有排除执行的权利并无不当。

【律师评析】

《最高人民法院关于人民法院办理执行异议和复议案件若干问题的规定》第二十八条适用于金钱债权执行中，买受人对登记在被执行人名下的不动产提出异议的情形；第二十九条则适用于金钱债权执行中，买受人对登记在被执行的房地产开发企业名下的商品房提出异议的情形。虽然上述两个条文适用于不同情形，但是如果被执行人为房地产开发企业且被执行的不动产为登记于其名下的商品房，同时符合了“登记在被执行人名下的不动产”与“登记在被执行的房地产开发企业名下的商品房”两种情形，则第二十八条和第二十九条在适用上产生竞合，并非能够适用第二十九条就自然排斥第二十八条。

申请执行人在申请执行房地产开发企业的商品房时，若案外人提出执行异议，其应当从《商品房买卖合同》的签订时间、购房款的支付时间、支付方式及支付金额、买受人是否实际占有不动产、未办理过户登记的原因等方面进行抗辩。

问题十四　承包人能否以发包人未支付工程款为由拒绝配合办理竣工验收及备案手续?

【问题概述】

建设工程施工合同纠纷大多数为承包人起诉发包人要求支付工程款。那么在发包人拖欠工程款时，承包人是否可以通过拒绝配合办理竣工验收及备案手续来要求发包人付款呢?

【相关判例】

某建设有限公司与某人防投资开发有限公司建设工程施工合同纠纷［最高人民法院（2018）最高法民申279号］

【法院观点】

由施工单位协助办理案涉工程竣工验收、消防验收、综合验收及竣工验收备案的相关手续，是客观需要，也是诚实信用原则的必然要求。根据《建设工程质量管理条例》第十六条第二款、《房屋建筑和市政基础设施工程竣工验收备案管理办法》第五条的规定，竣工验收及办理工程竣工验收备案手续应当提交的文件中，部分文件需要施工单位签署或者提供，故作为施工单位的某建设有限公司在案涉建设工程竣工验收及备案过程中履行协助义务是客观需要。另，《合同法》第六十条第二款规定："当事人应当遵循诚实信用原则，根据合同的性质、目的和交易习惯履行通知、协助、保密等义务。"工程质量关涉人民群众生命财产安全，工程竣工验收、消防验收及备案等手续的办理是国家对建设工程质量进行监督管理的重要制度。某建设有限公司和某人防投资开发有限公司签订的《湖南省建设工程施工合同》虽未明确约定某建设有限公司对某人防投资开发有限公司在案涉工程竣工验收、消防验收、综合验收及竣工验收备案过程中的直接协助义务，但从合同目的和办理前述验收备案手续的客观需要出发，要求某建设有限公司履行相关协助义务亦属诚实信用原则的应有之义。一、二审法院先行判决某建设有限公司履行协助竣工验收及备案义务，是因为该部分事实清楚、权利义务关系明确，以及出于保障案涉工程质量和及时解决房屋办证问题、防止诉讼过分迟延的综合考量，并非对某建设有限公司履行协助义务和某人防投资开发有限公司支付工程款的先后顺序的认定。故对该部分反诉请求的先行判决不影响某建设有限公司在本诉中对工程款的主张。

【律师评析】

施工单位不能以发包方未支付工程款为由拒绝配合办理竣工验收及备案手续。竣工验收是工程建设的最后一个程序，是全面检查工程建设质量、检验设计和施工质量的重要环节，也是工程交付使用的重要前提。如果发包方未按时支付工程款，施工单位可以采取法律手段维护自身合法权益，但并不能以此为由拒绝配合办理竣工验收及备案手续。

问题十五　建设工程施工合同无效，承包人交付竣工验收资料的义务是否免除?

【问题概述】

建设工程施工合同无效，若工程已经完成并符合质量要求，承包人有权要求发包人参照施工合同进行结算并支付工程款。但是承包人交付竣工验收资料的义务是否得以免除呢?

【相关判例】

某实业有限公司与某建设集团有限公司建设工程施工合同纠纷［湖北省随州市中级人民法院（2015）鄂随州中民一终字第00117号］

【法院观点】

依照《建设工程施工合同司法解释》第二条的规定，即使双方签订的合同无效，也不影响某实业有限公司请求支付工程款的权利，亦不影响某建设集团有限公司请求交付竣工验收资料及完成备案手续的权利，某实业有限公司应当按照《房屋建筑和市政基础设施工程竣工验收备案管理办法》第四条、第五条的规定向某建设集团有限公司履行义务，该规定不仅是建设行政主管部门对建设方的管理要求，也是对其权利义务的具体规定，某实业有限公司应按照规定向某建设集团有限公司交付完整的竣工验收资料，并配合其完成竣工备案手续。因此，某实业有限公司该项上诉理由依法不能成立，法院不予支持。

合同无效情况下，交付竣工资料的条款也是无效的。此时如交付竣工验收资料为非法定义务，在施工合同未约定或无效时，发包方将无权主张承包方交付竣工验收资料，工程质量控制将陷入无序状态。这与《建筑法》《建设工程质量管理条例》所规定的交付资料义务及竣工验收条件相违背，也与以工程质量为核心的立法原则不符。因此，交付竣工验收资料是法定义务，不论合同有无约定及是否有效，承包人均负有交付竣工验收资料的义务。

【律师评析】

《房屋建筑和市政基础设施工程竣工验收备案管理办法》第四条规定："建设单位应当自工程竣工验收合格之日起15日内，依照本办法规定，向工程所在地的县级以上地方人民政府建设主管部门（以下简称备案机关）备案。"第五条规定："建设单位办理工程竣工验收备案应当提交下列文件：（一）工程竣工验收备案表；（二）工程竣工验收报告。竣工验收报告应当包括工程报建日期，施工许可证号，施工图设计文件审查意见，勘察、设计、施工、工程监理等单位分别签署的质量合格文件及验收人员签署的竣工验收原始文件，市政基础设施的有关质量检测和功能性试验资料以及备案机关认为需要提供的有关资料；（三）法律、行政法规规定应当由规划、环保等部门出具的认可文件或者准许使用文件；（四）施工单位签署的工程质量保修书；（五）施工单位签署的工程质量保修书；（六）法规、规章规定必须提供的其他文件。住宅工程还应当提交《住宅质量保证书》和《住宅使用说明书》。"

法律始终将维护工程质量放在首位，即使建设工程施工合同无效，承包人仍然有义务向发包人交付竣工验收资料，这对于维护工程质量、倡导诚信健康的建筑市场秩序具有积极意义。

第九章

建设工程质量

问题一 工程竣工验收合格后，发包人能否以质量问题拒付工程款？

【问题概述】

对于在承包人向发包人追索工程款的诉讼中，发包人能否以工程质量不合格作为抗辩事由拒付工程款这个问题，河北、江苏等高级法院在其解答文件中均表明，工程竣工验收合格之后，应认为工程符合质量标准，发包人再以工程质量不合格为由拒付工程款的，不予支持。那么在全国司法实践中，建设工程竣工验收合格之后，发包人能否以质量问题作为拒付工程款的有效抗辩呢?

【相关判例】

某建筑安装集团股份有限公司与某房地产开发有限公司建设工程施工合同纠纷［最高人民法院（2017）最高法民终 175 号］

【法院观点】

某建筑安装集团股份有限公司上诉主张一审判决预先扣除 1972553.25 元维修费不当。二审法院认为，案涉工程鉴定机构在进行现场勘验时发现楼梯间与不采暖走道及住宅间的隔墙保温层厚度达不到设计要求，且该质量问题并非业主使用造成，而是某建筑安装集团股份有限公司在施工过程中未按图纸施工所致，因此应由某建筑安装集团股份有限公司承担质量责任。一审判决认为某房地产开发有限公司要求某建筑安装集团股份有限公司对存在质量问题部分进行整改并将该部分工程款 1972553.25 元暂不处理，待某建筑安装集团股份有限公司整改合格之后双方另行结算并无不当。

【律师评析】

在建设工程竣工验收合格之后，发包人能否以工程质量为由拒付工程款，法律以及司法解释中均没有明确规定，并且司法实践中也存在不同的处理方式，但各地高级人民法院颁发的指导意见，总体上仍然倾向于竣工验收后发包人不得以质量问题拒付工程款。笔者通过对理论文献的总结和对判例的搜索，总结起来主要有以下两种相互对立的观点。

第一种观点认为竣工验收合格证明不能对客观事实形成有效对抗，因此承包人依据竣工验收合格抗辩工程质量不存在问题的事实不能成立。故即使工程竣工验收合格，但经司法鉴定发现工程确实存在质量问题的，发包人有权对该部分需要进行修理、返工的工程扣除相应的维修费用。

第二种观点认为《建设工程施工合同司法解释（一）》第十四条规定："建设工程未经竣工验收，发包人擅自使用后，又以使用部分质量不符合约定为由主张权利的，人民法院不予支持；但是承包人应当在建设工程的合理使用寿命内对地基基础工程和主体结构质量承担民事责任。"举重以明轻，对于经竣工验收的建设工程使用后，发包人又以使用部分质量不符合约定为由主张权利的，亦应不予支持，但建设工程合理使用寿命内的地基基础工程和主体结构的质量问题除外。

问题二 保修期届满后又出现质量问题，承包人是否应当承担责任?

【问题概述】

《建设工程质量管理条例》第三十九条规定："建设工程实行质量保修制度。"那么在建设工程施工合同纠纷中，工程验收合格且保修期届满后，工程又出现质量问题的情况下，承包人是否应当承担责任呢?

【相关判例】

徐某与某建安装饰工程有限公司建设工程施工合同纠纷［山东省聊城市中级人民法院（2022）鲁15民终1515号］

【法院观点】

一审法院认为，《建筑法》第八十条规定："在建筑物的合理使用寿命内，因建筑工程质量不合格受到损害的，有权向责任者要求赔偿。"《民法典》第八百零一条规定："因施工人的原因致使建设工程质量不符合约定的，发包人有权请求施工人在合理期限内无偿修理或者返工、改建。"第八百零二条规定："因承包人的原因致使建设工程在合理使用期限内造成人身损害和财产损失的，承包人应当承担赔偿责任。"前述规定设定的施工人质量瑕疵担保责任是一种基本民事责任，该责任并未限定在质量保修期内，只要发包人能证明质量问题出于施工人的原因，施工人就应当承担相应的责任。

为证明案涉工程出现质量问题的原因，某建安装饰工程有限公司向一审法院申请对质量问题成因进行司法鉴定，某建筑工程质量检验检测中心有限公司接受一审法院委托并作出鉴定报告。该鉴定报告是严格按照法定程序，由具有相应鉴定资质的专业机构及人员，在双方均参与的情况下，经现场勘验作出的专业报告，对该报告一审法院予以采纳。经鉴定，室外散水下沉、自行车道后砌砖墙下沉、29号楼屋面伸缩缝盖板及地下车库地面不符合设计要求，均属施工质量问题，楼梯间墙体裂缝应适用主体结构的保修期限，因此，上述质量问题的修复费用应由施工方即徐某负担。依据某建设工程咨询有限公司的鉴定意见，该五项质量问题的修复费用为576120.96元。

二审法院认为，上诉人徐某主张是否存在质量问题，是否是施工方的问题，是否属于材料问题没有查清，但是鉴定意见已经明确了产生质量问题的原因。如室外散水下沉，主要是由于回填土未严格按照设计和规范施工造成的。自行车道后砌墙存在下沉、墙体开裂，主要原因为后砌砖墙基础下土层未压实，存在土层下沉现象。还有屋面伸缩缝盖板存在施工质量问题，不符合设计要求等。鉴定意见表述的质量问题均是因施工方的原因造成的。一审法院引用《建筑法》和《民法典》的相关条文，是正确的。

【律师评析】

依照《民法典》第八百零一条以及第八百零二条的规定，施工人质量瑕疵担保责任应是一种基本民事责任，该责任并未限定在质量保修期内，只要发包人能证明质量问题出于施工人的原因，施工人就应当承担相应的责任。

该案中，根据鉴定意见可知，案涉工程出现的质量问题主要是由施工方的原因造成的，对于这种非工程使用过程中因正常损耗引起的质量问题，应按照谁造成、谁承担的原则处理。此外，竣工验收本身只是一种行政监管措施，并非对工程质量合格的"背书"，更无法成为承包人免责的理由。

综上，笔者认为，判断工程验收合格且保修期届满后又出现质量问题，承包人是否应当承担责任，关键在于应严格区分该质量问题产生的原因。对于移交之后发生的正常损耗问题，承包人可以以保修期届满作为抗辩理由；而对于工程移交之前就已经存在的，只是验收时暂未发现的质量缺陷，"保修期届满"以及"竣工验收合格"均不能成为承包人抗辩的理由，发包人仍可以向承包人主张权利。

问题三　工程续建情形下，原承包人施工的工程质量如何认定？

【问题概述】

在建设工程实务中，施工合同因客观原因被解除后，发包人可能将未完工程交由第三人续建，发包人对原承包人施工工程的质量往往会存在较大异议。因此，工程质量合格与否往往成为此类案件的争议焦点。

【相关判例】

某置业有限公司与某建设集团有限公司建设工程施工合同纠纷［最高人民法院（2018）最高法民申5782号］

【法院观点】

关于某置业有限公司是否应支付某建设集团有限公司已施工部分工程价款的问题。该案中，某置业有限公司在未组织双方竣工验收的情况下，另行安排其他公司施工，且经一审法院通知后不仅未停止继续施工活动，还对外销售案涉房屋，故二审法院认定某置业有限公司已经接受了某建设集团有限公司的施工部分，有相应的事实依据。根据《建设工程施工合同司法解释》第十三条的规定，关于案涉工程某建设集团有限公司已施工部分，某置业有限公司应当根据鉴定机构所出具的鉴定意见支付工程价款。

【律师评析】

《建设工程施工合同司法解释（一）》第十四条规定："建设工程未经竣工验收，发包人擅自使用后，又以使用部分质量不符合约定为由主张权利的，人民法院不予支持。"可见，适用该条款的构成要件有二：一是建设工程未经竣工验收；二是发包人擅自使用未经竣工验收的建设工程。

在该案中，发包人未对案涉工程组织竣工验收，并以房抵债等方式对外销售部分房屋。该案项目工程存在续建情形，但发包人对外销售的案涉房屋涵盖了原承包人已施工部分，因此应当认定发包人已经接受了承包人的施工部分，承包人要求发包人承担已施工部分工程款项，有事实和法律依据。

笔者认为，对于续建情形下，原承包人施工的工程质量进行认定，原则上应以验收为标准，但如该案之情形，则应结合案件具体情况综合认定。当然，如未完工程没有第三人进行续建也未经提前使用，从举证责任的分配规则来看，理应由主张工程款的承包人举证证明已施工部分的工程质量合格。

问题四　参建各方对于工程质量问题的产生均具有过错，如何承担相应责任？

【问题概述】

工程质量是整个建设工程生命周期中的重中之重。在建设工程合同纠纷的实践中，承包人诉请发包人支付相应工程款项，发包人通常以工程质量问题为由进行抗辩，或者就工程质量问题直接提起反诉。那么，如发承包人对工程质量问题的产生均有过错，应当如何承担相应责任？

【相关判例】

某房地产开发有限公司与某建筑工程有限责任公司建设工程施工合同纠纷［最高人民法院（2018）最高法民终 38 号］

【法院观点】

某建筑工程有限责任公司施工的工程不仅存在一审判决认定的管线不通问题，还存在指定位置上未设置消火栓，未按设计或规范要求进行施工等问题，对此，施工人存在过错。具体说，管线工程系隐蔽工程，《合同法》第二百七十八条规定："隐蔽工程在隐蔽以前，承包人应当通知发包人检查。发包人没有及时检查的，承包人可以顺延工程日期，并有权要求赔偿停工、窝工等损失。”某建筑工程有限责任公司在二审中虽主张其已经通知某房地产开发有限公司及监理公司检查，但是并未提供证据证实，应当承担举证不能的不利后果。某建筑工程有限责任公司对管线不通等质量问题，应当承担主要责任；某房地产开发有限公司作为发包方，没有及时检查管线工程质量，也应承担相应的责任。一审法院以无法查明管线不通的原因为由，酌定双方当事人各承担一半责任，是非判断不准，缺乏充分的事实和法律依据。某建筑工程有限责任公司上诉主张其不承担责任；某房地产开发有限公司上诉主张，此部分质量缺陷损失责任应由某建筑工程有限责任公司全部承担，诉请理由均不充分。二审法院酌定，对管线不通部分修复费用 325834 元，由某建筑工程有限责任公司承担 90%的赔偿责任，即，某建筑工程有限责任公司赔偿某房地产开发有限公司 293250.60 元，剩余部分由某房地产开发有限公司自行承担。

【律师评析】

在该案中，最高人民法院裁判认为，由于案涉存在质量问题的工程属于隐蔽工程，故承包人未通知发包人进行检查应负主要责任，发包人未及时检查应负次要责任。当发承包人对于工程质量问题的产生均具有过错时，应根据各自过错程度承担相应的责任。

笔者认为，工程质量是一个大的范畴，细分而言，从开工至竣工整个过程，涉及材料和工程设备合格、分部分项工程验收合格、隐蔽工程合格、消防验收合格等工程质量问题。鉴于工程质量问题具有强专业性、强技术性，司法实践中认定质量合格的方式有二：一是启动司法鉴定程序对建设工程质量进行认定；二是结合建设工程现状、发包人使用情况等具体情形对建设工程质量进行质量推定。

问题五　工程未完工，发包人在合同终止后是否可以主张按照约定扣留质量保证金？

【问题概述】

在工程实务中，发承包人信任基础破裂后，双方合意解除施工合同。此时工程往往还未竣工验收，甚至在工程未完工时承包人已被发包人强制退场，那么，对于未完工程，发包人是否可以在合同终止后向承包人主张按照约定扣留质量保证金呢？

【相关判例】

某建设集团有限公司、某置业有限公司与某地产集团有限公司建设工程施工合同纠纷［最高人民法院（2021）最高法民终 340 号］

【法院观点】

关于质量保证金期限应如何认定、应否扣除 76740 元质量保证金的问题。某建设集团有限公司主张案涉工程为未完工程，不存在保修期，不应扣除 76740 元质量保证金，某置业有限公司则主张质量保证金未至退还期限。二审法院认为，质量保证金是发包人与承包人在建设工程承包合同中约定，从应付的工程款中预留，用以保证承包人在缺陷责任期内对建设工程出现的缺陷进行维修的资金。与承包人的法定质量保修义务不同，质量保证金条款依赖于双方当事人的约定。建设工程质量保证金对应的是“缺陷责任期”，而非保修期。缺陷责任期是承包人按照合同约定承担缺陷修复义务，且发包人预留质量保证金（已缴纳履约保证金的除外）的期限，自工程实际竣工之日起计算。保修期是承包人按照合同约定对工程承担保修责任的期限，自工程竣工验收合格之日起计算。保修义务是承包人的法定义务。该案中，根据已查明事实，案涉工程系未完工程。双方当事人现已解除合同，但就已完工部分仍履行按照《复工协议》约定的质量保证金条款，对于合同约定的缺陷责任期已经届满的部分，应返还质量保证金并承担法定保修义务；对于缺陷责任期未届满的，应将质量保证金预留至期满再行返还。某置业有限公司返还工程质量保证金后，不影响某建设集团有限公司依照合同约定或法律规定履行工程保修义务。故，一审判决认定自案涉工程主体质量检测合格之日起算质保期并无不当，二审法院予以维持。

【律师评析】

《民法典》第五百六十七条的规定：“合同的权利义务关系终止，不影响合同中结算和清理条款的效力。”

该案中，最高人民法院裁判认为，当施工合同未履行完毕即终止时，案涉工程还未完工的，由于质量保证金扣留条款属于结算和清算条款，发包人可以就已完工程质量合格部分按照该原施工合同约定扣留质量保证金。

笔者建议，由于施工合同解除后质量保证金条款仍然会对发承包人产生约束，在订立施工合同时，可以在专用条款中对合同履行中途终止后的保证金处理方式进行详细的约定。

问题六　对未完工程质量有争议的，发包人单方委托的鉴定是否具有效力？

【问题概述】

《建设工程施工合同司法解释（一）》第三十二条规定：“当事人对工程造价、质量、修复费用等专门性问题有争议，人民法院认为需要鉴定的，应当向负有举证责任的当事人释明。当事人经释明未申请鉴定，虽申请鉴定但未支付鉴定费用或者拒不提供相关材料的，应当承担举证不能的法律后果。”未完工程是指未完工的工程或无法完成验收工作的工程，在工程实务中，发承包双方通常申请司法鉴定来确定案涉工程的质量问题。那么，当事人对未完工程质量有争议的，由发包人单方委托的鉴定是否具有效力？

【相关判例】

某冶金建设有限公司与某房地产开发有限公司建设工程施工合同纠纷［最高人民法院

（2018）最高法民终 1313 号〕

【法院观点】

关于案涉工程质量的问题。案涉工程施工过程中，曾存在砂浆强度低、楼板不符合设计要求等质量问题，被政府有关部门通知整改。现无证据证明施工方未完成整改，某房地产开发有限公司与监理单位已对某冶金建设有限公司施工的 18 栋楼的基础结构和混凝土分项工程进行了验收。在案涉工程冬休期即将结束之时，某房地产开发有限公司未与某冶金建设有限公司对已完工程进行交接、验收，即强行进场接管案涉工程，并交由他人继续施工至竣工验收，导致某冶金建设有限公司已完工程被覆盖而不具备质量鉴定条件，一审法院委托的鉴定机构因而作退鉴处理。某房地产开发有限公司单方委托中介机构所作鉴定意见，在鉴定程序和鉴定依据上均存在不足，不宜作为认定案涉工程质量的依据。某房地产开发有限公司主张某冶金建设有限公司施工的工程存在质量问题，但其无法提供充分证据证明，应当承担举证不能的法律后果。故，某房地产开发有限公司以工程质量存在缺陷为由，主张不应支付工程款，要求某冶金建设有限公司赔偿工程质量缺陷损失的上诉理由，证据不足，二审法院不予支持。因案涉工程质量不具备鉴定条件，某房地产开发有限公司关于一审法院未另行委托鉴定存在程序违法的上诉理由，与案件事实不符，不能成立。

【律师评析】

该案中，最高人民法院裁判认为，司法鉴定意见表明案涉工程不具备鉴定条件，而发包人违反施工合同约定，单方面径行委托鉴定机构对案涉工程出具的鉴定意见，不能够成为案涉工程质量认定的依据。

笔者认为，如果发包人单方委托作出的质量鉴定意见与法院委托作出的司法鉴定意见不同，法院倾向于采用司法鉴定意见，发包人对未完工程质量有争议的，单方委托的鉴定应当不具有效力。发包人无法提供充分证据证明案涉工程确实存在质量问题的，需要承担举证不能的后果。

笔者建议，虽然通过质量鉴定可以很好地证明未完工程是否存在质量问题，但质量鉴定往往需要花费大量的时间和金钱，且不是所有问题都能通过委托鉴定而一劳永逸地解决。因此，若发承包人对于未完工程质量有争议，应尽量通过提供分部工程质量验收记录等方式进行举证证明。

问题七　发包人当庭提起质量反诉，法院是否必须合并审理？

【问题概述】

在建设工程实务中，承包人起诉发包人时最主要的诉求就是支付拖欠的工程价款，而发包人常常以工程存在质量问题为由提出反诉，进一步拖延工程价款的支付时间。那么，若发包人当庭提起质量反诉，法院是否必须合并审理呢？

【相关判例】

某文化产业集团有限公司与某建设工程（集团）有限责任公司建设工程施工合同纠纷［最高人民法院（2020）最高法民终1号］

【法院观点】

关于一审法院是否剥夺当事人诉讼权利的问题。某文化产业集团有限公司认为一审庭审中其提出的反诉符合法律规定，人民法院应当合并审理。二审法院认为，一方面，当事人应依法正当行使自身合法权利，包括诉讼权利，该案中，案涉工程自2015年停工至今，一审立案至开庭审理时长达四个月，该期间一审法院又延长了双方的举证期间，在四个月内某文化产业集团有限公司均未提出反诉请求，直至一审法院开庭时才提出质量反诉请求，属于怠于行使自身的诉讼权利，也将使审理案件的效率大大降低，对于这种做法应当给予负面评价；另一方面，一审法院决定不予合并审理某文化产业集团有限公司的反诉请求，并不影响某文化产业集团有限公司另行提起诉讼，并未剥夺某文化产业集团有限公司的诉讼权利。对于某文化产业集团有限公司认为一审法院不予合并审理其反诉请求属于剥夺其诉讼权利的主张，二审法院不予支持。

【律师评析】

《建设工程施工合同司法解释（一）》第十六条规定："发包人在承包人提起的建设工程施工合同纠纷案件中，以建设工程质量不符合合同约定或者法律规定为由，就承包人支付违约金或者赔偿修理、返工、改建的合理费用等损失提出反诉的，人民法院可以合并审理。"合并审理本诉与反诉，不仅可以贯彻落实"两便"原则，减轻当事人讼累，节约司法资源，又可以保证法院对具有关联性的问题作出正确、统一的裁判。

该案中，最高人民法院裁判认为，案件立案与开庭之间足足有四个月的时间，而发包人却直至开庭才提起质量反诉，是对自身诉讼权利的怠于行使，故意拖延诉讼程序，此时合并审理反诉请求反而会导致案件审理效率降低，故不予合并审理发包人的反诉。

笔者认为，法院对于反诉请求，原则上会与本诉进行合并审理，以提高诉讼效率，尽快解决纠纷。而无论反诉是合并审理还是分开审理，均不影响发包人的诉讼权利，发包人应当遵守诉讼秩序，通过在举证期限内积极举证维护自身利益。

问题八 桩基质量修复中新增桩基的费用由谁承担？

【问题概述】

《建设工程质量管理条例》第二十八条规定："施工单位必须按照工程设计图纸和施工技术标准施工，不得擅自修改工程设计，不得偷工减料。施工单位在施工过程中发现设计文件和图纸有差错的，应当及时提出意见和建议。"如果承包人未按设计图纸及施工技术标准施工，导致工程桩基存在严重质量问题，发包人径行委托了建筑设计单位与桩基公司对工程桩基进行了修复，那么，在桩基修复中出现的新增桩基的费用应该由谁承担呢？

【相关判例】

某建设集团有限公司与某房地产发展有限公司建设工程施工合同纠纷［最高人民法院（2019）最高法民终589号］

【法院观点】

关于案涉桩基工程是否存在质量问题，补桩费用是否应当由某建设集团有限公司承担的问题。朱某和某建设集团有限公司进行补桩，可以证明案涉桩基工程存在质量问题。一方面，朱某和某建设集团有限公司均认可朱某进行过补桩。另一方面，某建设集团有限公司提交的第三十二次、第三十四次监理例会会议纪要显示，2015年桩基工程施工中某建设集团有限公司与某丙地基公司已经开始补桩，上述的补桩施工可以佐证桩基工程存在质量问题。

某建设集团有限公司要求法院委托相关单位或专家对案涉10份检测报告尤其是四份低应变报告的真实性、正确性、规范性进行论证或鉴定。二审法院认为，该地住建委作出的行政处罚决定书，朱某和某建设集团有限公司实际进行补桩的行为亦可以说明案涉桩基工程存在质量问题。而且，某建设集团有限公司一审时已提出上述请求，一审法院委托鉴定机构进行鉴定。该鉴定机构认为现场检测条件不存在，无法对案涉工程的低应变检测结论进行认证，更不能对质量问题的因果关系进行全面认定。在此情况下，某建设集团有限公司又要求对10份检测报告组织专家进行论证或鉴定，二审法院不予准许。

某设计院接受某房地产发展有限公司的委托，对案涉桩基工程进行了补桩设计，作出补桩设计图。某建设集团有限公司认为补桩设计图未经当庭质证，一审法院侵犯其诉讼权利，经查，某建设集团有限公司在2018年12月17日庭审中再次提出缺少补桩设计图，一审法院给予其5天时间进行查看、质证，后某建设集团有限公司于2018年12月18日向一审法院提交代理词并附《对补桩图的分析意见》一份，内容即为对补桩设计图的质证意见。故某建设集团有限公司主张补桩设计图未经质证，不能成立。某设计院就其作出的补桩设计向一审法院提交了《关于安庆某广场补桩方案的情况说明》，该说明送达某建设集团有限公司后，某建设集团有限公司提出异议，认为补桩设计不仅有补桩，而且还有新增桩、加盖的承台，新增桩与案涉质量问题没有关联性。后来，某设计院对此出具《关于补桩方案中“新增桩及因补桩造成承台相应调整”的设计说明》，该说明载明：新增桩属于补桩方案的组成部分，因补桩造成承台相应调整的设计是因原桩基施工质量不合格，不能满足承载力要求，而进行的承台的相应调整，补桩设计图纸及因补桩造成承台相应调整的设计图纸已报审图通过。二审中某建设集团有限公司再次对补桩设计图提出同样的异议，因某设计院对某建设集团有限公司提出的异议已进行了说明，某建设集团有限公司就此未提出有力证据予以推翻，故某设计院作出的补桩设计图应予采信。

某咨询公司受一审法院委托对补桩的造价进行司法鉴定，在作出鉴定意见征求意见稿后将其送达案涉双方，案涉双方分别就鉴定意见的征求意见稿提出异议，后某咨询公司对某建设集团有限公司提出的工程量缺少补桩图及计算式，应按照补桩图计算，不应按竣工图计算，一桩一表不能作为鉴定依据等异议作出回复。在一审庭审中，某咨询公司的鉴定人员亦出庭接受法庭以及案涉双方的询问。二审中某建设集团有限公司再次对鉴定意见提出上述异议，但其未说明仅按照补桩图进行计算的依据，对补桩图和竣工图的差异未举证证明，且也无证据证明进行补桩施工的某甲桩基公司、某乙基桩公司、某丙地基公司擅自增加补桩数量。案涉桩基工程存在质量问题的情况下，某建设集团有限公司未能完成补桩工作，又对实际补桩情况提出异议，并不当然具有合理性。所以，某咨询公司作为有资质的造价鉴定机构出具的鉴定意见，应予以采纳。

某建设集团有限公司作为施工方，应对其施工质量不合格造成的损失承担赔偿责任。一审判决认定以鉴定意见书中较低的 18713308.24 元作为应付的补桩费用，对某建设集团有限公司并无不利。一审判决判令某建设集团有限公司向某房地产发展有限公司支付补桩费用 18713308.24 元，应予维持。

【律师评析】

《建设工程施工合同司法解释（一）》第十五条规定："因建设工程质量发生争议的，发包人可以以总承包人、分包人和实际施工人为共同被告提起诉讼。"

在该案中，实际施工人本应与承包人共同承担质量维修责任，但发包人在径行补桩后只对承包人提起诉讼，根据民事诉讼不告不理原则，该案质量责任由承包人承担后可向实际施工人进行追偿。最高人民法院裁判认为新增桩基是建筑设计单位的补桩方案中的组成部分，在案涉工程确实存在桩基质量问题的前提下，除非承包人提供充分的证据证明补桩方案存在问题且新增桩基不符合实际补桩情况，否则承包人应承担新增桩基费用。

笔者建议，承包人在施工过程中应当认真查阅地质勘查报告，因地制宜地采取有效措施，以因避免地基基础工程发生质量问题而担责。

问题九 工程未经竣工验收而发包人进行后续工序施工，发包人可否向承包人主张质量问题？

【问题概述】

根据我国建设工程司法解释的相关规定，发包人擅自使用未经竣工验收的建设工程的，以转移占有建设工程之日为竣工日期，工程质量责任风险随之由承包人转移给发包人（地基基础和主体结构除外）。那么，若发包人将承包方施工的未经竣工验收的工程交付给第三人进行后续工序的施工，能否视为发包人认可工程质量呢？

【相关判例】

某木业有限公司与许某建设工程施工合同纠纷［最高人民法院（2019）最高法民申3393 号］

【法院观点】

某木业有限公司在接收许某交付的工程后，未组织竣工验收，未在合理时间内提出工程质量不合格的主张，某木业有限公司总工程师朱某、项目经理陈某与许某进行结算过程中，未提出工程存在质量问题或要求许某进行修复的意见。某木业有限公司未提供证据证明其在接收工程后向许某提出工程质量存在问题及要求修复的主张。某木业有限公司截至2017年1月26日已向许某给付工程款1397万元。上述事实初步表明某木业有限公司认可许某施工完成的工程质量，且客观上由于第三人的施工行为导致案涉工程未能保持许某交付时的原始状态，难以对工程质量进行鉴定。一、二审法院不支持某木业有限公司要求对工程质量进行鉴定的申请，并无不当。

根据《建设工程施工合同司法解释》第十三条的规定，建设工程未经竣工验收，发包人擅自使用后，又以部分质量不符合约定为由主张权利的，法院不予支持。案涉工程如期完工后，某木业有限公司将许某施工未经验收的厂房土建、办公楼、15＃商业楼土建工程部分交付给第三人安装内部电梯设施，并进行外部大理石装饰施工，属于擅自使用行为，某木业有限公司再主张许某施工部分质量不符合约定，一、二审法院不予支持，并无不当。

【律师评析】

《建设工程施工合同司法解释（一）》第十四条规定："建设工程未经竣工验收，发包人擅自使用后，又以使用部分质量不符合约定为由主张权利的，人民法院不予支持；但是承包人应当在建设工程的合理使用寿命内对地基基础工程和主体结构质量承担民事责任。"

该案中最高人民法院认为发包人将承包人未经验收的工程自行组织施工，交给第三人继续施工、安装内部设施、进行外部装饰施工，构成擅自使用行为，可以视为发包人已认可工程质量合格，不得再要求承包人进行修复。但地基基础工程和主体结构发生质量问题的除外。

笔者建议，在工程实务中承包人完工后，发包人需要进行后期工序施工的，应当在承包人退场前及时组织验收并对发现的质量问题向承包人进行主张；同时为了避免承包人施工的工程量与第三方施工的工程量发生前后混同的情形，承包人应当及时固定证明自己施工工程量的证据。

问题十　工程质量不合格，发包人可以要求承包人承担修复费用并减少工程价款吗?

【问题概述】

在工程实务中，工程出现质量问题并经修复后验收合格的，发包人可以向承包人主张质量维修费用，也可以向承包人主张少付工程款。那么，当工程质量不合格时，发包人可以同时主张承包人承担修复费用和减少支付工程价款吗?

【相关判例】

某开发建设有限公司与某置业有限公司建设工程施工合同纠纷［最高人民法院

（2022）最高法民终 192 号］

【法院观点】

某置业有限公司上诉主张案涉工程的地下负三层、D 座 6～26 层存在严重质量缺陷且至今尚未使用，该部分工程价款 6194 万元不应当支付。《建设工程施工合同司法解释》第十六条第三款规定："建设工程施工合同有效，但建设工程经竣工验收不合格的，工程价款结算参照本解释第三条规定处理。"第三条第一款第一项规定："修复后的建设工程经竣工验收合格，发包人请求承包人承担修复费用的，应予支持。"第十一条规定："因承包人的过错造成建设工程质量不符合约定，承包人拒绝修理、返工或者改建，发包人请求减少支付工程价款的，应予支持。"因此，对不合格的建设工程，发包人可以选择承包人承担修复费用或者减少支付工程价款，但两种权利只能选择其一行使。某置业有限公司在一审中已就请求某开发建设有限公司支付质量修复费用提出反诉，一审也已经判决支持了部分修复费用，其不能再以质量不合格为由请求减少支付工程价款，故对于某置业有限公司以工程质量存在缺陷为由主张减少支付工程价款的上诉主张，二审法院不予支持。

【律师评析】

《建设工程施工合同司法解释（一）》第十二条规定："因承包人的原因造成建设工程质量不符合约定，承包人拒绝修理、返工或者改建，发包人请求减少支付工程价款的，人民法院应予支持。"第十六条规定："发包人在承包人提起的建设工程施工合同纠纷案件中，以建设工程质量不符合合同约定或者法律规定为由，就承包人支付违约金或者赔偿修理、返工、改建的合理费用等损失提出反诉的，人民法院可以合并审理。"

笔者认为，该案一审过程中发包人即针对工程的质量问题提起反诉主张承包人支付修复费用，并申请法院委托鉴定机构对质量修复费用进行了鉴定，但对鉴定结果并不满意，于是在二审中又提出因质量问题抵扣工程款的抗辩。这种抗辩是没有事实和法律依据的，在承包人支付维修费用后，发包人的损失已经"填平"，发包人企图在诉讼中获得不正当利益是不应当被允许的。

问题十一　质量违约金和修复费用是否可以同时适用？

【问题概述】

依照《民法典》第一百七十九条第一款以及第三款的规定，支付违约金和赔偿损失都是承担民事责任的方式，支付违约金和赔偿损失既可以单独适用，也可以合并适用。那么，施工合同中明确约定工程质量不符合约定标准承包人需承担质量违约金并承担修复费用的，发包人是否可以同时主张质量违约金和修复费用？

【相关判例】

某幕墙工程有限公司与某建设实业（集团）有限公司建设工程分包合同纠纷［上海市

高级人民法院（2021）沪民申 2253 号］

【法院观点】

再审法院认为，某幕墙工程有限公司和某建设实业（集团）有限责任公司之间的分包合同第 10.3 条约定："本工程未达合同约定标准的，乙方应无条件返工，直至达到标准。返工所涉及的费用由乙方负担，工期不予延长，同时乙方承担合同价 5%的违约罚款，由于乙方的质量无法达到约定的标准，造成甲方对建设单位承担质量违约金的，乙方除应承担以上违约罚款外，还应赔偿甲方因此而产生的全部损失。"可见，双方对于质量违约金和修复费用可以同时适用已作明确约定，一、二审法院据此判决并无不当，再审法院予以认同。综上，某幕墙工程有限公司的再审申请理由不成立，不符合再审条件。

【律师评析】

发承包双方在施工合同中明确约定在工程存在质量问题时承包人应当同时支付质量违约金和质量修复费用，此约定合法有效，应当遵守。

笔者认为，承包人原因在施工过程中导致的质量问题，不但会引发产生额外的质量修复费用、工程价值减少等价款问题，还会引发工程无法评优等发包人期待利益受损的问题。前者费用损失可以直接通过鉴定等方式具体量化，而后者损失则无法量化，因此在施工合同中约定具有惩罚性的质量违约责任条款为最优解。

笔者建议，发包人可在施工合同中约定如下质量违约责任条款："在质量检查中，发现工程质量问题的，承包人除应按要求返工至合格外，同时应按照该部分工程造价的__倍且不低于__万元的标准，向发包人支付违约金，且违约金可在发包人支付工程款时扣除。"

问题十二　未经竣工验收合格的工程，承包人承担修复费用后，发包人是否应当支付工程款?

【问题概述】

工程质量是建设工程的生命线，由承包人原因导致产生质量问题，承包人应当承担无偿修复的责任。当工程存在质量问题，发承包人约定由承包人承担维修费用，而工程尚未实际修复且未竣工验收合格时，发包人是否应当支付工程款?

【相关判例】

某建设集团股份有限公司与某实业有限公司建设工程施工合同纠纷［最高人民法院（2019）最高法民终 1192 号］

【法院观点】

案涉工程系未完工程，已经完成的工程经验收合格的，发包人应当支付相应的工程价款。经验收合格包括经过修复后验收合格的工程。

2014 年 5 月 9 日，某实业有限公司与某建设集团股份有限公司就构造柱处理等问题形成的《会议纪要》记载，构造柱整改分项工程款先扣除，对于将来因此发生质量问题引起的业主投诉，某建设集团股份有限公司全权负责处理。双方已经对构造柱问题达成共识。

该案诉讼中，就案涉工程质量问题一审法院委托某检验中心司法鉴定所鉴定，某检验中心司法鉴定所出具《鉴定检验报告书》之后经一审法院委托，某建筑工程司法鉴定所根据某检验中心司法鉴定所出具的鉴定意见就案涉工程修复方案及修复费用出具《司法鉴定意见书》。

某建设集团股份有限公司已完成大部分工程，从某检验中心司法鉴定所就案涉工程质量问题出具的鉴定意见来看，案涉工程存在的主要工程质量问题有，在建筑与结构方面存在渗漏、墙面空鼓现象，楼层净高、砌块墙面外挂钢丝网的直径与做法、屋面防水做法等不满足设计或规范要求，水、暖、电方面不满足规范或设计要求。从某建筑工程司法鉴定所对案涉工程修复方案及修复费用出具的意见来看，案涉工程可以进行修复且经修复后有利用价值。依据《建设工程施工合同司法解释》第三条“建设工程施工合同无效，且建设工程经竣工验收不合格的，按照以下情形分别处理：（一）修复后的建设工程经竣工验收合格，发包人请求承包人承担修复费用的，应予支持；（二）修复后的建设工程经竣工验收不合格，承包人请求支付工程价款的，不予支持。因建设工程不合格造成的损失，发包人有过错的，也应承担相应的民事责任”的规定，某实业有限公司已在该案中提起反诉，主张由某建设集团股份有限公司承担修复费用，并在一审时申请对工程修复方案及修复费用进行鉴定，可以此认定某实业有限公司认可工程经修复后有使用价值。二审中某实业有限公司又以工程未进行实际修复为由主张支付工程款条件未成就拒绝支付工程款，自相矛盾。根据该案的实际情况，可以参照上述鉴定意见由某建设集团股份有限公司承担修复费用，工程视为验收合格。某实业有限公司关于工程未验收合格，不应支付工程款的理由不能成立。

【律师评析】

笔者认为，如果存在质量问题的工程可以进行修复，且经修复后具有利用价值，即使工程尚未实际修复，在承包人承担修复费用后，该工程即可视为验收合格。该案发包人申请鉴定机构对案涉工程修复费用进行了鉴定，该鉴定机构出具的鉴定意见能够表明发包人对案涉工程能够修复且修复后具有利用价值是认可的，故而发包人应当支付相应工程款。

笔者建议，发包人在诉讼过程中，应当考虑诉讼请求之间是否会发生矛盾冲突，在反诉承包人支付工程维修费用与抗辩工程存在质量问题拒付工程款两种诉讼策略之间择一使用。

问题十三　工程未经验收投入使用，发包人是否能以质量问题拒付工程款？

【问题概述】

众所周知，竣工验收环节的重要作用是全面考核建设工程是否符合设计要求和质量要求，那么，发包人擅自将未经竣工验收合格的工程投入使用后出现工程质量问题，发包人能否以出现质量问题为由拒付承包人的工程款呢？

【相关判例】

某环保热源科技有限公司与某建设工程有限公司建设工程施工合同纠纷［最高人民法院（2021）最高法民申 4526 号］

【法院观点】

关于某环保热源科技有限公司向某建设工程有限公司支付工程款的条件是否成就的问题。（1）某环保热源科技有限公司与某建设工程有限公司签订《工程总承包合同》后，工程按合同约定进行了施工，某环保热源科技有限公司于 2016 年 11 月接收案涉工程。该工程已经投入使用，某环保热源科技有限公司因占有使用工程而受益，故某建设工程有限公司向某环保热源科技有限公司主张工程款，并无不当。某环保热源科技有限公司要求解除合同，且拒绝支付工程款的意见，无事实及法律依据，再审法院对其不予支持。（2）某环保热源科技有限公司申请再审认为某建设工程有限公司未开具发票、未提供竣工资料，故其不应支付工程款。建设工程施工合同中，承包人的主要合同义务是对工程进行施工并按时交付工程；发包人的主要合同义务是按时支付工程款。该案中，双方虽对开具发票进行了约定（提供竣工资料的时间未作明确约定），但相较于主要合同义务，开具发票、提供竣工资料仅为附随义务，某环保热源科技有限公司以开具发票、提供竣工资料的附随义务对抗支付工程款的主要义务，有失公平。况且，某环保热源科技有限公司在反诉请求中并未要求某建设工程有限公司开具发票、提供竣工资料，该案不宜对此直接进行判决。故对于某环保热源科技有限公司认为因某建设工程有限公司未开具发票、提供竣工资料，其不应支付工程款的意见，再审法院不予采纳。（3）《建设工程施工合同司法解释》第十三条规定："建设工程未经竣工验收，发包人擅自使用后，又以使用部分质量不符合约定为由主张权利的，不予支持；但是承包人应当在建设工程的合理使用寿命内对地基基础工程和主体结构质量承担民事责任。"在工程未经竣工验收的情况下，某环保热源科技有限公司擅自使用工程，且其原审提交的证据不能证明案涉工程主体结构存在质量问题，故某环保热源科技有限公司以工程存在质量问题为由主张权利，不应予以支持。

【律师评析】

《建设工程施工合同司法解释（一）》第十四条规定："建设工程未经竣工验收，发包人擅自使用后，又以使用部分质量不符合约定为由主张权利的，人民法院不予支持；但是承包人应当在建设工程的合理使用寿命内对地基基础工程和主体结构质量承担民事责任。"

该案中，发包人擅自使用未经竣工验收的工程，且无法证明地基基础工程和工程主体结构存在质量问题，发包人支付工程款的条件已经成就。虽然承包人未履行开具发票、提供竣工资料的附随义务，但发包人支付工程款为施工合同的主要义务，承包人未履行附随义务不能作为发包人不履行主要义务的抗辩理由。

笔者认为，发包人擅自使用未经竣工验收的工程的行为，属于发包人自愿放弃对建设工程验收的权利，且具有推定工程质量合格的效果，发包人无法再以质量问题拒付工程款。除非发包人能够提供实质性的证据证明工程的地基基础工程和主体结构存在因承包人原因导致的质量问题，如果承包人无法修复该部分质量问题，则发包人有权拒付工程款。

问题十四 发包人能否以工程存在质量问题为由拒付工程进度款？

【问题概述】

在建设工程实务中，常有发包人因工程存在质量问题且承包人不予修复而拒绝支付工程款的情形。法律明确规定承包人在工程质量合格的前提下才有权向发包人主张工程结算款，但是发包人能否以工程存在质量问题为由拒付工程进度款呢？

【相关判例】

某建设集团有限公司与某实业有限公司建设工程施工合同纠纷［最高人民法院（2020）最高法民终337号］

【法院观点】

关于某实业有限公司是否应当支付工程款的问题。《建设工程施工合同纠纷司法解释》第十条规定："建设工程施工合同解除后，已经完成的建设工程质量合格的，发包人应当按照约定支付相应的工程价款；已经完成的建设工程质量不合格的，参照本解释第三条规定处理。"第三条规定："建设工程施工合同无效，且建设工程经竣工验收不合格的，按照以下情形分别处理：（一）修复后的建设工程经竣工验收合格，发包人请求承包人承担修复费用的，应予支持……"案涉工程系未完工程，对于已经完成的工程经验收合格的，发包人应当支付相应的工程价款。已经完成的建设工程质量合格包括修复后合格的工程。该案中，就案涉工程质量问题一审法院委托鉴定机构进行鉴定，鉴定机构出具《司法鉴定意见书》后，某工程造价咨询事务所有限公司根据鉴定机构出具的鉴定意见就案涉防火防腐涂料分项工程修复费用出具鉴定意见。从鉴定机构的鉴定意见来看，案涉工程可以进行修复且经修复后并不影响建筑物的使用。某实业有限公司在该案中提起反诉，主张由某建设集团有限公司承担修复费用，并在一审中申请对工程修复方案及修复费用进行鉴定，表明某实业有限公司也认可工程可以修复。实际上，根据建筑工程的实际情况，防火防腐涂料工程可以修复，修复工程不会对建设工程的主体结构造成影响。某实业有限公司主张工程质量不合格、不应支付工程款，二审法院不予支持。

【律师评析】

笔者认为，发承包双方在履行施工合同的过程中应当严格遵守合同中的约定，在法律法规没有强制性规定的情况下，应当按照合同约定支付工程进度款，如果合同没有约定以工程质量合格作为付款的先决条件，则发包人没有权利以工程质量不合格为由拒绝支付工程进度款。

建设工程施工合同一般以形象工程、工程期限等作为支付工程进度款的参照标准。由于我国现行法律法规并未要求工程进度款支付需要工程质量合格，因此，笔者建议，发承包双方可以在施工合同中明确约定将工程质量合格作为支付进度款的前提条件。

问题十五 工程质量出现问题，发包人未要求承包人修复的，能否少付工程价款？

【问题概述】

《建设工程施工合同司法解释（一）》第十二条规定："因承包人的原因造成建设工程质量不符合约定，承包人拒绝修理、返工或者改建，发包人请求减少支付工程价款的，人民法院应予支持。"那么，在工程质量出现问题后，发包人未要求承包人进行修复的，在诉讼中发包人能否以此为由要求少付工程价款？

【相关判例】

某物流园有限公司与某建筑有限公司建设工程施工合同纠纷［最高人民法院（2019）最高法民终164号］

【法院观点】

关于案涉工程质量是否存在问题以及应否进行工程质量鉴定的问题。某物流园有限公司在该案一审中，抗辩主张应进行工程质量鉴定，目的在于减少工程款的给付，但并未明确扣减工程款数额。根据《建设工程施工合同司法解释》第十条的规定，建设工程施工合同解除后，已经完成的建设工程质量不合格的，参照该解释第三条处理，即修复后的建设工程经竣工验收合格，发包人可请求承包人承担修复费用，修复后仍不合格的，发包人可以拒付工程款。同时根据上述司法解释第十一条的规定，因承包人的过错造成建设工程质量不符合约定，承包人拒绝修理、返工或者改建，发包人可以请求减少支付工程价款。从上述条款的规定来看，发包人认为工程质量不合格的，应当先要求承包人修复，承包人拒绝修复或修复后仍不合格的，发包人可以据此扣减或拒绝支付工程款。该案中，某建筑有限公司提供的《工程报验审核表》及其附件可以证明其已完工的工程部分经由某物流园有限公司委托的某工程建设监理有限公司检验合格。故案涉工程质量合格的本证已经成立，某物流园有限公司未能举示充分证据证明案涉工程存在质量问题，亦未在案涉《建设工程施工合同》解除后要求某建筑有限公司对工程进行修复。故某物流园有限公司提出要求减少或拒付工程款的请求，缺少上引司法解释规定的前置条件，亦不足以作为对承包人要求支付工程款进行抗辩的依据。某物流园有限公司以案涉工程存在质量问题为由要求减少工程价款的请求，系基于工程质量缺陷提出的请求，这是相对于本诉（请求支付工程款）的独立的诉讼请求，并非上引司法解释条款规定的就质量问题要求承包人进行修复的抗辩。并且，某物流园有限公司的抗辩理由涉及质量缺陷责任认定和具体金额，需另行认定后才能在诉争工程款中进行抵扣。因此，一审法院以某物流园有限公司未提出反诉为由未予准许其要求进行质量鉴定的请求，并未违反法定程序。某物流园有限公司若认为某建筑有限公司承建的案涉工程存在质量问题，其应当承担违约责任或者赔偿修理、返工、改建的合理费用等损失，可以另行提起诉讼。一审判决并未剥夺某物流园有限公司的诉讼权利。二审法院对某物流园有限公司的该项上诉请求，不予支持。

【律师评析】

笔者认为，承包人要求支付工程款，发包人主张工程质量不符合合同约定的，应按以下情形分别处理：(1) 建设工程已经竣工验收合格，此时工程存在的质量问题归属工程质量保修的范围，发包人可以选择反诉或另行起诉要求承包人承担保修责任或者赔偿修复费用等实际损失；(2) 工程尚未进行竣工验收且未交付使用，发包人可选择以工程质量不符合合同约定为由拒付或减付工程款；(3) 发包人要求承包人赔偿因工程质量不符合合同约定而造成的其他财产或者人身损害的，发包人应当提起反诉或另行起诉。

第十章

建设工程鉴定

问题一 工程量争议范围不能确定时，如何确定鉴定范围？

【问题概述】

建设工程施工合同纠纷案件常见的争议焦点之一就是发承包人对工程量认定不一致，司法鉴定则是在诉讼中确定工程量的常用手段。出于对降低诉讼成本和缩减诉讼时间等问题的考虑，鉴定申请单位会在申请书中详细列明鉴定项，排除无需鉴定项，从而缩减鉴定范围。但当诉讼中发承包双方对存在争议的工程量范围无法确定时，应当如何确定工程量的鉴定范围呢？

【相关判例】

某建筑工程有限公司与某医院建设工程施工合同纠纷［最高人民法院（2019）最高法民终 165 号］

【法院观点】

关于该案鉴定意见能否作为认定案件事实的根据、是否需要重新鉴定的问题。根据《建设工程施工合同司法解释》第二十三条的规定，当事人对部分案件事实有争议的，仅对有争议的事实进行鉴定，但争议事实范围不能确定，或者双方当事人请求对全部事实鉴定的除外。该案中，案涉工程施工完毕后，因双方当事人对某建筑工程有限公司实际完成的工程量存在争议，且无法核对合同内新增的工程量及合同外增加的工程量，一审法院根据某建筑工程有限公司的申请，委托鉴定机构对案涉工程的全部工程造价进行鉴定，符合上述司法解释的规定。一审法院委托的鉴定机构具备相应鉴定资质，鉴定程序合法，某医院亦无证据证明该案存在其他需要重新鉴定的法定情形，故其关于该案应重新鉴定的主张，缺乏事实依据和法律依据，二审法院不予支持。该案鉴定意见能够作为认定案件事实的根据。二审法院结合双方争议的焦点问题和质证、辩论意见，对鉴定意见的内容进行审核认定。

【律师评析】

《建设工程施工合同司法解释（一）》第三十一条规定："当事人对部分案件事实有争议的，仅对有争议的事实进行鉴定，但争议事实范围不能确定，或者双方当事人请求对全部事实鉴定的除外。"

根据上述规定，工程量争议范围不能确定时，可以直接对全部工程进行鉴定。但适用上述司法解释仍然需要注意以下几点。

（1）本条确定的鉴定原则是，根据案件实际需要尽量缩小鉴定范围。一般情况下，审判机构能够依照现有证据材料认定案件事实的，可以不再委托鉴定。因此，一方当事人自认为有争议的事实并不均为需要鉴定的事实，人民法院对于一方当事人的委托鉴定申请，应该结合案件实际情况予以审核，的确难以通过现有证据材料理清事实，或者人民法院难以自行判断双方当事人所述事实的，应当委托专业机构进行鉴定。

（2）如果现有证据足以认定事实，而一方当事人对此有异议，应责成该当事人另行提交证据证明其主张，如确有必要则仅对有争议的事实进行鉴定，不必对所有案件事实委托鉴定。当然，如果无法明确争议事实范围，或者双方当事人一致要求对全部工程进行鉴定，人民法院应予准许。

问题二　固定单价结算模式下，造价鉴定申请是否应当被准许？

【问题概述】

《建设工程施工合同司法解释（一）》第二十八条规定："当事人约定按照固定价结算工程价款，一方当事人请求对建设工程造价进行鉴定的，人民法院不予支持。"实践中不少当事人已经在合同中约定了固定单价结算，但认为合同约定的工程价款与工程量不符，主张委托鉴定，另一方当事人则主张按合同约定确定工程价款，不同意鉴定，那么在此情况下是否应当启动鉴定程序？

【相关判例 1】

某能源建设控股集团股份有限公司与某矿业股份有限公司、某监理有限公司建设工程施工合同纠纷［最高人民法院（2019）最高法民申 2248 号］

【法院观点】

《建设工程施工合同司法解释》第二十二条规定："当事人约定按照固定价结算工程价款，一方当事人请求对工程造价进行鉴定的，不予支持。"具体到该案，首先，上述司法解释规定中的"固定价"既包括"固定总价"，也包括该案情形下的"固定单价"。而对于案涉工程量，各方当事人均认为没有变化。因此，二审判决据此不准许某能源建设控股集团股份有限公司的鉴定申请适用法律并无不当。

【相关判例 2】

某干部休养所与某建设有限公司建设工程施工合同纠纷［最高人民法院（2019）最高法民申 4447 号］

【法院观点】

《建设工程施工合同》签订时，某干部休养所作为发包方提供的是旧图纸，故合同约定的固定总价对应的为旧图纸的施工内容。合同签订后，某干部休养所提供了新图纸，某建设有限公司亦是按照新图纸进行了施工，根据一、二审法院查明的事实，新图纸与旧图纸相比，发生了多处变化，仅 4＃、5＃楼的变化即达 35 处。同时根据已查明的事实，案涉工程的装饰装修工程由某干部休养所发包给了第三方，故合同约定的施工范围也发生了变化。这种情形下，固定总价不能再直接适用，一审法院委托进行造价鉴定并无不当。

【律师评析】

在固定单价合同中，工程造价由工程单价乘以工程量计算而得，在双方对工程量无争议或者已经达成一致的情况下，对当事人的鉴定申请法院一般不予准许。

若发承包双方对工程量存在争议，例如设计变更及增加工程施工范围等，法院可能启动鉴定程序。鉴于此，笔者建议在固定单价结算模式下，如若存在设计变更或者调整施工范围，为减少后续纠纷，防止因鉴定而拖延诉讼进程，发承包人应当通过签订书面协议确定量价。

问题三 固定总价结算模式下，造价鉴定申请是否应当被准许？

【问题概述】

固定总价，又为“总价包干”，是指发承包人约定以施工图、已标价工程量清单或预算书及其他有关条件进行合同价格计算、调整和确认的价格，其总价格在约定的范围内不再调整。而其中所谓的“固定”，是指除建设单位增减工程量和设计变更外，合同价款一经约定，一律不调整；所谓“总价”，是指完成合同约定范围内工程量以及为完成该工程量而实施的全部工作的总价款。那固定总价结算模式下，造价鉴定申请是否应当被准许？

【相关判例 1】

某集团有限公司与某环保科技股份有限公司、某冶金设计研究院有限公司、某钢铁有限责任公司建设工程施工合同纠纷［最高人民法院（2021）最高法民终 750 号］

【法院观点】

双方的主要分歧点在于工程第二部分和第三部分价款是否属于应调增的工程价款。在一审中，鉴定人员出庭接受质询，陈述工程第二部分及第三部分未包含在土建工程量清单中，但均包含在合同约定的某集团有限公司的承包范围内，各方当事人对此亦未提出异议。即上述第二部分和第三部分在土建工程量清单中没有相应的单价参照，但并未超出某集团有限公司的承包范围。某集团有限公司主张按照上述第二部分和第三部分价款对合同总价进行调整，但未提供证据证明某集团有限公司与某环保科技股份有限公司就此问题达成协议。综上，某集团有限公司主张按照上述第二部分和第三部分价款调增工程价款，不能成立。

【相关判例 2】

某建筑公司与某置业有限公司建设工程施工合同纠纷［最高人民法院（2018）最高法民申 4174 号］

【法院观点】

一审判决只对案涉工程设计变更、签证部分进行工程造价司法鉴定，并无不当。根据案涉施工合同的约定，案涉工程实行总价固定，即合同双方已事实上排除了对案涉工程整体鉴定评估这一方式。至于施工中后来出现的工程设计变更、签证部分则不属于约定的总价固定范畴。因此，一审法院为确定设计变更部分造价等可以委托司法鉴定，而某建筑公司以全部工程造价均应鉴定为由提出异议并拒不配合法院就设计变更部分造价委托鉴定则缺乏依据。对该异议，一审法院不予采纳并进而认定某建筑公司放弃工程造价鉴定申请并无不当。

【律师评析】

《建设工程施工合同司法解释（一）》第二十八条规定："当事人约定按照固定价结算工程价款，一方当事人请求对建设工程造价进行鉴定的，人民法院不予支持。"这对采用固定总价方式结算时，鉴定程序的启动作了严格的限制性规定。但在司法实践中，并非所有的固定总价合同都不允许进行工程造价鉴定。一般情况下，在变更工程量超出施工图但未超出合同约定的承包范围时，当事人就新增的工程量主张调整合同价格并要求鉴定的，法院不予支持。但是在变更工程量超出合同约定的承包范围时，当事人可就变更部分申请司法鉴定。

问题四　一审放弃鉴定申请，二审又要求申请鉴定的能否被准许？

【问题概述】

一审程序中一方当事人未申请鉴定或申请鉴定后未缴纳鉴定费，二审程序中能否要求启动司法鉴定？

【相关判例】

某建筑工程有限公司与某能源有限公司建设工程施工合同纠纷［最高人民法院

（2020）最高法民申318号］

【法院观点】

关于二审中某建筑工程有限公司申请鉴定应否允许的问题。《建设工程施工合同司法解释（二）》第十四条第二款规定："一审诉讼中负有举证责任的当事人未申请鉴定，虽申请鉴定但未支付鉴定费用或者拒不提供相关材料，二审诉讼中申请鉴定，人民法院认为确有必要的，应当依照民事诉讼法第一百七十条第一款第三项的规定处理。"《民事诉讼法》第一百七十条第一款第三项规定："原判决认定基本事实不清的，裁定撤销原判决，发回原审人民法院重审，或者查清事实后改判。"鉴于建设工程的特殊性及工程鉴定的重要性，人民法院应当对是否确有必要进行鉴定予以审查，而不能以一审时未申请鉴定为由一概不予准许。如果相关鉴定事项与案件基本事实有关，不鉴定不能查清案件基本事实，则应对鉴定申请予以准许。该案中，工程造价鉴定意见属于案件的基本事实证据，某建筑工程有限公司经一审法院释明其具有举证责任，但仍拒绝申请鉴定，其应对不能查清案件基本事实负主要责任。但考虑到该案通过其他证据仍不能确定工程造价，在二审程序中准许其鉴定申请，并按照《民事诉讼法》第六十五条、第一百七十条第一款第三项的规定进行处理更为妥当。

【律师评析】

《建设工程施工合同司法解释（一）》第三十二条规定："当事人对工程造价、质量、修复费用等专门性问题有争议，人民法院认为需要鉴定的，应当向负有举证责任的当事人释明。当事人经释明未申请鉴定，虽申请鉴定但未支付鉴定费用或者拒不提供相关材料的，应当承担举证不能的法律后果。一审诉讼中负有举证责任的当事人未申请鉴定，虽申请鉴定但未支付鉴定费用或者拒不提供相关材料，二审诉讼中申请鉴定，人民法院认为确有必要的，应当依照民事诉讼法第一百七十条第一款第三项的规定处理。"

司法鉴定本质上是一方当事人为了证明自己的主张，向法院申请借助专业机构的力量完成自己的举证责任。当法院向一方当事人释明需要鉴定时，当事人应及时提出鉴定申请，否则将承担不利后果。当然启动鉴定程序的决定权仍然在法院，如果现有证据已经能证明待证事实则无需启动鉴定程序。另外当事人在一审程序中经释明仍未申请鉴定的，除非鉴定事项确实对查清案件事实有决定性作用，否则二审程序中很可能被驳回鉴定申请。

问题五　诉前单方委托鉴定得出的鉴定意见是否具有证明力？

【问题概述】

司法实践中，不乏有当事人在诉讼之前单方委托鉴定机构进行鉴定，并将该鉴定意见作为证据提交，该意见不同于当事人单方出具的书证，具有一定的专业性，但是诉讼程序中该意见的证明力如何认定呢？

【相关判例】

某硅藻土科技有限公司与某建筑工程有限公司等建设工程施工合同纠纷［最高人民法院（2019）最高法民申 835 号］

【法院观点】

法院认为，某检测公司作出的检测报告系诉前某建筑工程有限公司单方委托鉴定所作。鉴定意见因欠缺民事诉讼程序保障，影响鉴定结论的证明力。根据《民事诉讼法》第六十八条，以及《民事诉讼法司法解释》第一百零三条、第一百零四条、第一百零五条等的规定，应当按照法定证据运用规则，对证据进行分析判断。未经当事人质证的证据，不得作为认定案件事实的根据。根据《民事诉讼法》第七十六条第一款及《民事诉讼证据规定》有关委托鉴定的规定，当事人申请鉴定，由双方当事人协商确定具备资格的鉴定人；协商不成的，由人民法院指定。实务中，委托鉴定时一般由当事人协商确定一家有资质的鉴定机构或者法院从当事人协商确定的几家鉴定机构中择一选定，法院指定时一般采取摇号等随机抽取方式确定鉴定机构；在法院主持下，双方当事人当庭质证后确定哪些材料送鉴；鉴定机构及其鉴定人员有义务就鉴定使用的方法或标准向双方作出说明，有义务为当事人答疑，有义务出庭参与庭审质证；允许双方当事人申请法院通知具有专门知识的人出庭，就鉴定意见或者专业问题，形成技术抗辩。《民事诉讼法》第七十八条规定："鉴定人拒不出庭作证的，鉴定意见不得作为认定事实的根据。"在该案中，某检测公司受某建筑工程有限公司单方委托作出的鉴定结论，因未纳入民事诉讼程序以保障当事人充分行使诉权，不具有鉴定意见的证据效力。二审根据某检测公司出具的检测报告，认定案涉工程已经检验为合格，证据不充分。

【律师评析】

司法实践中，法院的主流裁判观点认为当事人享有自行委托鉴定的权利。单方委托的鉴定意见的效力及能否采信，取决于该鉴定意见是否具备科学性、客观性，能否与其他证据相印证，需要结合具体案情具体分析。在鉴定机构具有鉴定资质，鉴定程序符合法律规定，鉴定结论能够与案件的其他证据相互佐证，且另一方当事人也无法举证推翻该结论，亦未申请重新鉴定的情况下，当事人单方委托鉴定形成的鉴定意见人民法院可以采信，但其证明力小于民事诉讼证据中的鉴定意见。反之，若该鉴定结论与其他证据相矛盾，则不应被采信。

问题六　鉴定人未出庭作证，鉴定意见能否作为定案依据？

【问题概述】

鉴定意见作为证据法定形式之一被越来越广泛地运用于建设工程诉讼案件中。一般情况下针对鉴定意见的质证主要围绕三方面：（1）鉴定人是否具有相应资格；（2）鉴定程序是否严重违法；(3) 鉴定意见是否明显依据不足。而特殊情况下，鉴定人更要出庭接受询问，那么鉴定人在出具书面回复意见的情况下不出庭，其鉴定意见能否作为定案依据？

【相关判例】

某房地产开发有限公司与某信息技术有限公司建设工程施工合同纠纷［最高人民法院(2018) 最高法民申 50 号］

【法院观点】

再审法院经审查认为，根据一审庭审笔录记载的内容，可以认定，鉴定人只是在庭前的证据交换中回答了当事人提出的问题，但是未出庭作证。《民事诉讼法》第七十八条规定："当事人对鉴定意见有异议或者人民法院认为鉴定人有必要出庭的，鉴定人应当出庭作证。经人民法院通知，鉴定人拒不出庭作证的，鉴定意见不得作为认定事实的根据；支付鉴定费用的当事人可以要求返还鉴定费用。"该案《鉴定意见书》已经庭前质证，在庭前质证中，鉴定人回答了当事人提出的异议。该案当事人对鉴定意见有异议，人民法院应当通知鉴定人出庭作证。但一审法院并未通知，鉴定人并未出庭作证。一审判决依据仅经过庭前质证的《鉴定意见书》认定工程造价，程序上存在瑕疵。该案虽不符合重新鉴定的条件，但在当事人上诉已经对鉴定人未出庭作证提出异议，认为不能将鉴定意见作为定案依据的情况下，二审亦未能弥补该问题，而是直接依据在庭前质证后作出、作为鉴定意见组成部分的《补充说明》认定了该案的工程造价。二审判决认定基本事实缺乏证据证明。

【律师评析】

民事诉讼法规定了鉴定人出庭制度，根据《民事诉讼法》第八十一条之规定，鉴定人出庭作证的情形有两种，一是当事人对鉴定意见有异议，二是人民法院认为有必要。该案中双方当事人均对鉴定意见提出书面异议，法院未通知鉴定人出庭作证，鉴定人未出庭陈述鉴定意见，亦未接受当事人的质询和询问。在鉴定人未出庭作证的情况下，当事人作为非专业人士难以对鉴定意见进行充分质证，人民法院未履行通知鉴定人出庭作证的义务，违反法定程序，剥夺了当事人的辩论权。根据上述规定，当事人对鉴定意见有异议的或者法院认为有必要的，法院应通知鉴定人出庭作证。但如果法院未通知，鉴定人也未出庭作证，法院判决依据仅经过庭前质证的《鉴定意见书》认定案件事实，程序上即存在瑕疵。

问题七 鉴定意见未经鉴定人签章，其效力是否会受到影响？

【问题概述】

借助于专业理论和科学的技术手段，通过对鉴定对象的鉴别和判断而得出结论的鉴定意见，具有较强的专业性、严谨的逻辑性和结论的科学性，这使得该类证据天然具有很强的证明力。正因如此，作为公正司法的重要载体和查明事实的坚实基础，鉴定意见格式规范就尤为重要。若鉴定意见书未经鉴定人签章，其效力是否会受到影响呢？

【相关判例】

某贸易有限责任公司与某房地产开发有限公司等商品房预售合同纠纷［最高人民法院（2021）最高法民申 6797 号］

【法院观点】

关于该案二审判决将案涉《鉴定意见书》作为定案依据是否有误的问题。基于该案已经查明的事实，鉴定机构受一审法院委托对案涉诉争物业进行鉴定，并于 2018 年 11 月 23 日出具《鉴定意见书》。鉴于某贸易有限责任公司与某房地产开发有限公司在交付案涉诉争物业时并无交接清单，无法判断某房地产开发有限公司交付时工程完工的具体情况，一审法院就该专门性问题委托鉴定符合《民事诉讼法》第七十六条第二款的规定；经一、二审法院审查，鉴定机构经营范围包含工程造价咨询甲级、工程询价、工程项目管理和建筑工程信息咨询服务，具有相应的鉴定资质，鉴定人员亦有相应的鉴定资格；鉴定机构出具的《鉴定意见书》已经法庭质证，鉴定人员也出庭作证，接受各方当事人质询。虽然《鉴定意见书》中“司法鉴定人”一栏没有鉴定人员的签字，存在形式上的瑕疵，但该页落款处加盖有鉴定机构的印章，且在工程结算书部分有鉴定人员梁某、杨某的签名及盖章，故该瑕疵不影响《鉴定意见书》的合法性，该案二审判决将《鉴定意见书》作为定案依据，并无不当。

【律师评析】

诉讼程序中，原被告双方对鉴定意见的质证主要围绕鉴定人是否具备相应资格、鉴定程序是否严重违法、鉴定意见是否明显依据不足以及鉴定人是否应当出庭作证而未出庭。而鉴定人未签名或盖章可能直接导致鉴定意见形式上无效。虽然上述案例中最高人民法院认定鉴定意见书仅有司法鉴定人处未有鉴定人员签字仅属于形式瑕疵，不足以推翻鉴定结论的有效性，但是该案系建立在鉴定人员已在结算书部分签名和盖章的基础上。因此，鉴定意见应当有鉴定人员盖章才能作为定案依据。

问题八　发承包人诉前已就工程结算价达成协议，诉讼中经发承包人同意的，是否可以启动司法鉴定程序？

【问题概述】

根据《建设工程施工合同司法解释（一）》第二十九条的规定，发承包人在诉讼前已经对建设工程价款结算达成协议，而诉讼中一方当事人申请对工程造价进行鉴定的，人民法院不予准许。但是若发承包双方均不认可原结算协议并要求鉴定，法院是否应当启动鉴定程序呢？

【相关判例】

某建筑工程有限公司与某房地产开发有限公司建设工程施工合同纠纷［最高人民法院

（2020）最高法民再 360 号］

【法院观点】

关于鉴定意见是否应被采信的问题。首先，虽然《建设工程施工合同司法解释（二）》第十二条规定，当事人在诉讼前已经对建设工程价款结算达成协议，诉讼中一方当事人申请对工程造价进行鉴定的，人民法院不予准许，但该案中的鉴定程序的启动经过了双方当事人的同意，故原审法院未采信结算书而启动鉴定程序并无不当。其次，虽然该案三个鉴定人中，仅鉴定人黄某具有注册造价工程师资质，其他二人均非注册造价工程师，但目前并无明确的法律法规规定司法鉴定人员数量须在三人以上且须全部具备注册造价工程师资质，否则鉴定意见无效。该案是否应当重新鉴定还应根据鉴定意见是否客观真实、是否存在明显错误予以确定。该案中，某建筑工程有限公司提出鉴定意见存在错漏的问题，一是未将案涉项目降排水方案计入造价，对此，鉴定机构在二审中已向法院作了回复，称系因该方案中部分工程没有详细的规格尺寸，因资料未提供完整，双方质证无果，故未将该部分计入造价；二是针对某建筑工程有限公司提出的花架问题，鉴定机构亦在二审中向法院作了回复，称花架工程造价 1060542 元已计入造价鉴定，至于花架重复施工的问题，因鉴定部门系对某建筑工程有限公司实际完成的面积进行实测而作出鉴定意见，故不存在漏算的问题。综上，该案中的鉴定意见并无明显错误或缺陷，二审判决予以采信并无不当。

【律师评析】

当时《建设工程施工合同司法解释（二）》以及现行《建设工程施工合同司法解释（一）》均明确规定发承包人在诉讼前已经对建设工程价款结算达成协议，而诉讼中一方当事人申请对工程造价进行鉴定的，人民法院不予准许。该条款如此规定原因在于鉴定程序耗时长、鉴定费用高，在发承包人已达成结算协议的前提下，法院应当以其结算协议作为双方结算依据。但是若发承包人均要求重新鉴定，则应当认定原结算协议并非发承包人的真实意思表示，无法确定实际的工程价款金额，因此法院可以启动工程造价司法鉴定。

问题九　工程欠款利息及违约金是否属于鉴定范围？

【问题概述】

工程造价、工程质量等都属于司法鉴定中常见的项目，但工程欠款利息以及违约金是否属于鉴定范围可以予以鉴定在司法实践中存在较大争议。部分意见认为利息及违约金可以由鉴定机构进行鉴定，但是也有意见认为利息及违约金属于法院的裁判范围。

【相关判例】

某建筑工程有限公司与某房地产开发有限公司建设工程施工合同纠纷［最高人民法院（2020）最高法民终 1131 号］

【法院观点】

关于该案《鉴定意见书》应否作为认定案涉工程造价依据的问题。针对某房地产开发有限公司关于该案《鉴定意见书》不应作为认定案件事实依据的各项上诉理由，评述如下。

（1）案涉《补充协议》虽然约定了合同包干价，但案涉工程尚未完工双方即已发生纠纷，仅凭合同约定难以确定工程价款，一审准许某建筑工程有限公司的鉴定申请，并委托鉴定机构对某建筑工程有限公司已完工程量和相应工程造价进行鉴定，程序合法。

（2）某建筑工程有限公司申请鉴定事项包括对其已完工的工程总量（包括合同内的工程量、合同外增减工程量以及变更工程量）及工程造价进行鉴定。该案《鉴定意见书》载明的鉴定范围为：广场项目合同内的已完工程量、合同外新增工程量以及变更工程量等；工程进度款（工人工资、材料费）、停工损失、工程欠款利息及违约金等与工程造价鉴定有关的内容。在住房和城乡建设部 2017 年 8 月 31 日发布并于 2018 年 3 月 1 日起实施的《建设工程造价鉴定规范》中，明确列示了费用索赔争议鉴定，可据此判断该案《鉴定意见书》所载鉴定范围中的停工损失、工程欠款利息及违约金属于工程造价鉴定范畴。一审卷宗显示，一审法院于 2019 年 3 月 14 日组织双方当事人及鉴定人员对鉴定范围及双方所需提供证据进行确定。2019 年 4 月 3 日对提交鉴定的证据进行质证时，某房地产开发有限公司曾就停工损失和违约金是否属于鉴定范围进行询问，鉴定人员回复表示合同范围内的内容只要与工程造价有关就属鉴定范围。而一审法院其后的历次质证笔录显示，某房地产开发有限公司就《鉴定意见书》所载鉴定范围内的鉴定事项提交了相关证据。基于前述，某房地产开发有限公司关于鉴定机构擅自扩大鉴定范围以及一审法院未听取某房地产开发有限公司对鉴定范围的意见的上诉理由不能成立。

（3）根据该案《鉴定意见书》及鉴定机构对某房地产开发有限公司关于鉴定人员不具备资质的书面回复意见所载的内容，鉴定机构安排包括李某、潘某在内的三名注册造价师作为鉴定人并安排一名工程造价员作为辅助人员参与该案鉴定工作。在对《鉴定意见书》初稿及定稿进行质证时，鉴定机构多次安排鉴定人员李某出庭作证并接受询问，就双方有异议的相关问题进行了解释、说明。而法律及鉴定规范并未规定所有鉴定人均须出庭作证。二审法院对某房地产开发有限公司以鉴定人员不具备相应资质、鉴定人员潘某未出庭作证没有参与过该案鉴定为由提出该案鉴定程序违法的上诉主张不予支持。

（4）该案《鉴定意见书》记载的鉴定范围与鉴定结果，并未对某建筑工程有限公司的施工范围以及案涉项目的施工主体进行确定。诉讼中启动鉴定程序的目的在于由专业机构对待证事实所涉及的专门性问题为人民法院裁判提供专业意见。案涉项目中由某建筑工程有限公司作为施工单位修建完工部分的工程量及其工程造价，属需借助鉴定进行判断的专门性问题。而对工程量和工程造价进行鉴定，必然需要对某建筑工程有限公司的施工范围和项目进行判断。因此，某房地产开发有限公司关于一审将双方争议的施工范围以及“工程项目由谁施工”的问题交由鉴定机构认定违反法律规定的上诉理由不成立。基于前述，二审法院认为，该案《鉴定意见书》系经当事人申请，由人民法院委托鉴定机构安排具有相应资质的鉴定人员，根据经双方当事人质证的鉴定材料作出，鉴定意见作出过程中多次听取了双方当事人的意见，鉴定人员亦已出庭作证，该《鉴定意见书》具有可采性。某房地产开发有限公司关于该案《鉴定意见书》不应作为认定案件事实的依据的上诉理由不成立。

【律师评析】

工程欠款利息和违约金属于工造造价鉴定范围比较合理，在进行造价鉴定时一并对违约金和利息进行计算，也更符合诉讼效率原则。并且对于部分工程款的利息例如预付款的利息进行计算时需考虑进度款的扣回，审判人员和律师很难具备计算能力，所以将工程款利息和违约金纳入工程造价鉴定的范围也是必要之举。

问题十　建设工程案件，鉴定费用由谁承担?

【问题概述】

绝大部分建设工程合同纠纷案件发承包人在起诉时尚未就工程结算价款进行确认。因此工程造价鉴定就成为建设工程合同纠纷案件中最为常见的司法鉴定类型，但是建设工程项目往往存在标的额较大、施工环节众多、专业性强等特点，工程造价的鉴定费用大多以万元起步，多则高达数百万元。所以，高额的鉴定费由谁承担就成为建设工程案件的争议焦点之一。

【相关判例 1】

某集团有限公司、某房地产开发有限公司、某国际投资有限公司与某能源有限责任公司建设工程施工合同纠纷［最高人民法院（2020）最高法民终 848 号］

【法院观点】

二审中，某房地产开发有限公司、某国际投资有限公司向二审法院提交了鉴定费用票据，请求某集团有限公司分担鉴定费用。二审法院认为，鉴定费属于应当由当事人负担的诉讼费用，某房地产开发有限公司、某国际投资有限公司实际预交了鉴定费，某集团有限公司应予分担，二审法院按照某集团有限公司诉讼标的得到支持的比例 44%决定其分担的鉴定费份额。

【相关判例 2】

某建设有限公司与某房地产开发有限责任公司建设工程施工合同纠纷［最高人民法院（2020）最高法民终 547 号］

【法院观点】

某建设有限公司未将案涉工程施工完毕即起诉请求解除施工合同，某房地产开发有限责任公司同意解除，双方未对工程造价进行结算，某机械有限公司为证明其诉讼请求，向一审法院申请通过鉴定方式确定案涉工程造价，且某建设有限公司不能证明案涉合同系因某房地产开发有限责任公司违约而解除，故鉴定费系某建设有限公司应自行负担的诉讼成本，一审判决未判令双方分担并无不当。

【律师评析】

《诉讼费用交纳办法》第六条规定："当事人应当向人民法院交纳的诉讼费用包括：（一）案件受理费；（二）申请费；（三）证人、鉴定人、翻译人员、理算人员在人民法院指定日期出庭发生的交通费、住宿费、生活费和误工补贴。”第十二条规定：“诉讼过程中因鉴定、公告、勘验、翻译、评估、拍卖、变卖、仓储、保管、运输、船舶监管等发生的依法应当由当事人负担的费用，人民法院根据谁主张、谁负担的原则，决定由当事人直接支付给有关机构或者单位，人民法院不得代收代付。”

有观点认为申请司法鉴定系当事人举证的手段，鉴定费用是当事人为了证明自己的主张而支出的费用，属于为自己利益采取的诉讼行为所支出的费用，依据“谁主张谁负担”的原则应由负有证明责任的一方自行承担，故鉴定费应完全由申请鉴定的一方负担。

主流裁判观点认为，鉴定费属于《诉讼费用交纳办法》中诉讼费用的范畴。该办法第六条仅仅是规定了“当事人应当向人民法院交纳的诉讼费用”，并不包含“不向人民法院交纳的就不属于诉讼费用”的含义。

鉴定费用应当由提起鉴定的当事人预交，但是对于鉴定费用最后由哪一方当事人承担的问题，笔者认为，《诉讼费交纳办法》第十二条所称的“谁主张、谁负担”的原则，应该是指在举证阶段确定交费主体的原则，而非裁判结果出现时的最终确定鉴定费由谁承担的原则。第十二条规定的原则并不影响法院最终决定鉴定费的分担。鉴定费作为诉讼费用之一，适用《诉讼费交纳办法》第二十九条由败诉方负担或由法院根据案件的具体情况决定当事人各自负担的诉讼费用数额的规定，这样可以将案件费用在同一案件中解决，符合诉讼效率和经济原则。此外，认定鉴定费属于诉讼费用，由败诉方承担，更能平衡当事人之间利益，符合公平原则。若鉴定费一律由举证方承担，将影响有胜诉希望但经济能力薄弱的当事人申请鉴定的积极性，可能使得法院就鉴定事项作出对其不利的认定，损害当事人的合法权益。

此外，鉴定费的承担与此鉴定事项是谁造成的密切相关，有些事项原来不需要鉴定，但是因为一方当事人的原因不得已而鉴定，那么法院应当合理确定鉴定费的承担主体。

问题十一　发包人拖延审计的，可通过鉴定确定工程款吗？

【问题概述】

政府投资的建设工程项目，发承包双方大多约定工程结算价款以财政审计为准。而发包人为了达到拖延支付工程款的目的，长期无正当理由拖延审计，迟迟不出审计结果，导致承包人难以拿到工程款。对此，承包人能否提起诉讼，通过司法鉴定的方式确定工程结算价款？

【相关判例】

某城镇建设开发有限公司与某建设有限公司建设工程施工合同纠纷［最高人民法院（2019）最高法民再 56 号］

【法院观点】

关于某城镇建设开发有限公司主张《工程造价鉴定报告》不能作为结算依据是否成立的问题。某城镇建设开发有限公司认为案涉工程未依约定经过财政、审计部门的审计，不能将《工程造价鉴定报告》作为结算依据。二审法院认为，虽然双方合同约定工程结算价款按现行长沙市市政定额标准计取，工程最终造价及支付金额以财政、审计部门的审计结果为最终依据，但在工程完成之后，某城镇建设开发有限公司并未按合同约定对案涉工程进行财政审计，也没有提供充分证据证明未按约定进行审计系某建设有限公司的原因。另外，对案涉工程的工程价款依约定进行审计和进行鉴定均为确定工程价款的方式。在案涉工程未依约定进行审计时，一审法院依法委托鉴定公司对案涉工程的工程价款进行鉴定，并且以该鉴定结论作为工程结算依据并无不当。因此，某城镇建设开发有限公司主张《工程造价鉴定报告》不能作为结算依据没有法律依据。

【律师评析】

广东省高级人民法院曾经于 2017 年 7 月 19 日发布的《关于审理建设工程合同纠纷案件疑难问题的解答》(现已失效)第 11 条规定："当事人约定以审核、审计结果作为工程款结算的条件无法成就时如何处理：当事人约定以财政、审计等部门的审核、审计结果作为工程款结算依据的，按照约定处理。如果财政、审计等部门明确表示无法进行审核、审计或者无正当理由长期未出具审核、审计结论，经当事人申请，且符合具备进行司法鉴定条件的，人民法院可以通过司法鉴定方式确定工程价款。"

江苏省高级人民法院曾经于 2018 年 6 月 26 日发布的《关于审理建设工程施工合同纠纷案件若干问题的解答》(现已失效)第 10 条规定："当事人约定以行政审计、财政评审作为工程款结算依据的如何处理？当事人约定以行政审计、财政评审作为工程款结算依据的，按照约定处理。但行政审计、财政评审部门明确表示无法进行审计或者无正当理由长期未出具审计结论，当事人申请进行司法鉴定的，可以准许。"

可见，从目前的司法实践来看，当事人约定以审计部门的审计结果作为工程款结算依据的，应当按照约定处理。但审计部门无正当理由长期未出具审计结论，经当事人申请，人民法院可以通过司法鉴定方式确定工程价款。

问题十二　竣工验收合格后，发包人能否要求启动质量鉴定程序？

【问题概述】

建设工程质量是否合格，不仅关系到发包人的利益，还关系到不特定或者众多群众的利益。为保证建设工程质量，《建筑法》《建设工程质量管理条例》等法律法规规定了承包人竣工验收前的施工质量责任和竣工验收后的质量保修责任。实践中，工程竣工验收合格后，当承包人向发包人主张工程款时，发包人往往提出质量异议并要求启动质量鉴定程序，以此主张拒绝或者减少支付工程价款，或者要求承包人返工、修理或者支付修复费用。该情形下，是否应当启动质量鉴定？

【相关判例】

某建设集团有限公司与某房地产开发有限公司等建设工程施工合同纠纷［最高人民法

院（2018）最高法民终915号]

【法院观点】

二审法院认为，该案中某建设集团有限公司承建工程经竣工验收合格，且某房地产开发有限公司已实际使用该工程，应视为某房地产开发有限公司在接受工程时对2号楼的质量不存在异议。即使某房地产开发有限公司在使用过程中认为工程质量存在问题，亦应按照交付后的质量保修程序对该质量问题与某建设集团有限公司进行协商解决。一、二审期间，某房地产开发有限公司未提交证据证明其在工程竣工验收和使用后，因质量问题向某建设集团有限公司交涉、追索。因此，一审以未提交初步证据证明案涉工程存在质量问题为由，不予准许其鉴定申请，并不无妥，亦不属程序错误。

【律师评析】

浙江省高级人民法院民事审判第一庭《关于审理建设工程施工合同纠纷案件若干疑难问题的解答》第七条规定："发包人已经签字确认验收合格，能否再以质量问题提出抗辩，主张延期或不予支付工程价款？发包人已组织验收并在相关文件上签字确认验收合格，后又以工程质量存在瑕疵为由，拒绝支付或要求延期支付工程价款的，该主张不能成立。但确因承包人施工导致地基基础工程、工程主体结构质量不合格的，发包人仍可以拒绝支付或要求延期支付工程价款。"

江苏省高级人民法院《建设工程施工合同纠纷案件委托鉴定工作指南》第三条规定："当事人申请鉴定存在下列情形之一，且没有相反证据予以反驳或者推翻的，不予准许……（六）建设工程经竣工验收合格发包人提出质量异议，或者建设工程未经竣工验收合格发包人擅自使用后提出质量异议的。"

因此建设工程已经通过验收，诉讼中当事人又申请鉴定的，不予支持，但有证据证明建设工程在合理使用寿命内地基基础工程和主体结构质量存在重大安全隐患的或因发生保修责任争议，需要通过鉴定确定责任范围的除外。

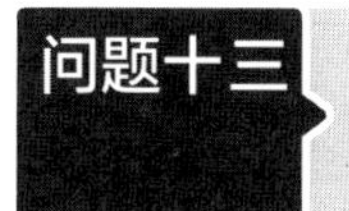

鉴定机构仅取得工程造价评估资格，能否应认定其具备相应资质?

【问题概述】

鉴定意见的质证主要围绕鉴定人的资质、鉴定程序以及鉴定意见的依据来进行。工程造价鉴定过程中，鉴定机构的资质如何认定？若鉴定机构仅仅取得工程造价评估资格，未取得工程造价咨询企业资质，能否认定其具备相应资质？

【相关判例】

某置业有限公司与某建筑工程有限公司建设工程施工合同纠纷［最高人民法院（2019）最高法民申6461号］

【法院观点】

一、二审法院采信某甲评估公司《评估报告》及某乙鉴定公司《鉴定意见书》并无明显不当。某置业有限公司一、二审中均提出某甲评估公司没有取得工程造价咨询企业资质，不具有案涉工程造价评估资格。经查，某甲评估公司取得了厦门市发展和改革委员会颁发的工程造价评估资质，且并未有法律、行政法规明确规定只有取得工程造价咨询企业资质才能从事工程造价评估工作，故一、二审法院认可某甲评估公司的工程造价评估资格并无不当。此外，某置业有限公司提出在《评估报告》上签字的两名鉴定人，一名不具有造价工程师资格，另一名虽然取得资格，但注册执业单位并非某甲评估公司。某甲评估公司雇佣执业单位不是本公司的造价工程师对案涉工程价格进行鉴定确有不妥，但考虑到某置业有限公司对该造价工程师实际参与案涉工程造价评估的事实未提出异议，且该造价工程师亦就鉴定情况出庭接受询问，即案涉《评估报告》是具有相应资质人员对案涉工程进行造价评估后出具。且某置业有限公司对评估报告具体内容并未提出明确异议，故一、二审法院对该《评估报告》予以采信并无明显不当。

【律师评析】

从上述案例来看，最高人民法院认为未有法律、行政法规明确规定只有取得工程造价咨询企业资质才能从事工程造价评估工作，而认可了鉴定机构的评估资质。但是笔者认为最高人民法院的该裁判意见值得商榷。

住房和城乡建设部发布的《工程造价咨询企业管理办法》第四条规定："工程造价咨询企业应当依法取得工程造价咨询企业资质，并在其资质等级许可的范围内从事工程造价咨询活动。"而《建设工程造价鉴定规范》GB/T 51262—2017 第 2.0.5 条将鉴定机构定义为"接受委托从事工程造价鉴定的工程造价咨询企业。"

因此笔者认为造价鉴定机构应当取得工程造价咨询企业资质，这一点也得到了安徽省高级人民法院的认可，安徽省高级人民法院发布的《关于审理建设工程施工合同纠纷案件适用法律问题的指导意见（二）》第二十条规定："人民法院对外委托工程造价鉴定，应当选择具有建设行政主管部门颁发的工程造价资质证书的鉴定机构。"

问题十四 多个鉴定人中，仅有一人具有注册造价工程师资质，该鉴定意见书是否有效？

【问题概述】

针对鉴定机构作出的鉴定意见，一般情况下当事人首先关注的是鉴定机构和鉴定人员是否具备相应资质。鉴于建设工程的复杂性，造价鉴定过程中通常由多名鉴定人员组成工作组共同进行鉴定，若仅有一人具有注册造价工程师资质，该鉴定意见书是否有效？

【相关判例】

某建筑工程有限公司与某房地产开发有限公司建设工程施工合同纠纷［最高人民法院

(2020) 最高法民再 360 号]

【法院观点】

关于鉴定意见是否应被采信的问题。首先，虽然《建设工程施工合同司法解释（二）》第十二条规定，当事人在诉讼前已经对建设工程价款结算达成协议，诉讼中一方当事人申请对工程造价进行鉴定的，人民法院不予准许，但该案中的鉴定程序的启动经过了双方当事人的同意，故原审法院未采信结算书而启动鉴定程序并无不当。其次，虽然该案三个鉴定人中，仅鉴定人黄某具有注册造价工程师资质，其他二人均非注册造价工程师，但目前并无明确的法律法规规定司法鉴定人员数量须在三人以上且须全部具备注册造价工程师资质，否则鉴定意见无效。该案是否应当重新鉴定还应根据鉴定意见是否客观真实、是否存在明显错误予以确定。该案中，某建筑工程有限公司提出鉴定意见存在错漏的问题，一是未将案涉项目降排水方案计入造价，对此，鉴定机构在二审中已向法院作了回复，称系因该方案中部分工程没有详细的规格尺寸，因资料未提供完整，双方质证无果，故未将该部分计入造价；二是针对某建筑工程有限公司提出的花架问题，鉴定机构亦在二审中向法院作了回复，称花架工程造价 1060542 元已计入造价鉴定，至于花架重复施工的问题，因鉴定部门系对某建筑工程有限公司实际完成的面积进行实测而作出鉴定意见，故不存在漏算的问题。综上，该案中的鉴定意见并无明显错误或缺陷，二审判决予以采信并无不当。

【律师评析】

《注册造价工程师管理办法》第一条规定："本办法所称注册造价工程师，是指通过土木建筑工程或者安装工程专业造价工程师职业资格考试取得造价工程师职业资格证书或者通过资格认定、资格互认，并按照本办法注册后，从事工程造价活动的专业人员。注册造价工程师分为一级注册造价工程师和二级注册造价工程师。"该办法亦对注册造价工程师的注册、执业、监督管理等事项予以明确。

《建设工程造价鉴定规范》GB/T 51262—2017 第 3.1.4 条规定："鉴定人应在鉴定意见书上签名并加盖注册造价工程师执业专用章，对鉴定意见负责任。"

可见鉴定人员若是不具备注册工程造价师资质，则鉴定程序违法，并且，在司法实践中也认定该鉴定结果无效。但目前并无明确的法律法规规定司法鉴定人员数量须在三人以上且须全部具备注册造价工程师资质，故部分鉴定人员不具备注册造价工程师资质并不影响鉴定意见的效力。

问题十五 建设工程未经竣工验收，发包方擅自使用后能否要求对工程质量进行鉴定?

【问题概述】

建设工程经竣工验收合格即代表工程质量符合标准。但是实务中，发包人基于经济效益的考虑，在工程并未整体竣工验收时就将部分工程投入使用，而后其又主张工程质量不合格而申请鉴定，在此情形下，法院是否应当启动鉴定程序?

【相关判例】

某置业投资有限公司与刘某建设工程施工合同纠纷［最高人民法院（2020）最高法民申 2646 号］

【法院观点】

关于一审法院未予准许某置业投资有限公司对案涉工程造价及质量进行鉴定的申请是否违反法定程序的问题。刘某负责案涉工程清包五项，因其不具备建设工程施工资质，《工程合同书》无效，但刘某有权要求参照合同约定支付工程价款。《工程合同书》中明确约定了按建筑面积和单价计算刘某施工的工程价款，故案涉工程无需进行造价鉴定。《建设工程施工合同司法解释》第十三条规定："建设工程未经竣工验收，发包人擅自使用后，又以使用部分质量不符合约定为由主张权利的，不予支持。"案涉工程虽未经竣工验收，但已交付某置业投资有限公司，某置业投资有限公司已将房屋出售并交付使用，且某置业投资有限公司未提交证据证明其曾经因案涉工程质量问题向刘某提出异议，故一审法院未予准许某置业投资有限公司要求对工程质量进行鉴定的申请，并无不当。

【律师评析】

《民法典》第七百九十九条第二款规定："建设工程竣工经验收合格后，方可交付使用；未经验收或者验收不合格的，不得交付使用。"《建筑法》第六十一条第二款、《建设工程质量管理条例》第十六条亦作了基本相同的规定。建设工程质量关乎人民生命和财产安全，为了确保工程质量不出问题，国家对建设工程从勘察、设计到施工以及最后的竣工验收等各个阶段、各个环节都作出了相应的保证工程质量的明确规定。

关于工程未经验收，发包人擅自使用，其自行承担的质量责任的范围问题，最高人民法院在制定《建设工程施工合同司法解释（一）》过程中，曾存在不同意见。一种意见认为，发包人只要擅自使用未经过竣工验收或者验收未通过的工程，无论使用多少，均应承担全部工程的质量责任。其理由是，建设工程是一个整体，发包人一旦使用其中一部分，施工单位对其他部分将无法进行施工或管理。另一种意见认为，发包人仅应对使用部分承担工程质量责任。理由是：(1) 依照有关法律规定，建设工程质量责任应由施工单位承担，对发包人应承担的质量责任应该作严格限制不应作扩大性的解释；(2) 认定发包人对使用部分承担质量责任较为公平合理。笔者倾向于后一种意见，即发包人仅对使用部分承担质量责任，未使用部分出现质量问题的，仍应由承包人承担责任，法院应当启动鉴定程序。

第十一章

建设工程保修

问题一 建设工程领域内，如何区分质量保证金和质量保修金？

【问题概述】

建设工程与普通商品有很大的区别，其质量问题对公共安全和社会稳定都有很大的影响。为保障工程质量，国家立法规定了工程质量保证金制度和工程质量保修金制度，但由于现行的有关法律规定仍然不够健全，导致实务中很容易将两者混为一谈。“二金”概念的明晰，是搞好工程项目质量管理工作的关键所在。

【相关判例】

某化学工程建设有限公司与某树脂有限责任公司、某矿业（集团）有限责任公司建设工程施工合同纠纷［最高人民法院（2019）最高法民终 710 号］

【法院观点】

某树脂有限责任公司与某化学工程建设有限公司在《建设工程施工合同》中约定，保修期满视工程质量情况返还保证金，同时就屋面防水、供热与供冷系统、设备安装、给水排水设施等工程约定了不同的保修期限。保修期制度与质量保证金的缺陷责任期制度不是同一种法律制度，某树脂有限责任公司以保修期的相关约定来确定质量保证金的缺陷责任期，缺少法律依据。《建设工程施工合同司法解释（二）》第八条第一款第三项规定：“因发包人原因建设工程未按约定期限进行竣工验收的，自承包人提交工程竣工验收报告九十日后起当事人约定的工程质量保证金返还期限届满；当事人未约定工程质量保证金返还期限的，自承包人提交工程竣工验收报告九十日后起满二年。”该案中，因为质量保证金的缺陷责任期自 2014 年 3 月 10 日起算，所以至 2016 年 3 月 9 日止，某树脂有限责任公司应当向某化学工程建设有限公司返还质量保证金。质量保证金返还后，并不影响案涉工程

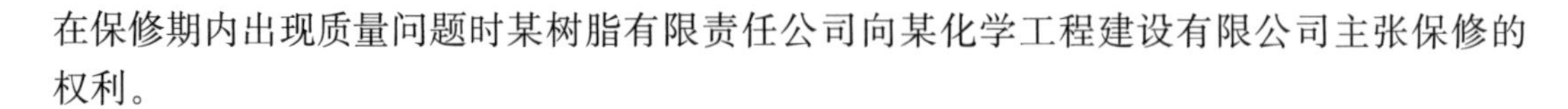

在保修期内出现质量问题时某树脂有限责任公司向某化学工程建设有限公司主张保修的权利。

【律师评析】

案涉施工合同发承包人对质量保证金期限的约定是自保修期届满后返还，实际上质量保证金依据的应是缺陷责任期制度，故最高人民法院判决案涉工程质量保证金自缺陷责任期届满后返还，且质量保证金的返还不会影响保修期内承包人对工程的保修义务。

笔者认为，质量保证金和质量保修金是两个不同的制度，它们的法律性质不同，期限不同，义务也不同，不能混淆。且质量保证金所对应的缺陷责任期和质量保修金对应的质量保修期都属于约定期限，在期限起算、期限长度、资金预留和责任承担等方面，要严格区分。如果把工程比作一般的商品，那么，质量保证金就是为了保证商品自身的品质，而质量保修金则是为了保障商品在使用中发生的各种质量问题。质量保证金对应的是一种瑕疵担保责任，且法律明文规定发包人可以预留工程价款结算总额的3%作为质量保证金，而质量保修金对应的是一种保修责任，但是现行的法律法规没有规定承包人需要在质量保修期期间预留质量保修金。

笔者建议，在订立建设工程施工合同时，发包人与承包人要对质量保证金制度和质量保修金制度有一个准确的认识，并在合同中对缺陷责任期和质量保修期的内容进行详细的约定。要防止把“两金”“两期”混为一谈，以免在施工过程中出现不必要的争议。承包人在质量保证金制度中往往处于不利地位，所以，建议在协商施工合同中的质量保证金条款时，应尽可能地避免约定高额的质量保证金，并尽可能地使用银行保函替代预留质量保证金。另外，承包人也要提高对项目的管理水平，提高工程的施工质量，确保项目工程最终顺利通过竣工验收以便于质量保证金尽快返还。

问题二　施工合同无效的，发包人能否扣留质量保证金？

【问题概述】

虽然现行法律法规未对质量保证金的性质进行明确规定，但从其功能来看，质量保证金是对建设工程缺陷责任期的一种资金担保。绝大多数施工合同均约定了质量保证金条款，但是在施工合同被认定无效时，质量保证金条款的法律效力如何认定？

【相关判例1】

某房地产开发有限公司与某建设集团有限公司建设工程合同纠纷［最高人民法院（2019）最高法民终504号］

【法院观点】

案涉《工程协议书》虽被确认无效，但建设工程实行质量保修制度。工程质量保证金一般是用以保证承包人在工程质量保修期内对建设工程出现的质量缺陷进行维修的资金。

虽然工程质量保证金可以由当事人双方在合同中约定，但从性质上讲，工程质量保证金是对工程质量保修期内工程质量的担保，是一种法定义务，故不应以合同效力为认定前提。且双方将工程质量保证金约定在《工程协议书》第七条“付款方式”中，内容为“政府主管部门对工程项目总体竣工验收合格后，由某建设集团有限公司向某房地产开发有限公司提交工程结算报告，某房地产开发有限公司收到某建设集团有限公司工程结算报告后60日内完成结算审核并支付至总工程款的95％。剩余5％部分作为保修金，在某建设集团有限公司按有关规定完成保修任务的前提下，工程竣工满一年10日内付2％，剩余部分按国家有关规定执行”。由此，双方对质量保证金的约定，属于结算条款范畴。因此，在合同约定的条件满足时，工程质量保证金才应返还施工人。该案中，虽然某建设集团有限公司已完成施工的部分工程经过了分部分项验收，但建设工程的保修期，应自整个工程竣工验收合格之日起计算。虽然对于案涉工程存在的质量问题已经另案判决某建设集团有限公司承担质量修复责任，但质量修复责任与质量保证金承载的担保责任并非同一性质，工程质量保证金在条件满足的情况下是应予返还的。因案涉整体工程尚未竣工验收合格，根据合同约定，某房地产开发有限公司主张应扣留工程价款5％的质量保证金的上诉请求成立，二审法院予以支持。根据一审法院认定，某建设集团有限公司已完工程造价为107123872.97元，案涉工程的质量保证金应为5356193.65元（107123872.97元×5％）。一审法院未按照合同约定，扣留相应工程质量保证金存在不当，二审法院予以纠正。

【相关判例2】

某房地产开发有限公司与某建设集团有限公司建设工程施工合同纠纷［最高人民法院（2019）最高法民再166号］

【法院观点】

关于案涉工程是否已过质保期，质量保证金应否扣除的问题。《施工合同》及《补偿协议》虽无效，但案涉工程款的结算及支付仍应参照上述合同的约定。《施工合同》约定，土建工程质量保修金在通过竣工验收2年后经甲乙双方及监理单位验收合格后15天内付清该工程质量保修金，其他工程保修金，在相应工程保修期满后15天内付清。《补充协议》约定，3％保修金在国家规定时间届满后七日内一次性付清。该案中，虽然某房地产开发有限公司与某建设集团有限公司实际履行的合同为《补充协议》及《施工合同》，但根据双方在签订合同时的真实意思表示，《施工合同》与《补充协议》的约定抵触时，应以《补充协议》的约定为准。故案涉保修金的支付应参照《补充协议》的约定，即3％保修金在国家规定时间届满后七日内一次性付清。质量保证金为案涉总工程款52995590.49元×3％＝1589867.7元，该款项应在质保期满后支付，故应予扣除。

【律师评析】

《建设工程质量保证金管理办法》第二条第一款规定：“本办法所称建设工程质量保证金（以下简称保证金）是指发包人与承包人在建设工程承包合同中约定，从应付的工程款中预留，用以保证承包人在缺陷责任期内对建设工程出现的缺陷进行维修的资金。”

笔者认为，建设工程实行建设工程缺陷责任期制度。工程质量保证金是用以保证承包人在工程缺陷责任期内对建设工程出现的质量缺陷进行维修的资金，从性质上讲，其属于对工程缺陷责任期内工程质量的担保，是一种法定义务。当事人在施工合同中约定的扣留部分工程款作为质量保证金的条款，属于结算条款范畴，其效力独立于施工合同。质量保证金条款的适用，不以合同有效为前提，即便施工合同无效，质量保证金条款仍合法有效。因案涉工程未竣工验收合格，返还质量保证金的条件尚未成就，应当在支付的工程款中扣除质量保证金。

笔者建议，发承包人签署的施工合同应当对质量保证金进行明确约定，具体可以从下七个方面切入：(1) 质量保证金的预留和返还方式；(2) 质量保证金的预留比例和期限；(3) 质量保证金是否计算利息，以及利息的计算方式；(4) 缺陷责任期的期限及计算方式；(5) 质量保证金预留、返还的处理程序；(6) 在缺陷责任期内出现缺陷的索赔方式；(7) 逾期返还质量保证金的违约金支付办法及违约责任。

问题三　施工合同被解除，是否影响质量保证金条款的效力？

【问题概述】

施工合同一般会约定质量保证金条款，但施工合同被解除时，发承包人对质量保证金的返还期限往往存在争议，发包人往往主张在缺陷责任期到期后退还，而承包人则要求直接返还。那么施工合同的解除是否会影响质量保证金条款的效力呢？

【相关判例 1】

某建工集团有限公司与某电子产业投资有限公司建设工程施工合同纠纷［最高人民法院（2018）最高法民终 638 号］

【法院观点】

《合同法》第九十七条规定：“合同解除后，尚未履行的，终止履行；已经履行的，根据履行情况和合同性质，当事人可以要求恢复原状、采取其他补救措施，并有权要求赔偿损失。”案涉《备案合同》解除后，尚未履行的条款应终止履行。

案涉《备案合同》第 26 条约定：“余款 5%作为工程保修款，待工程竣工满 1 年后 7 天内支付保修款总价的 50%，待工程竣工满 2 年后 7 天内支付保修款总价的 70%。”该条款系当事人就质量保证金的支付比例及返还时间所作约定。案涉工程至今未完工，缺陷责任期尚未起算，上述质量保证金条款尚未履行，自《备案合同》解除之时，该条款应终止履行。一审判决仍然依据该条款扣除质量保证金，依据不足。

【相关判例 2】

某建设集团有限公司与某实业有限公司建设工程施工合同纠纷［最高人民法院（2020）最高法民终 337 号］

【法院观点】

某建设集团有限公司认为合同解除后，质量保证金条款不再适用，故不应扣除质量保证金。质量保证金条款属于结算条款，合同解除不影响质量保证金条款效力，因此在合同约定的条件满足时，工程质量保证金才应返还施工方。虽然案涉工程未完工，但某建设集团有限公司的质量保修义务并不因此免除。根据《建设工程施工合同》中《工程质量保修书》之约定，工程质量保证金按实际完成工程结算总价款的 5%扣留 5 年，案涉工程于 2016 年 1 月 8 日完成主体封顶，至今未竣工验收，也未交付使用，质量保修期尚未届满，故某建设集团有限公司主张质量保证金不应扣除的理由不能成立。

【律师评析】

《安徽省高级人民法院关于审理建设工程施工合同纠纷案件适用法律问题的指导意见（二）》第十四条规定："建设工程尚未竣工，合同终止履行的，已完工程质量合格，发包人主张按照合同约定扣留一定比例的工程价款作为质量保修金的，不予支持。"

从上述案例来看，最高人民法院对施工合同解除后质量保证金条款的效力认定上有两种不同的判断：其一认为，合同解除后，尚未履行的条款应当终止履行，且在一般情况下，合同解除时工程项目往往未完工，不存在竣工验收的事实，因此质量保证金条款无法参照适用；其二认为，质量保证金条款属于合同中的清理、结算条款，合同权利义务终止，不影响合同中结算和清理条款的效力，因此质量保证金条款可以参照适用。

笔者认为质量保证金条款的适用应当不受合同解除的影响。首先，质量保证金虽然起到的是质量担保的作用，但其本质应当是工程款，因合同对工程款支付的约定属于结算条款，故而在合同解除时可以参照适用；其次，施工合同解除后承包人仍需要继续承担保修责任，而扣留质量保证金的目的是督促承包人积极地履行其保修责任以及在承包人不履行其保修责任的情况下减少发包人的损失。

问题四 施工合同解除后，质量保证金返还期限已届满，质量保证金是否应予返还？

【问题概述】

施工合同中发承包人约定的质量保证金比例一般为工程款的 3%～5%，但在"现金为王"整体大环境下，解除施工合同后，是在缺陷责任期到期后按施工合同中约定的条件退还质量保证金，还是可以要求发包人直接付款？这也是发承包双方经常争论的一个问题。

【相关判例】

某房地产开发有限公司与某建设集团有限公司、许某、某开发建设管理委员会建设工程施工合同纠纷［最高人民法院（2019）最高法民终 1446 号］

【法院观点】

关于某房地产开发有限公司应否返还质量保证金的问题。某房地产开发有限公司与某建设集团有限公司签订的《房屋建筑工程质量保修书》约定，质量保修期：(1) 地基基础工程和主体结构工程为设计文件规定的该工程合理使用年限；(2) 屋面防水工程、有防水要求的卫生间、房间和外墙面的防漏为5年；(3) 装修工程为2年；(4) 电器管线、给水排水管道、设备安装工程为2年；(5) 供热与供冷系统为2个采暖期、供冷期。第五条约定，工程保修金为本工程结算总价的3%，保修期满还清。某房地产开发有限公司与某建设集团有限公司于2014年9月12日解除《建设工程施工合同》，且后续施工已经由某房地产开发有限公司另行发包给案外人施工完成，故自合同解除至今已超过五年时间，已逾双方约定的最长保修期限。在此情况下，一审法院判决某房地产开发有限公司返还相应的工程保修金，符合上述《房屋建筑工程质量保修书》的约定。某房地产开发有限公司关于应当扣除3%工程质量保证金的上诉主张，缺乏事实和法律依据，二审法院不予支持。

【律师评析】

最高人民法院的裁判观点认为，即使施工合同已经合法解除，承包人对于已完工程仍然具有质量保修义务，故质量保证金返还的前提必须是合同约定的质量保修期已经届满。

笔者认为，当前，由于房地产市场的持续低迷，一些房地产开发商面临着工程款支付能力不足的危机，使得施工企业面临着资金和建设的巨大压力。一些财力较强的施工企业为了获得较高的收益，可以垫资建设，但更多的施工企业则会通过解除合同来减少损失。

为避免解除施工合同产生工程款无法直接返还的法律风险，笔者建议在施工合同中对结算和清理条款的范围予以明确，将建设工程质量保证金条款纳入到结算和清理条款中。

问题五 承包人在缺陷责任期内未修复存在质量问题的工程的，发包人是否有权拒付质量保证金？

【问题概述】

竣工验收合格后，承包人承担的主要是保修义务。但是缺陷责任期内，经发包人书面通知，承包人履行完毕保修责任后仍存在质量问题的，缺陷责任期届满后发包人是否有权拒付质量保证金？

【相关判例】

某建设集团有限公司与某酒店有限公司建设工程施工合同纠纷［最高人民法院(2019) 最高法民终488号］

【法院观点】

某酒店有限公司上诉提出地下室渗漏问题至今未修复，因此该部分（总工程款5%内的10%）质量保证金不应支付。经查，案涉工程于2013年5月10日竣工验收合格后，因地下室存在的质量问题，某酒店有限公司通过向某建设集团有限公司转交物业公司《工作建议（协议）函》的方式要求某建设集团有限公司进行维修，某建设集团有限公司收到某酒店有限公司相关函件后已进行相关维修工作，并于2018年3月18日向某金融广场项目全体业主发布《房地产项目工程质量保证金责任期满返还公告》。上述事实表明某建设集团有限公司已经对存在问题的地下室工程履行了维修义务，案涉工程自竣工验收至今已经超过5年，已经超过法定的两年缺陷责任期，故某酒店有限公司主张应当扣留该部分质量保证金的上诉请求没有依据。如存在地下室渗漏等质量问题，某酒店有限公司可依法通过诉讼程序或其他程序另行主张。

【律师评析】

《建设工程质量保证金管理办法》第九条第一款规定："缺陷责任期内，由承包人原因造成的缺陷，承包人应负责维修，并承担鉴定及维修费用。如承包人不维修也不承担费用，发包人可按合同约定从保证金或银行保函中扣除，费用超出保证金额的，发包人可按合同约定向承包人进行索赔。承包人维修并承担相应费用后，不免除对工程的损失赔偿责任。"

上述案例中，最高人民法院认为，法定缺陷责任期为两年，发包人应当按照法律规定，在工程缺陷责任期届满后，向承包人退还剩余的质量保证金。如果承包人在缺陷责任期过后仍不能对存在质量问题的工程进行修复，发包人可以通过诉讼或其他途径对承包人造成的损失进行索赔，而不能扣留承包人的质量保证金。

笔者建议，发包人想要保证缺陷责任期内出现的工程质量问题得到承包人的妥善修复，可以在双方签订工程施工合同时，在合同条款中明确约定，以承包人对工程质量问题修复完成作为发包人返还质量保证金的先决条件，若在工程缺陷责任期届满后，承包人仍不能对缺陷责任期内已出现的质量问题进行修复，则发包人有权扣留质量保证金。

保修期届满但质量问题尚未解决，发包人可否拒绝返还质量保证金？

【问题概述】

依照《建设工程施工合同司法解释（一）》第十七条之规定，当事人约定的工程质量保证金返还期限届满，承包人请求发包人返还工程质量保证金的，人民法院应予支持。若工程保修期届满但是仍然有质量问题未解决完毕，此时发包人是否有权拒绝返还质量保证金？

【相关判例】

某建设集团有限公司与某房地产开发有限公司建设工程施工合同纠纷［最高人民法院（2018）最高法民终659号］

【法院观点】

某建设集团有限公司上诉主张，案涉工程质保期已届至，某房地产开发有限公司应向其返还工程质量保证金。法院认为，按照双方建设工程施工合同的约定，电气管线、上下水管安装工程保修期为两年，有防水要求的卫生间、厨房、房间和外墙面的渗漏、屋面防水工程保修期为五年。工程竣工验收合格后开始计算保修期，保修期满且无工程质量问题或者所产生的质量问题已得到妥善解决的，发包人应在 14 天内，将剩余保修金和利息返还承包人。故案涉工程质保期虽已届至，但尚需满足无工程质量问题或者所产生的质量问题已得到妥善解决的条件。现双方均认可案涉房屋出现了漏水等问题，并对出现问题的原因各执一词，某房地产开发有限公司又与案外人就漏水修复签订了施工合同进行了部分修复，另有部分房屋质量问题尚未得到妥善解决。因此，某建设集团有限公司现仅以工程质保期已届满为由主张返还质量保证金，不能得到支持。

【律师评析】

该案中，最高人民法院认为，虽然发承包双方约定的工程质保期已经届满，但是施工合同中关于返还质量保证金还有一个前提条件，即工程不存在质量问题或者已存在的质量问题得到妥善修复，这个前提条件对承包人具有约束力，承包人应当严格遵守，不得在质量问题未妥善解决之前要求发包人返还质量保证金。

笔者认为，虽然法律赋予承包人在缺陷责任期届满后可以向发包人主张返还质量保证金的权利，但在施工合同质量保证金返还条款中设置的前提条件，属于承包人对自身部分权利的一种自愿放弃，承包人应当遵守对自己民事权利的处分。另外质量保证金本身是承包人履行保修义务的一种现金担保，在质量问题未得到圆满解决前，发包人自然有权拒绝返还。当然为了减少双方的争议，笔者建议发承包人在签署施工合同时，将质量保证金的返还条件进行明确约定。

问题七　工程质量保修期的约定是否可以短于法定的最低保修期限?

【问题概述】

我国建设工程实行质量保修制度，承包人在向发包人出具的质量保修书中应当明确工程的保修范围、保修期限和保修责任等。《建设工程质量管理条例》第四十条对建设工程的最低保修期限进行了规定，那么在工程实践中发承包人约定的工程质量保修期短于法定的最低保修期限，该约定是否有效？

【相关判例】

某建筑工程有限公司与某建筑工程有限公司青海分公司、某房地产开发有限公司建设工程施工合同纠纷［最高人民法院（2019）最高法民终 239 号］

【法院观点】

关于工程质量保证金的问题。某建筑工程有限公司、某建筑工程有限公司青海分公司上诉主张案涉工程除防水工程以外其余分项工程的保修期均已届满，某房地产开发有限公司应返还除防水工程以外其余分项工程的质量保证金，但其未提供证据证明保修项目中各分项工程的具体质量保证金数额。经查，当事方签订的《建设工程施工合同》的附件3《工程质量保修书》将电气管线、给水排水管道、设备安装和装修工程的保修期约定为1年。根据《建设工程质量管理条例》第四十条的规定，电气管线、给水排水管道、设备安装工程和装修工程的最低保修期限为2年。《建设工程质量管理条例》第二条规定："凡在中华人民共和国境内从事建设工程的新建、扩建、改建等有关活动及实施对建设工程质量监督管理的，必须遵守本条例。"质量保修期限属于行政法规的强制性规定，当事人约定的质量保修期限短于《建设工程质量管理条例》规定的最低保修期限的，应当适用《建设工程质量管理条例》的规定。因此，案涉工程中电气管线、给水排水管道、设备安装和装修工程的保修期应当认定为2年。

【律师评析】

司法实践中，最高人民法院以及北京市、江苏省、四川省、浙江省等各地高级人民法院对于施工合同中约定的保修期限短于法定期限是否有效这一问题的回答较为统一，皆认为保修期限短于法定期限的约定应当被确认无效。

由于质量保修期限的规定属于行政法规的强制性规定，故发承包人在签署施工合同时需要特别注意约定的质量保修期限是否符合《建设工程质量管理条例》的规定。

发包人未进行竣工验收即擅自使用工程，是否可以免除承包人对工程质量的保修义务？

【问题概述】

竣工验收制度作为建设工程的一项重要制度，对保证工程质量具有巨大作用，我国《建筑法》《建设工程质量管理条例》均有明确规定，建设工程必须经竣工验收合格后，方可交付使用。然而在建设工程实务中，会发现有许多发包人在工程未经竣工验收的情况下，即擅自将工程投入交付使用，后又在保修期内以工程存在质量问题为由，要求承包人履行保修义务，或者是在承包人主张工程款时以扣减质量维修费用为由减少相应工程款。那么，发包人在工程未经竣工验收的情况下擅自使用工程，是否能免除承包人对工程质量的保修义务呢？

【相关判例1】

某房地产开发有限公司与某建设集团有限公司建设工程施工合同纠纷［最高人民法院（2019）最高法民再166号］

【法院观点】

关于二审判决认定在欠付工程款中扣除质量保证金是否正确的问题。案涉《补充协议》约定，工程全部完成具备竣工条件付至工程款的80%，余下工程款扣除3%保修金后在工程竣工验收后一个月内支付完毕，3%保修金在国家规定时间届满后七日内一次性付清。《建设工程质量管理条例》第三十二条规定："施工单位对施工中出现质量问题的建设工程或者竣工验收不合格的建设工程，应当负责返修。"第四十条第三款规定："建设工程的保修期，自竣工验收合格之日起计算。"第四十一条规定："建设工程在保修范围和保修期限内发生质量问题的，施工单位应当履行保修义务，并对造成的损失承担赔偿责任。"施工方对建设工程应承担的质量责任，包括对施工中出现质量问题的工程及经验收不合格的工程应承担的质量返修责任，以及对经验收合格但在使用过程中出现质量问题的工程应承担的保修责任。某房地产开发有限公司未进行竣工验收擅自使用工程，只能够推定工程质量合格，并不能免除承包人对案涉工程的质量保修义务。故二审判决关于在欠付工程款中扣除保证金的认定正确，某建设集团有限公司主张不应当予以扣减的再审理由不能成立。

【相关判例2】

某建设集团有限公司与某房地产开发有限公司建设工程施工合同纠纷［最高人民法院（2021）最高法民终754号］

【法院观点】

某房地产开发有限公司上诉称，因某建设集团有限公司遗留不合格工程，故某房地产开发有限公司采取补救措施，产生了1671822.02元损失，该损失应由某建设集团有限公司承担。法院认为，首先，案涉工程未完成竣工验收前，某房地产开发有限公司即同意购房人入住使用。《建设工程施工合同司法解释》第十三条规定："建设工程未经竣工验收，发包人擅自使用后，又以使用部分质量不符合约定为由主张权利的，不予支持；但是承包人应当在建设工程的合理使用寿命内对地基基础工程和主体结构质量承担民事责任。"根据该规定，某建设集团有限公司承担质量责任的范围仅限于"建设工程的地基基础工程和主体结构质量"。其次，《施工协议书》第六条第5项约定："保修期间，乙方在接到甲方修理通知之日后15天内派人修理。否则，甲方可委托其他单位或人员修理，因乙方原因而产生的返修费用甲方在保修金内扣除，不足部分由乙方支付。"该案中，某房地产开发有限公司并未提供通知某建设集团有限公司履行维修义务的相关证据，因质量问题产生损失的事实存疑。因此，某房地产开发有限公司关于某建设集团有限公司因工程质量不合格应承担1671822.02元损失赔偿责任的上诉理由，不能成立。

【律师评析】

上述案件中，最高人民法院裁判存在不同观点，观点1认为，发包人在工程竣工验收前擅自使用的，能够推定工程质量合格，但不能因此免除承包人对工程的法定质量保修义务。观点2认为，依照《建设工程施工合同司法解释（一）》第十四条之规定，承包方承担质量责任的范围仅限于“建设工程的地基基础工程和主体结构质量”，承包人对发包人擅自使用的部分工程，不应再承担相应的质量保修责任。

笔者认为，在2021年以前，最高人民法院的裁判观点都倾向于将未经竣工验收而发包人提前投入使用的建筑工程，视为提前竣工验收合格的工程，其结果是工程进入保修和结算的阶段，但是不能因此免除承包人负有的质量保修责任。值得注意的是，在2021年以后，最高人民法院对此问题的看法发生了变化，认为关于保修期限的规定，与发包人擅自使用后的质量风险转移，属于法律冲突，承包人只对司法解释字面上规定的地基基础和主体结构负有质量保修责任。

笔者建议，对发包人而言，如果工程未经竣工验收即擅自使用，要区分涉诉的质量责任是属于在验收过程中应由承包人承担的在施工过程中产生的质量缺陷返工责任，还是属于在竣工验收后的使用期间内发生损坏而由承包人承担的保修责任，从而提出明确的诉讼请求或进行合理的抗辩。对承包人而言，因为施工过程中的质量缺陷返工责任和保修期间的保修责任会有叠加和延续的情形，所以发包人对此通常难以举证，在诉讼中可以从这一点上进行抗辩。

问题九　工程质量不合格，发包人能否同时主张工程质量违约金和质量修复费用?

【问题概述】

《民法典》第五百八十五条第一款规定：“当事人可以约定一方违约时应当根据违约情况向对方支付一定数额的违约金，也可以约定因违约产生的损失赔偿额的计算方法。”那么，当工程质量不合格时，发包人能否同时向承包人主张质量违约金和质量修复费用呢?

【相关判例1】

某建设集团有限公司与某房地产发展有限公司建设工程施工合同纠纷［最高人民法院（2019）最高法民终589号］

【法院观点】

关于工期延误违约金与工程质量违约金是否应予支持的问题。案涉《桩基工程施工合同》无效，合同中约定的工程质量违约金不能得到支持。而且，法院已认定某建设集团有限公司因工程质量不合格应承担向某房地产发展有限公司支付补桩费用18713308.24元，已实际弥补某房地产发展有限公司的损失。工程质量违约金作为损害赔偿的方式，在损失已经得到实际弥补的情况下，不应当再计算。

【相关判例2】

某建筑有限公司与某电气有限公司建设工程施工合同纠纷［最高人民法院（2018）最高法民再95号］

【法院观点】

关于某电气有限公司同时请求赔偿损失和违约金有无法律依据和事实依据的问题。《合同法》第一百一十四条规定："当事人可以约定一方违约时应当根据违约情况向对方支付一定数额的违约金，也可以约定因违约产生的损失赔偿额的计算方法。约定的违约金低于造成的损失的，当事人可以请求人民法院或者仲裁机构予以增加；约定的违约金过分高于造成的损失的，当事人可以请求人民法院或者仲裁机构予以适当减少。"据此，只有在违约金低于造成损失的情况下，当事人方可请求人民法院予以增加，但该增加亦限于损失范围内。某电气有限公司在诉请赔偿1421.28万元的同时诉请支付600万元违约金，其主张赔偿损失的依据主要是其单方委托房地产估价咨询机构作出的鉴定意见，该意见在质证中并未得到某建筑有限公司的认可，不应作为认定案件事实的依据。因某建筑有限公司违约，某电气有限公司可以依据《相关事宜协议》中关于支付补偿金的约定要求某建筑有限公司承担违约责任，其不能证明合同约定的补偿金低于造成的损失，一并主张违约金及赔偿损失，与《合同法》规定不符，法院不予支持。

【律师评析】

笔者认为，民事责任以填补损失为原则，当违约金责任与损失赔偿责任均指向同一违约行为且同时适用时，二者之和不应超过违约所导致的损失总额。若承包人支付的质量修复费用足以弥补发包人实际损失，发包人要求承包人支付质量违约金有违公平原则。但是若发包人能够证明其实际损失超过承包人支付的质量修复费用，则有权要求承包人在支付质量修复费用的同时支付质量违约金。

问题十　工程质量修复费用没有约定或者约定不明的，如何认定工程质量修复费用？

【问题概述】

在工程实务中，施工合同对工程质量修复费用没有约定或者约定不明时，往往以鉴定公司的鉴定报告作为修复费用的确定依据。但是，若鉴定出的质量修复费用高于已完工程造价，该质量修复费用应当如何认定呢？

【相关判例】

某建设集团有限公司与某实业有限公司建设工程施工合同纠纷［最高人民法院(2020)最高法民终337号］

【法院观点】

关于防火防腐涂料分项工程重作费用如何认定的问题。对于防火防腐涂料分项工程重作费用，某工程造价咨询事务所有限公司分别采用两种标准作出两种鉴定意见，按2013

定额得出重作费用为 12382358.44 元，按市场价得出重作费用为 10199761 元。某实业有限公司主张鉴定机构依据的市场价格无证明材料，应采信以 2013 定额为依据作出的鉴定意见。二审法院认为，某实业有限公司未举证证明鉴定机构存在背离鉴定资料或者背离工程实际随意主观判断的情形。对于某实业有限公司的异议，鉴定人员在一审中接受质询时已作出合理说明。故，对于某实业有限公司该主张，二审法院不予支持。

某建设集团有限公司主张，对防火防腐涂料的费用进行鉴定时在已完工程造价鉴定、重作费用鉴定中采用的标准不一致，导致修复费用远高于已完工程造价，并且鉴定发生在工程停工四年后，导致结论存在偏差。二审法院认为，首先，根据《已完工的防火、防腐涂料喷涂施工不合格部分的返工工程造价鉴定意见书》，重作费用中包含除重新涂刷防火防腐涂料外的工程项目，故防火防腐涂料分项工程的重作费用高于其已完工程造价，符合常理。其次，已完工程造价鉴定之目的在于确定当时的工程价款，重作费用鉴定之目的在于确认当前修复质量不合格的工程所需费用，某建设集团有限公司在一审质证中也自认返工费用按照市场价计算更为公平。故一审法院采信以市场价为依据的鉴定意见并无不当。

【律师评析】

《民法典》第五百一十一条第二项规定："价款或者报酬不明确的，按照订立合同时履行地的市场价格履行；依法应当执行政府定价或者政府指导价的，依照规定履行。"

若鉴定报告确定的质量维修费用高于已完工程造价，则应当结合具体鉴定方法和鉴定依据等进行综合分析。若鉴定机构使用的质量修复费用计价标准和工程修复方案没有问题，只是计算结果比已完成的工程造价高，则不能认为修复费用不合理。相反，应对结果予以适当调整。

发包人未履行通知义务而直接委托第三方维修的，承包人是否需要承担维修费用？

【问题概述】

工程保修期内出现质量问题，发包人通知承包人进行维修而承包人拒不履行保修责任时，发包人可以先行委托第三方对质量问题进行修复，修复费用由承包人承担。若发包人未履行通知义务而直接委托第三方维修，相应维修费是否需要由承包人承担？

【相关判例】

某冶金建设集团有限公司与某研究设计院有限公司建设工程施工合同纠纷［最高人民法院（2018）最高法民终 92 号］

【法院观点】

对于第三方维修费用，根据《工程施工合同》第二部分"合同条件"第 29 条第 2）项"收到发包人通知，承包人应在最后的阶段性按比例付款前对工程个别施工缺陷立即进行必要的更换和维修（费用自理）。如承包人未能实施发包人要求的更换和维修，则发包人自行实施更换和维修，费用和风险由承包人承担。发包人将从阶段性按比例支付的款项中提款进行必要的维修和更换”的约定，在案涉工程需要维修时，某研究设计院有限公司应先通知某冶金建设集团有限公司，在某冶金建设集团有限公司拒不维修的情况下，才可自行维修。但某研究设计院有限公司未提交证据证实其按照上述约定通知了某冶金建设集团有限公司，故其无权向某冶金建设集团有限公司主张维修费用。一审判决对此认定正确，二审法院予以维持。某研究设计院有限公司提出的该项上诉主张，理据不足，二审法院不予支持。

【律师评析】

《建设工程质量管理条例》第四十一条规定：“建设工程在保修范围和保修期限内发生质量问题的，施工单位应当履行保修义务，并对造成的损失承担赔偿责任。”《房屋建筑工程质量保修办法》第十二条规定：“施工单位不按工程质量保修书约定保修的，建设单位可以另行委托其他单位保修，由原施工单位承担相应责任。”

在工程质量保修阶段，发包人应当发函告知承包人工程存在的质量问题并要求承包人履行保修责任，承包人拒不履行保修责任的情况下，发包人可另行委托第三方进行维修，相应维修费用由承包人承担。但是若发包人未履行通知义务而直接委托第三方进行维修，如前述判例所示，相应维修费可能由发包人自行承担。鉴于此，笔者认为发包人在保修阶段应当严格履行通知义务，尽可能以书面函件形式告知承包人并要求其在一定期限内限期修复，在承包人逾期未修复时，发包人可另行委托第三方，修复完毕后，发包人应当再次函告承包人要求承担相应维修费用。另外发承包人可在施工合同中约定承包人多次维修仍未修缮合格时，发包人有权要求承包人重新施工。

问题十二 发承包人协议免除保修责任，承包人还应承担质量责任吗？

【问题概述】

工程竣工验收合格后，承包人主要承担保修责任。但是发承包人通过协议方式免除承包人的保修责任的，承包人需要对地基基础工程和主体结构的质量问题继续承担责任吗？

【相关判例】

某建设有限公司与某商贸有限公司、申某建设工程施工合同纠纷［最高人民法院（2021）最高法民终1054号］

【法院观点】

某建设有限公司主张其责任已经免除的依据是《协议书》第五条，但是该《协议书》第五条约定内容为“乙方承揽范围内的工程已经完工，但尚未竣工验收，乙方协助该工程的竣工验收，自相关五方单位签字盖章通过验收后20日内向甲方提交乙方承建完成的全部工程验收资料，该协议生效后，乙方不再承担保修责任。如乙方不提交项目的竣工资料，甲方有权拒付剩余1000万元工程款并不承担逾期付款的违约责任”。依据该条约定，该《协议书》生效后，某建设有限公司免除的责任为“保修责任”。保修责任是施工单位对建筑工程竣工验收后、保修期内出现的非因使用不当、第三方或者不可抗力造成的质量缺陷，承担无条件按交付时的原貌和质量标准实施修复的责任，它不同于地基基础工程和主体结构的质量保证责任，且《协议书》第六条也约定：“本工程质量以《中华人民共和国建筑法》《建设工程质量管理条例》等相关法律、法规的规定及双方签订的《建设工程施工合同》相关条款为依据”。《建筑法》第六十条规定：“建筑物在合理使用寿命内，必须确保地基基础工程和主体结构的质量。”某建设有限公司应当对案涉地基基础工程承担责任。根据该案查明的事实，案涉工程经鉴定存在混凝土柱箍筋间距不合格、混凝土柱垂直度不合格、混凝土基础防腐做法不符合设计要求及混凝土柱的构件截面尺寸不合格等地基基础工程问题，依照《建设工程施工合同司法解释》第十三条“建设工程未经竣工验收，发包人擅自使用后，又以使用部分质量不符合约定为由主张权利的，不予支持；但是承包人应当在建设工程的合理使用寿命内对地基基础工程和主体结构质量承担民事责任”之规定，某建设有限公司应当对案涉地基基础工程存在的质量问题承担整改责任。某建设有限公司称某商贸有限公司已经免除某建设有限公司责任的理由，依法不能成立。

【律师评析】

《建筑法》第六十条规定：“建筑物在合理使用寿命内，必须确保地基基础工程和主体结构的质量。”《建设工程施工合同司法解释（一）》第十四条规定：“建设工程未经竣工验收，发包人擅自使用后，又以使用部分质量不符合约定为由主张权利的，人民法院不予支持；但是承包人应当在建设工程的合理使用寿命内对地基基础工程和主体结构质量承担民事责任”。

地基基础工程和主体结构严重影响建筑物整体的安全性，地基基础工程和主体结构存在的问题不属于纯粹的保修责任问题，而属于质量问题。虽然在部分施工合同的履行过程中，发承包人通过协议方式免除承包人的保修责任，但是若地基基础工程和主体结构存在问题，承包人仍需要承担整改责任。

问题十三　工程保修期届满后，承包人还应承担质量责任吗？

【问题概述】

司法实践中，虽然发承包人之间发生的质量纠纷大多出现在工程施工期间或工程质量保修期内，但也会有质量问题在工程保修期届满后才出现。那么建设工程已经通过竣工验收且保修期也已届满时，发包人能否要求承包人对工程质量问题进行整改并承担质量责任呢？

【相关判例】

某市政设施修建有限公司与某化学工业股份有限公司、某施工有限公司建设工程施工合同纠纷［最高人民法院（2019）最高法民申 5769 号］

【法院观点】

《建筑法》第八十条规定："在建筑物的合理使用寿命内，因建筑工程质量不合格受到损害的，有权向责任者要求赔偿。"据此，工程验收合格不等于工程真正合格，因施工人的原因发生质量事故的，其依法仍应承担民事责任。任何法律法规均没有工程一经验收合格，施工人对之后出现的任何质量问题均可免责的规定。某市政设施修建有限公司以案涉工程已经正式通过竣工验收为由主张其不应承担责任，理由不能成立。

【律师评析】

《民法典》第八百零二条规定："因承包人的原因致使建设工程在合理使用期限内造成人身损害和财产损失的，承包人应当承担赔偿责任。"最高人民法院在《中华人民共和国民法典合同编理解与适用》中对该条的释义是："不宜将本条所规定的责任仅限定于承包人对发包人的责任，或者仅理解为侵权责任。本条规定的责任应当既包括承包人对发包人的违约责任，也包括承包人对第三人的侵权责任，是关于承包人对建设工程承担质量责任时间限制的规定。"[1]

该案中，最高人民法院认为承包人在此情形下对工程质量问题承担的是瑕疵担保责任，而法定的保修期是承包人应对保修期内出现的属于保修范围内的质量问题承担无条件修复的期限，由于案涉质量问题在工程交付前已经存在，那么即使保修期届满，也并不影响承包人对工程质量承担瑕疵担保责任。

笔者认为，承包人承担瑕疵担保责任需要同时满足两个重要前提：其一，承包人对建筑发生质量问题具有过错，即工程发生质量问题可归责于承包人；其二，建筑发生质量问题虽然在时间上超出了质保期，但并未超出建设工程的合理使用期间。竣工验收通过只是推定工程合格，而不是说此建设工程是完全合格的，质量保修期届满只是意味着承包人不用再对工程质量瑕疵提供无条件保修义务，而不是说承包人对工程质量的责任从此消失。

问题十四　发包人逾期返还质量保证金是否按逾期支付工程款的利息标准计算利息?

【问题概述】

利息属法定孳息，发包人欠付承包人工程款时应向承包人支付自应付工程价款之日起

[1] 最高人民法院民法典贯彻实施工作领导小组．中华人民共和国民法典合同编理解与适用［M］．北京：人民法院出版社，2020.

计算的利息。司法实践中，发承包人通常在施工合同中对发包人逾期支付工程款的利息标准进行明确约定，而对逾期返还质量保证金时对利息是否计算以及计算标准往往未作约定。那么发包人逾期返还质量保证金是否也需要按照逾期支付工程款的利息标准计算利息呢？

【相关判例】

某建设集团有限公司与某房地产开发有限公司建设工程施工合同纠纷［最高人民法院（2020）最高法民终437号］

【法院观点】

《补充协议（三）》4.5条约定，结算总价的2%作为保修金，在保修期内分期支付。竣工验收合格满1年，保修金支付基数为合同结算总额的1%；竣工验收合格满2年，保修金支付基数为合同结算总额的0.5%；竣工验收合格满3年，保修金支付基数为合同结算总额的0.5%。案涉工程于2016年10月10日竣工验收合格，已竣工验收合格满2年，故某房地产开发有限公司应支付合同结算总额1.5%的保修金6233947.55元，并就6233947.55元给付自竣工验收合格满2年之日即2018年10月10日起至实际给付之日止按中国人民银行同期同类贷款利率计算的利息。因双方并未就逾期支付保修金作出约定，某建设集团有限公司关于应适用合同中关于逾期支付工程款的违约责任来计算逾期支付保修金利息的主张不符合合同约定及法律规定，法院对此不予支持。

【律师评析】

该案中，最高人民法院认为工程款和质量保证金是两种性质不同的合同款项，两者有着显著的差异，如果发承包双方未约定质量保证金逾期返还时需要支付利息或者利息的计算标准，那么承包人无权参照合同中关于工程款逾期支付的违约责任来计算质量保证金的逾期利息。

笔者认为最高人民法院的上述判例有待商榷，工程款应当作广义解释，包括工程预付款、工程进度款、工程结算款以及质量保证金，施工合同若对工程款逾期支付的利息标准进行了明确约定，当然适用于质量保证金。除非施工合同中仅约定工程进度款或者工程结算款逾期支付的违约责任，那么质量保证金逾期返还无法参照适用。当然，为了减少歧义，笔者建议承包人可以在施工合同中增加发包人逾期返还质量保证金的违约责任条款以明确违约责任的承担方式，进而最大程度地维护自身合法权益。

问题十五　在不具备鉴定条件的情形下，工程修复费用如何认定？

【问题概述】

在建设工程实务中，当发承包人对修复费用无法形成统一意见时，往往会委托具有相应资质的鉴定机构进行鉴定。然而，在鉴定过程中可能因客观原因而导致修复费用无法鉴定。那么，在不具备鉴定条件的情形下，工程修复费用该如何认定呢？

【相关判例】

某集团有限公司与某建筑工程有限公司建设工程施工合同纠纷［最高人民法院（2019）最高法民申6431号］

【法院观点】

该案一审审理期间，案涉工程经鉴定存在质量问题，某集团有限公司申请对维修费用进行鉴定，经一审法院摇号选定鉴定机构，但鉴定机构以案件档案资料中没有工程质量问题修复设计因而无法鉴定为由退回鉴定资料。案涉工程监理工程师在一审时出庭证明施工过程中存在应某集团有限公司要求变更地面设计和变更建材的情况，但某集团有限公司未提供设计变更图纸。某集团有限公司曾在施工过程中要求进行设计变更，但其未能提供设计变更后的工程图纸，鉴定期间也未能提供修复设计图纸，工程维修费用不具备鉴定条件，且一审法院在判决中已告知某集团有限公司待其有充分维修费用证据后可另行主张权利。现某集团有限公司以维修费用应重新鉴定为由申请再审，没有事实和法律依据。

【律师评析】

该案中，因某集团有限公司与某建筑工程有限公司对修复费用无法形成一致意见，某集团有限公司已在一审审理期间请求法院指定鉴定机构就修复费用进行鉴定，因施工过程中某集团有限公司曾要求变更地面设计和建材但是其无法提供设计变更图纸而导致鉴定机构无法鉴定，故二审法院与再审法院均驳回某集团有限公司的鉴定申请。

笔者认为，针对质量修复费用的鉴定，一般情况下包括三种类型：（1）质量问题鉴定；（2）修复方案鉴定；（3）修复费用鉴定。质量修复费用鉴定所需成本较高，因此最好采取承包人自行维修工程或双方协商确定修复费用金额的方式。假设双方无法达成一致意见而必须启动鉴定程序，发包人作为权利主张方负有举证义务，也就是提交鉴定机构所需要的原始材料，包括但不限于竣工图、设计变更联系单、签证单等。因此为防止资料缺失而导致鉴定程序无法进行，发承包人在施工过程中均应该做好材料收集工作，更好维护自身合法权益。

第十二章

建设工程合同解除

问题一 建设工程施工合同解除后，发包人是否有权继续扣留质量保证金？

【问题概述】

质量保证金是指发包人与承包人在建设工程承包合同中约定，从应付的工程款中预留，用以保证承包人在缺陷责任期内对建设工程出现的缺陷进行维修的资金。质保期届满后，承包人可向发包人申请返还质量保证金。但在施工合同解除且双方未另行约定质量保证金的情形下，施工合同中质量保证金条款是否应继续履行？发包人是否有权继续扣留质量保证金？

【相关判例 1】

某建设集团有限公司、某置业有限公司与某地产集团有限公司建设工程施工合同纠纷[最高人民法院（2021）最高法民终 340 号]

【法院观点】

关于质量保证金期限应如何认定、应否扣除 76740 元质量保证金的问题。某建设集团有限公司主张案涉工程为未完工程，不存在保修期，不应扣除 76740 元质量保证金，某置业有限公司则主张质量保证金未至退还期限。法院认为，质量保证金是发包人与承包人在建设工程承包合同中约定，从应付的工程款中预留，用以保证承包人在缺陷责任期内对建设工程出现的缺陷进行维修的资金。与承包人的法定质量保修义务不同，质量保证金条款依赖于双方当事人的约定。建设工程质量保证金对应的是“缺陷责任期”，而非保修期。缺陷责任期是承包人按照合同约定承担缺陷修复义务，且发包人预留质量保证金（已缴纳履约保证金的除外）的期限，自工程实际竣工之日起计算。保修期是承包人按照合同约定对工程承担保修责任的期限，自工程竣工验收合格之日起计算。保修义务是承包人的法定义务。该案中，根据已查明事实，案涉工程系未完工程。双方当事人现已解除合同，但就已完工部分仍应履行《复工协议》约定的质量保证金条款，对于合同约定的缺陷责任期已经届满的部分，应返还质量保证金并承担法定保修义务；对于缺陷责任期未届满的，应将质量保证金预留至期满再行返还。某置业有限公司返还工程质量保证金后，不影响某建设集团有限公司依照合同约定或法律规定履行工程保修义务。

【相关判例 2】

某建设集团有限公司与某实业有限公司建设工程施工合同纠纷［最高人民法院（2020）最高法民终 337 号］

【法院观点】

质量保证金条款属于结算条款，合同解除不影响质量保证金条款效力，因此在合同约定的条件满足时，工程质量保证金才应返还施工方。虽然案涉工程未完工，但某建设集团有限公司的质量保修义务并不因此免除。根据《建设工程施工合同》中《工程质量保修书》之约定，工程质量保证金按实际完成工程结算总价款的 5%扣留 5 年，案涉工程于 2016 年 1 月 8 日完成主体封顶，至今未竣工验收，也未交付使用，质量保修期尚未届满，故某建设集团有限公司主张质量保证金不应扣除的理由不能成立。

【律师评析】

实务中，对于建设工程施工合同解除后，发包人是否有权继续扣留质量保证金的问题，主要存在两种不同的观点。

第一种裁判观点认为，根据《民法典》第五百六十六条之规定，建设工程施工合同已经解除，则发包人与承包人之间的权利义务已终止，发包人应返还质量保证金。且质量保证金对应的质量缺陷责任期并非保修期，即使发包人返还了质量保证金，当工程出现因承包人施工原因所导致的质量问题时，其仍应承担保修责任，该责任并不因施工合同解除、质保期已过而豁免。

第二种裁判观点认为，根据《民法典》第五百六十七条之规定，合同的权利义务关系终止，不影响合同中结算和清理条款的效力。因质量保证金属于工程款的一部分，故质量保证金条款也属于结算条款，建设工程施工合同解除但不影响质量保证金条款效力，发包人仍有权按合同条款继续扣留质量保证金，在合同约定的质保期满后，再返还给承包人。

如上述案例所示，实践中尚未对这一问题形成共识，且也未有相关法律法规明确规定。因此，对于承包人来说，为尽可能保障自身权益，在订立建设工程施工合同时，应尽可能明确约定施工合同解除时质量保证金的扣留、返还问题，以及明确合同解除后合同权利义务如何处理的问题。但承包人也应注意，即便施工合同解除、发包人返还质量保证金，承包人仍对其承建的工程负有质量保修的法定义务。此外，承包人还应及时了解当地法院最新裁判观点，以便更好维护自身权益。

问题二　因发包人未按约支付工程款导致承包人停工，发包人能否行使单方解除权？

【问题概述】

建设工程施工合同中，承包人的主要义务是按约保质保量完成工程，发包人的主要义务是及时足额给付工程款。然而因工程周期漫长，故实际中存在发包人资金困难无法及时支付工程款等情况。承包人得不到工程款，势必会影响工程进度。若因发包人未按约按时支付工程款导致承包人停工，发包人能否要求解除施工合同？

【相关判例】

某房地产开发有限公司与某集团股份有限公司、某建设工程有限公司等建设工程施工合同纠纷［最高人民法院（2022）最高法民申 144 号］

【法院观点】

关于某房地产开发有限公司解除案涉施工协议的请求是否成立的问题。建设工程施工合同关系中，发包方的主要合同义务在于按照合同约定按时足额向施工方支付工程进度款，施工方的主要合同义务在于按照约定开展施工活动并保证按时向发包方交付符合工程质量要求的建设工程。在双方的主要合同义务关系方面，发包方按时足额支付工程进度款是施工方按约开展施工活动的重要保证。如果发包方未能按时足额根据双方约定支付工程进度款，则难以要求施工方及时开展相关施工活动。《民法典》也规定，当事人互负债务，有先后履行顺序，先履行一方未履行的，后履行一方有权拒绝其履行要求。先履行一方履行债务不符合约定的，后履行一方有权拒绝其相应的履行要求。该案中，案涉工程主体封顶后，某房地产开发有限公司应当按照合同约定支付相应的工程进度款，但某房地产开发有限公司并未按约定支付。在此情况下，某集团股份有限公司有权拒绝履行继续施工义务，其未及时开展施工活动不能被视为根本违约。而某房地产开发有限公司作为违约方无权要求解除案涉合同，案涉合同应当继续履行，因此某房地产开发有限公司解除案涉施工协议的请求不能成立。

【律师评析】

上述问题涉及两方面的权利基础，其一为先履行抗辩权，其二为单方解除权。《民法典》第五百二十六条规定了先履行抗辩权，即“当事人互负债务，有先后履行顺序，应当先履行债务一方未履行的，后履行一方有权拒绝其履行请求。先履行一方履行债务不符合约定的，后履行一方有权拒绝其相应的履行请求”。具体到实践中，如上述案例所示，发包人的主要合同义务是按约按时足额支付工程进度款，如果未能按约按时足额履行该义务，则难以要求承包人及时开展相关施工活动。因此，先履行工程款支付义务的发包人未履行的，后履行施工义务的承包人可以主张先履行抗辩权，有权拒绝履行继续施工的义务。

在此情况下，发包人能否行使单方解除权？根据《民法典》的规定，合同解除包含法定解除、约定解除及协商解除三种情形。在排除约定解除及协商解除的适用空间后，发包人主张单方解除权的，需依据《民法典》第五百六十三条认定是否符合法定解除情形。再者，最高人民法院第二次巡回法庭 2019 年第 13 次法官会议纪要指出，合同解除权一般限于守约方享有，违约方不享有合同解除权，除非法律和司法解释有特别规定。此外，法院审查合同解除权是否成立比较审慎，需要综合合同是否能够继续履行、当事人是否陷入合同僵局以及是否存在情势变更等情形，对合同是否解除作出裁判。因此，在发包人迟延支付工程款导致承包人停工的情形中，显然系发包人违反先履行合同义务在先，所以其不享有施工合同解除权。

对于承包人来说，当出现发包人未按合同约定及时足额给付工程款的情形时，直接拒绝继续履行施工义务可能面临一定风险。对此，建议承包人可以先固定好相关证据，同时在合理期限内向发包人及时发函，告知发包人存在的违约事实及可能导致的责任后果，并敦促发包人在合理催告期限内及时履行工程款支付义务。对于发包人来说，想要以承包人停工为由行使合同解除权，还需进一步考虑造成停工原因的责任主体，如仅因承包人原因导致停工，发包人有权主张单方解除权，如因发包人原因导致停工，发包人作为违约方，无权主张合同解除。

问题三 施工合同约定发包人享有合同任意解除权，发包人能否以此主张解除合同?

【问题概述】

合同任意解除权是指合同的一方或双方可随时解除合同的权利，任意解除权通常以法律规定为必要，例如《民法典》第五百六十三条第二款即规定，以持续履行的债务为内容的不定期合同，当事人可以随时解除，但是应当在合理期限内通知对方。但建设工程施工合同不同于一般的民事合同，若发包人和承包人在合同中约定了发包人享有任意解除权，那么发包人能否据此直接主张解除施工合同？

【相关判例】

某城建集团有限责任公司与某房地产开发有限公司建设工程施工合同纠纷［最高人民法院（2021）最高法民终 695 号］

【法院观点】

仅就合同解除而言，案涉合同不具备解除条件，具体来说：首先，某房地产开发有限公司并无约定解除权，其虽然根据施工合同采用的《国际咨询工程师联合会（FIDIC）施工合同条件》第 15.2 项、第 15.5 项主张解除案涉协议，但第 15.2 项系对承包人存在未经许可将工程违法分包等情形时发包人可以行使解除权的约定，某房地产开发有限公司未能举证证明某城建集团有限责任公司存在此类情形，故不能以此约定主张合同解除，而第15.5项虽约定“雇主应有权为其便利在任何时候，通过向承包商发出终止通知，终止合同”，但该约定不符合公平原则，尤其在目前建筑市场中承包人处于弱势地位的情形下，允许发包人轻易解除合同会使得发包人以此逃避合同义务，导致双方利益显著失衡，造成社会资源的极大浪费，故其无权依据该约定主张合同解除；其次，虽然某房地产开发有限公司曾向某城建集团有限责任公司发送解除合同函，但某城建集团有限责任公司对此提出异议，不同意合同解除，故案涉合同不满足协议解除的要件；最后，案涉合同不存在法定解除事由。

【律师评析】

对于发包人是否享有建设工程施工合同的任意解除权，实务中有两种不同截然不同的观点：第一种观点认为，发包人享有合同任意解除权，因为根据《民法典》第七百八十七条的规定，定作人在承揽人完成工作前可以随时解除合同，而建设工程施工合同属于特殊的承揽合同，根据《民法典》第八百零八条的规定，应适用承揽合同的相关规定；第二种观点认为，发包人不享有合同任意解除权，因为《民法典》已就发包人在何种情况下享有解除权作了明确规定，故《民法典》第七百八十七条原则上不应再适用于建设工程施工合同，同时考虑到承包人多处于弱势地位，如果允许发包人享有任意解除权，会使承包人处于更不利地位，有违公平原则。目前主流裁判观点为第二种观点，认为建设工程施工合同中的发包人不享有合同任意解除权。

因此，即使施工合同中约定了发包人享有任意解除权，发包人也无权直接行使该权利。施工合同涉及多方利益，不管是发包人还是承包人都应慎重对待。发包人与承包人在订立合同时，就应明确各种合同解除情形，作好风险预警。若发生合同解除事由，双方应固定好证据，尽量通过书面形式进行协商，无法解决时再考虑提起诉讼或仲裁。

问题四 因发包人原因导致合同解除的，承包人能否主张预期可得利益损失？

【问题概述】

《民法典》第五百八十四条规定：“当事人一方不履行合同义务或者履行合同义务不符合约定，造成对方损失的，损失赔偿额应当相当于因违约所造成的损失，包括合同履行后可以获得的利益；但是，不得超过违约一方订立合同时预见到或者应当预见到的因违约可能造成的损失。”然而在建设工程领域，关于施工合同解除后承包人能否主张预期可得利益损失的问题，存在不同观点。

【相关判例1】

某建筑有限公司与某甲置业有限公司、某乙置业有限公司建设工程施工合同纠纷［最高人民法院（2022）最高法民终364号］

【法院观点】

关于可得利益损失的问题。案涉合同并未对可得利益损失作任何约定，反而对工程的缓建、停建进行了约定，即在合同继续履行的情况下如因某甲置业有限公司原因导致工程缓建、停建，某甲置业有限公司对某建筑有限公司的损失不承担赔偿责任。由合同内容可知，案涉合同签订时双方即对工程不能如约施工存在预期，当事人追求的履约目的很可能难以实现。2015 年 1 月 6 日，某甲置业有限公司向某建筑有限公司发函称项目开发进度放缓；2015 年 1 月 9 日，双方会同监理单位共同对施工现场进行盘点；2015 年 5 月 20 日，工程造价初审报告作出；2015 年 6 月 2 日，各方当事人签署会议纪要；此后，双方并未对复工进行任何商讨和准备，以实际行动终止了合同的履行。某建筑有限公司请求某甲置业有限公司向其赔偿因违约造成的可得利益损失，缺乏合同和法律依据。某甲置业有限公司主张其不应赔偿某建筑有限公司的可得利益损失，理由成立，法院予以支持。

【相关判例 2】

某钢铁有限公司与某新能源股份有限公司建设工程施工合同纠纷［最高人民法院（2019）最高法民申 5776 号］

【法院观点】

该案审查重点是二审法院认定某钢铁有限公司赔偿某新能源股份有限公司因合同被解除而遭受的可得利益损失 2271929 元是否适当。某钢铁有限公司（发包方）与某新能源股份有限公司（承包方）于 2011 年 11 月 17 日签订总承包合同，约定某新能源股份有限公司承包案涉汽拖工程设计、供货、施工，合同价款为 1.999 亿元。在合同履行过程中，因某钢铁有限公司迟延支付合同约定的每笔款项，明显违约，最后导致工程停滞，双方均请求解除合同。合同解除主要责任在某钢铁有限公司一方，某新能源股份有限公司主张解除合同后剩余未完工程的预期可得利益损失，符合《合同法》第一百一十三条第一款的规定。

对于案涉可得利益损失，二审法院在审理中委托鉴定机构进行工程造价鉴定，鉴定意见表明案涉合同的建筑安装工程未完工程利润为 2271929 元。二审法院在审理中委托补充鉴定，并不违反法律规定。既然二审法院已经委托鉴定并认定事实，该案又无相反证据对相关事实予以推翻，故二审法院根据鉴定意见认定可得利益损失，并无不当。某钢铁有限公司申请再审认为二审法院对可得利益损失委托补充鉴定违反法定程序，没有事实和法律依据，再审法院不予支持。

【律师评析】

关于因发包人原因导致施工合同解除，承包人能否主张预期可得利益损失的问题，最高人民法院及地方各级法院对此有两种不同的裁判观点。

第一种观点认为，承包人主张的预期可得利益损失需符合预期性和合理性，且预期可得利益损失数额不应超过在订立施工合同时预见或应当预见的损失数额，若承包人的主张缺乏预期性和合理性，即便发包人违约在先，其主张也很难得到法院支持。比如最高人民法院在上述相关判例 1 中，认为承包人与发包人在订立合同时就已经对工程不能如约施工存在预期，故未支持承包人主张的可得利益损失。

第二种观点认为，根据《民法典》第五百八十四条之规定，因发包人原因导致施工合同解除的，发包人应承担未完工程的预期可得利益损失，但承包人应提供充足证据，其主张的预期利益损失的数额应通过合理的计算方式得出，或者经过鉴定机构鉴定，否则承包人的主张将无法得到法院的支持。

对于这一问题司法实践的观点不一，对于承包人来说，建议在订立合同时作好风险预期，比如在合同条款中明确约定预期可得利益及相应计算方式。在发生施工合同解除情形时，应及时固定证据，必要时通过诉讼或仲裁方式救济权利。

问题五　施工合同解除，如何认定已完工程的工程款支付时间?

【问题概述】

建设工程施工合同涉及标的额大、履行时间长，在履行过程中有可能会出现合同解除情形。施工合同解除势必会影响发包人与承包人之间的权利义务，其中工程款是合同双方最关注的问题，那么施工合同解除后，如何认定已完工程的工程款支付时间?

【相关判例 1】

某房地产开发有限公司与某建筑有限公司建设工程施工合同纠纷［最高人民法院（2021）最高法民申 4755 号］

【法院观点】

《建设工程施工合同司法解释》第十八条规定："利息从应付工程价款之日计付。当事人对付款时间没有约定或者约定不明的，下列时间视为应付款时间：（一）建设工程已实际交付的，为交付之日；（二）建设工程没有交付的，为提交竣工结算文件之日；（三）建设工程未交付，工程价款也未结算的，为当事人起诉之日。"某房地产开发有限公司和某建筑有限公司之间的案涉施工合同已在全部工程竣工交付前解除，但双方在 2015 年 4 月 23 日已通过会议协商的方式决定于 2015 年 4 月 24 日至 4 月 28 日确认工程量及款项支付、应付未付款项的支付方案、结算和收尾工程施工及竣工验收工作等事宜，并形成了会议纪要，应视为双方此时达成了结算的合意，二审据此认定双方核算的最后一日即 2015 年 4 月 28 日为案涉工程应付款之日，并无不当。

【相关判例 2】

某市政建设开发有限公司与某建工集团有限公司建设工程施工合同纠纷［最高人民法院（2020）最高法民申 3298 号］

【法院观点】

关于该案应付工程款的起算时间问题。该案工程施工中，某市政建设开发有限公司于

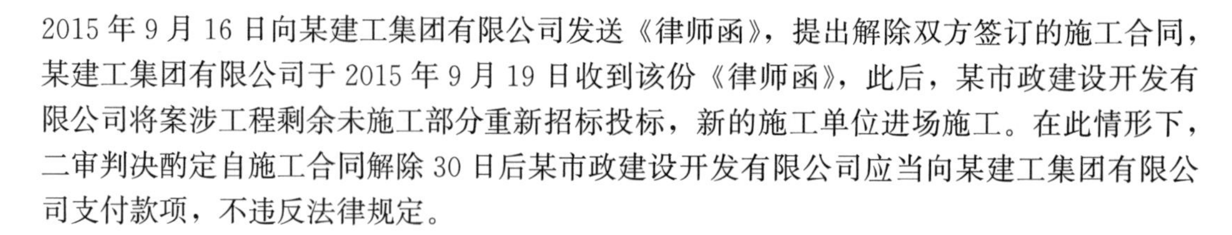

2015 年 9 月 16 日向某建工集团有限公司发送《律师函》，提出解除双方签订的施工合同，某建工集团有限公司于 2015 年 9 月 19 日收到该份《律师函》，此后，某市政建设开发有限公司将案涉工程剩余未施工部分重新招标投标，新的施工单位进场施工。在此情形下，二审判决酌定自施工合同解除 30 日后某市政建设开发有限公司应当向某建工集团有限公司支付款项，不违反法律规定。

【相关判例 3】

某投资有限公司与某建筑工程有限公司建设工程施工合同纠纷［最高人民法院（2020）最高法民申 6271 号］

【法院观点】

《建设工程施工合同司法解释》第十八条规定："利息从应付工程价款之日计付。当事人对付款时间没有约定或者约定不明的，下列时间视为应付款时间：（一）建设工程已实际交付的，为交付之日；（二）建设工程没有交付的，为提交竣工结算文件之日；（三）建设工程未交付，工程价款也未结算的，为当事人起诉之日。"某投资有限公司未完成以房抵工程款，按照上述司法解释的规定，其应从应付工程价款之日起支付利息。该案中，案涉工程未交付，工程价款亦未结算，二审判决认定某建筑工程有限公司起诉之日（2018 年 3 月 29 日）为应付工程价款之日，利息从 2018 年 3 月 29 日起计算符合上述司法解释的规定。

【律师评析】

施工合同解除后对已完工程的工程款支付时间的认定问题，实务中主要存在三种不同的裁判观点。

第一种裁判观点认为，已完工程的工程款支付时间应参照《建设工程施工合同司法解释（一）》第二十七条关于利息及应付工程款起算时间的规定。具体而言，施工合同解除时已进行结算的，应从结算之日起足额支付，如上述相关判例 1。施工合同解除时未进行结算的，起诉之日为应付工程款之日，如上述相关判例 3。

第二种裁判观点认为，施工合同解除后合同中关于付款时间的约定具有约束力，承包人可要求发包人立即支付已完工程的工程款。

第三种裁判观点认为，施工合同解除，合同条款对发包人和承包人不再发生拘束力，付款时间约定相应也不再适用，故承包人可要求发包人立即支付，但应给予发包人合理的付款准备时间，如上述相关判例 2 中，法院判决酌定发包人在合同解除后 30 日内支付工程款。

问题六　固定总价合同解除，如何确定已完工程的工程款？

【问题概述】

固定总价合同是指合同当事人约定以施工图、已标价工程量清单或预算书及有关条件进行合同价格计算、调整和确认的建设工程施工合同，在约定的范围内合同总价不作调整。根据该定义，若建设工程完全按照合同约定施工并顺利完工，即可根据合同总价进行工程款结算，但出现承包人中途退场、工程未完工合同解除的情形时，如何确定已完工程的工程款？

【相关判例 1】

潘某、某工程有限公司与某集团有限公司、某铁路有限责任公司、王某、某隧道建筑劳务有限公司建设工程施工合同纠纷［最高人民法院（2021）最高法民终 412 号］

【法院观点】

潘某与某工程有限公司之间形成的是事实上的建设工程分包合同，参照双方约定计算工程价款的基础不存在，且双方当事人无法达成补充协议。《合同法》第六十二条第二项规定："价款或者报酬不明确的，按照订立合同时履行地的市场价格履行；依法应当执行政府定价或者政府指导价的，按照规定履行。"二审法院认为，铁路部门发布的预算定额属于政府指导价，参照铁路定额及施工同期相关的计价文件计算潘某已完工程的工程价款，符合前述规定，也能够反映潘某在工程中的实际投入，与双方当事人预期的价款较为接近。故一审法院采信鉴定意见书按铁路定额及施工同期相关的计价文件计算的工程价款并无不当，应当予以确认。

【相关判例 2】

某建筑工程有限责任公司与某商贸有限公司、牛某建设工程施工合同纠纷［最高人民法院（2019）最高法民申 3822 号］

【法院观点】

某建筑工程有限责任公司主张二审判决采信鉴定意见中所适用的下浮率，没有法律及合同依据。该案中，某建筑工程有限责任公司与某商贸有限公司约定案涉工程价款为固定价款，但某建筑工程有限责任公司在 2017 年 6 月 14 日停工后再未复工，即其未实际完成案涉工程的建设。此情况下，鉴定意见依据双方约定的工程价款，结合某建筑工程有限责任公司已完成的工程量，按比例下浮确定应付工程价款的计算方法，符合合同约定及客观情况。某建筑工程有限责任公司又主张鉴定意见中存在大量漏项，对此，某建筑工程有限责任公司认可均没有证据证明其该项主张。因此，某建筑工程有限责任公司的该项再审申请理由缺乏事实依据，二审判决适用鉴定意见作为工程款给付依据并无不当。

【律师评析】

对于固定总价合同解除后如何确定已完工程的工程款的问题，实践中主要有以下四种观点：第一，按合同约定计算工程款；第二，根据已完工程量按比例计算工程款，即由鉴定机构在相应同一取费标准下分别计算出已完工程部分的价款和整个合同约定工程的总价款，两者对比计算出相应系数，再用合同约定的固定价乘以该系数确定发包人应付的工程款；第三，按合同约定的取费标准鉴定未完工部分，以总包干价减未完工部分造价计算工程款；第四，按照建设行政主管部门颁发的定额及取费标准据实结算。但采用上述计算方式确定工程价款的前提是工程质量合格。

另外，最高人民法院在相关案件的裁判中认为："对于约定了固定价款的建设工程施工合同，双方未能如约履行，致使合同解除的，在确定争议合同的工程价款时，既不能简单地依据政府部门发布的定额计算工程价款，也不宜直接以合同约定的总价与全部工程预算总价的比值作为下浮比例，再以该比例乘以已完工程预算价格的方式计算工程价款，而应当综合考虑案件实际履行情况，并特别注重双方当事人的过错和司法判决的价值取向等因素来确定。"

对于承包人来说，订立施工合同时，可以在合同中明确约定合同解除工程未完工时工程价款的计算方式。在合同履行过程中，应注意收集和保留过程证据，例如签证单、会议纪要、往来函件等。若发生合同解除的情形，应及时进行协商，最好就已完工程量及工程结算款达成书面协议。若无法达成一致，应及时通过诉讼或仲裁救济权利。

问题七　工程总承包合同解除后，分包合同是否必然解除?

【问题概述】

《民法典》第七百九十一条对建设工程施工合同中的总承包与分包情形进行了规定，根据该规定，除建设工程主体结构需由承包人自行完成外，总承包人经发包人同意，可以将自己承包的部分工作交由第三人完成，与其签订分包合同，第三人就其完成的工作成果与总承包人向发包人承担连带责任。因此，当工程总承包合同解除后，分包合同是否必然解除?

【相关判例】

某创新塑料有限公司、某工程株式会社与某土木建设实业有限公司深圳分公司、某土木建设实业有限公司侵权责任纠纷［最高人民法院（2016）最高法民再53号］

【法院观点】

该案中，某创新塑料有限公司与某工程株式会社之间的总承包合同是双方当事人之间的真实意思表示，且不违反我国法律、行政法规的规定，应为有效。2005年12月16日，某创新塑料有限公司以某工程株式会社未能按期完工为由，通知某工程株式会社解除总承包合同，并告知该解除合同通知于2005年12月31日生效。某工程株式会社书面确认同意解除总承包合同。因此，应当认定总承包合同由某创新塑料有限公司与某工程株式会社于2005年12月31日协议解除。

某工程株式会社与某土木建设实业有限公司及其深圳分公司之间的分包合同亦为当事人之间的真实意思表示，且不违反我国法律、行政法规的规定，应认定为有效。该分包合同虽然独立于上述总承包合同，但总承包合同是签订、履行分包合同的前提和基础。某创新塑料有限公司与某工程株式会社之间的总承包合同解除后，某工程株式会社即丧失了总承包人的法律地位，某工程株式会社与某土木建设实业有限公司及其深圳分公司之间的分包合同即失去了继续履行的必要性和可能性，分包合同陷于履行不能。在此情形下，分包合同应予解除。即使某工程株式会社可能因此向某土木建设实业有限公司及其深圳分公司承担相应的违约责任，但这不能作为阻却分包合同解除的事由。总承包合同解除必然导致分包合同解除。事实上，某工程株式会社于2005年12月19日致函某土木建设实业有限公司深圳分公司，告知其某创新塑料有限公司与某工程株式会社之间的总承包合同将于2005年12月31日解除，相应地，某工程株式会社与某土木建设实业有限公司及其深圳分公司之间的分包合同将于14日后解除，某土木建设实业有限公司及其深圳分公司必须立即退出项目场地并移交项目文件。此外，《合同法》第二百六十八条规定："定作人可以随时解除承揽合同，造成承揽人损失的，应当赔偿损失。"某工程株式会社也可以根据该规定随时解除与某土木建设实业有限公司及其深圳分公司之间的分包合同。分包合同解除后，某土木建设实业有限公司及其深圳分公司即无权继续占有施工场地。

【律师评析】

《民法典》第七百九十一条第二款规定："总承包人或者勘察、设计、施工承包人经发包人同意，可以将自己承包的部分工作交由第三人完成。第三人就其完成的工作成果与总承包人或者勘察、设计、施工承包人向发包人承担连带责任。承包人不得将其承包的全部建设工程转包给第三人或者将其承包的全部建设工程支解以后以分包的名义分别转包给第三人。"该条规定中的第三人即为分包人，其与总承包人之间形成的系分包合同法律关系，总承包人与发包人之间形成的系总承包合同关系。从合同相对性角度来看，分包合同和工程总承包合同属于相对独立的合同。但因建设工程中存在总承包与分包这一法律关系，故分包合同的订立、合同的内容及合同履行均需以工程总承包合同为基础，工程总承包合同解除，分包合同就随之丧失了合同继续履行的基础，如最高人民法院在上述案例中明确指出，总承包合同解除必然导致分包合同解除。

因此，对于发包人来说，在工程总承包合同解除前，应尽可能提前对承包人项下的各项分包内容进行充分梳理，在合同解除时尽快完成分包合同的转移工作，尽可能保障后续工程正常进行。对总承包人来说，工程总承包合同解除的，可相应主张解除分包合同，但需及时将合同解除的情况通知以书面形式告知分包人。对分包人来说，除履行分包合同外，还应及时关注工程总承包情况，若发生总承包合同解除的情况，分包人继续占用工地可能会有侵权风险，分包人应及时作好证据固定，并及时撤场。

问题八　发包人不履行协助义务的，承包人能否主张解除施工合同？

【问题概述】

建设工程施工合同中，发包人的主要义务是按约支付工程款，承包人的主要义务是按约完成工程内容，除了主要义务，发包人还有相应的协助义务，例如提供施工图纸、施工技术交底、办理相应（建设施工）审批手续等。当发包人不履行合同主要义务，未按约支付工程款且经催告仍不支付时，承包人有权选择解除施工合同，那么当发包人不履行合同协助义务时，承包人能否主张解除施工合同？

【相关判例】

某房地产开发有限公司与某企业股份有限公司建设工程施工合同纠纷［最高人民法院（2020）最高法民再12号］

【法院观点】

关于案涉《建设施工合同》是否应解除的问题。根据《合同法》第九十四条的规定，当事人一方迟延履行主要债务，经催告后在合理期限内仍未履行，另一方当事人可以解除合同。根据《建设工程施工合同司法解释》第九条的规定，发包人不履行合同约定的协助义务，致使承包人无法施工，且在催告的合理期限内仍未履行相应义务，承包人请求解除建设工程施工合同的，应予支持。该案中，首先，根据已查明的事实，案涉合同约定工程施工至±0.000为第一次付款节点，某房地产开发有限公司应支付已完工程量的80%的工程款。根据某建设工程管理有限公司出具的《鉴定意见书》，某企业股份有限公司实际完成的实体工程造价为13514718元（不含发包人指定分包）。而某房地产开发有限公司已支付的工程款金额仅为2016700元，余款至今尚未支付。故某房地产开发有限公司未按合同约定支付相应工程款，迟延履行主要债务，符合合同法定解除的条件。其次，根据某房地产开发有限公司2014年9月15日发出的《总控进度计划》，某企业股份有限公司应于2014年11月15日进行主楼部分（A-F轴）的施工工作。但因某房地产开发有限公司直接发包的施工单位未按时完成前期施工，未向某企业股份有限公司移交主楼工作面，致使某企业股份有限公司无法进行主楼（A-F轴）地下室部分的施工工作。根据上述法律及司法解释规定，某企业股份有限公司亦有权请求解除案涉建设施工合同。最后，案涉建设施工合同亦明确约定，某房地产开发有限公司未按合同约定支付合同价款或者某房地产开发有限公司以其行为表明不履行合同主要义务的，某企业股份有限公司有权解除合同。某房地产开发有限公司至今未按照合同约定支付工程价款，某企业股份有限公司据此主张解除案涉合同符合合同约定。综上，二审判决解除案涉建设施工合同并无不当，应予维持。

【律师评析】

《民法典》第八百零六条第二款规定："发包人提供的主要建筑材料、建筑构配件和设备不符合强制性标准或者不履行协助义务，致使承包人无法施工，经催告后在合理期限内仍未履行相应义务的，承包人可以解除合同。"由此可见，发包人除履行合同主要付款义务之后，仍需按约履行相应的协助义务，例如最高人民法院在上述案例中认为，发包人未及时向承包人移交工作面，致使工程无法继续施工，施工合同履行不能，承包人有权据此选择解除合同。

但值得注意的是，因发包人不履行协助义务解除合同的，按照上述法律规定，承包人应先在合理期限内及时催告发包人履行协助义务。此外，建设工程施工合同中，发包人的协助义务有很多，是否任一协助义务的不履行都会使得承包人有权选择解除合同？对此，根据现行裁判观点，只有发包人不履行协助义务导致承包人无法施工或无法继续施工，承包人才可据此主张解除合同。因为有些协助义务的履行与客观上能否施工、能否合法施工、工程质量高低等并无直接关联，例如确认工程量、补偿签证等，一般不会造成承包人无法施工，即不能认定合同目的不能实现，承包人主张解除合同，不予支持。

因此，对发包人来说，履行合同时不能仅关注主要义务，对于协助义务也应按约及时履行。对承包人来说，若以发包人未履行协助义务为由，主张解除合同，还需明确不履行该协助义务与能否施工、工程质量高低等是否存在直接关联，且在主张合同解除前，应在合理期限内先行催告发包人。

问题九 施工合同解除，发包人未组织验收，接收后能否再以工程存在质量问题为由扣减工程款?

【问题概述】

竣工验收是建设工程的最后一道环节，工程完工后，发包人应及时组织竣工验收。对于承包人来说，主张工程款的前提是工程质量合格。但当施工合同解除，承包人中途退场，而发包人又未对已完工程组织验收时，发包人能否以工程存在质量问题为由主张扣减相应工程款?

【相关判例 1】

某房地产开发有限公司与某建筑装饰工程有限公司、某实业集团有限公司、李某建设工程施工合同纠纷［最高人民法院（2021）最高法民申 1646 号］

【法院观点】

关于二审判决是否正确认定案涉工程质量的问题。根据《建设工程施工合同司法解释》第十条“建设工程施工合同解除后，已经完成的建设工程质量合格的，发包人应当按照约定支付相应的工程价款；已经完成的建设工程质量不合格的，参照本解释第三条规定处理”的规定，合同解除后支付工程价款的前提为已经完成的建设工程质量合格。该案中，某房地产开发有限公司未按照合同约定的甲方职责组织工程阶段性验收，某建筑装饰工程有限公司亦无法自行组织工程验收。在某建筑装饰工程有限公司停工后，案涉工程处于某房地产开发有限公司控制之下，而某房地产开发有限公司在一审答辩以及反诉中均未对工程质量提出主张，亦未提交相关证据证明案涉工程存在质量问题。综合案涉工程停工以及未办理验收的原因、案涉项目的实际占有情况、当事人在该案诉讼中的实际主张等事实，二审判决认定案涉工程质量合格，满足工程款支付条件，适用法律并无不当。

【相关判例 2】

某房地产开发有限公司与某建筑工程有限公司建设工程施工合同纠纷［最高人民法院（2019）最高法民申 2443 号］

【法院观点】

根据《建设工程施工合同司法解释》第十条“建设工程施工合同解除后，已经完成的建设工程质量合格的，发包人应当按照约定支付相应的工程价款；已经完成的建设工程质量不合格的，参照本解释第三条规定处理”的规定，在合同解除后，某房地产开发有限公司应对某建筑工程有限公司已完成的工程进行验收，如验收合格应按约支付工程款。案涉工程于2013年9月30日通过主体结构分部工程质量验收，且在一审法院释明后，某房地产开发有限公司并未对某建筑工程有限公司已完工程组织验收，现又以某建筑工程有限公司已完工程未经验收为由拒付工程款，再审法院对此不予支持。

【律师评析】

《建设工程施工合同司法解释（一）》第十四条规定：“建设工程未经竣工验收，发包人擅自使用后，又以使用部分质量不符合约定为由主张权利的，人民法院不予支持；但是承包人应当在建设工程的合理使用寿命内对地基基础工程和主体结构质量承担民事责任。”由此可见，施工合同解除，发包人未及时组织验收擅自使用工程的，可以参照上述规定，发包人无权以工程质量存在问题为由主张扣减工程款。

实务中，法院审理此类案件的关键在于对于工程质量合格与否的举证责任分配，对此主要有以下两种情形。第一种情形，对于未完工程，发包人未组织质量验收便将工程交由第三方施工或工程未经验收直接投入使用的，发包人以工程质量不合格为由拒不支付工程款，则应对承包人所施工的工程质量不合格承担举证责任。如上述相关判例1中，因发包人未举证证明工程质量存在问题，法院不予支持其主张质量不合格的抗辩。第二种情形，施工合同已解除的，发包人有组织验收的义务，如上述相关判例2中，发包人一直不组织验收也不进行后续施工，当承包人主张工程款时又以工程质量不合格为由进行抗辩，不支付工程款，法院对此不予支持。

因此，对发包人来说，在施工合同解除后，应及时组织验收，若工程质量存在问题，可要求承包人修复并承担相应费用，若未进行验收又发现质量问题，需及时固定证据，以便在诉讼中举证证明。对承包人来说，应保证施工工程质量合格，在施工合同解除后，应及时配合发包人进行工程验收，虽然对于上述问题的举证责任在于发包人，但承包人也有必要及时固定好证据，避免风险。

问题十　施工合同解除，工程存在质量问题，发包人能否直接在已完工程的工程款中扣减相应费用？

【问题概述】

根据《民法典》第五百八十二条、第七百九十三条的规定，因承包人原因导致工程质量存在问题的，承包人应及时修复并承担相应费用。但当施工合同解除后，对已完工程进行验收时，发现工程存在质量问题的，发包人能否直接主张在已完工程的工程款中扣减相应费用?

【相关判例】

某物流园有限公司与某建筑有限公司建设工程施工合同纠纷［最高人民法院（2019）最高法民终 164 号］

【法院观点】

某物流园有限公司在该案一审中，抗辩主张应进行工程质量鉴定，目的在于减少工程款的给付，但并未明确扣减工程款数额。根据《建设工程施工合同司法解释》第十条的规定，建设工程施工合同解除后，已经完成的建设工程质量不合格的，参照该解释第三条处理，即修复后的建设工程经竣工验收合格，发包人可请求承包人承担修复费用，修复后仍不合格的，发包人可以拒付工程款。同时根据上述司法解释第十一条的规定，因承包人的过错造成建设工程质量不符合约定，承包人拒绝修理、返工或者改建，发包人可以请求减少支付工程价款。从上述条款的规定来看，发包人认为工程质量不合格的，应当先要求承包人修复，承包人拒绝修复或修复后仍不合格的，发包人可以据此扣减或拒绝支付工程款。

该案中，某建筑有限公司提供的《工程报验审核表》及其附件可以证明某建筑有限公司已完工的工程部分经由某物流园有限公司委托某工程建设监理有限公司检验合格。故案涉工程质量合格的本证已经成立，某物流园有限公司未能举示充分证据证明案涉工程存在质量问题，亦未在案涉《建设工程施工合同》解除后要求某建筑有限公司对工程进行修复。故某物流园有限公司提出要求减少或拒付工程款的请求，缺少上引司法解释规定的前置条件，亦不足以作为对承包人要求支付工程款进行抗辩的依据。某物流园有限公司以案涉工程存在质量问题为由要求减少工程价款的请求，系基于工程质量缺陷提出的请求，这是相对于本诉（请求支付工程款）的独立的诉讼请求，并非上引司法解释条款规定的就质量问题要求承包人进行修复的抗辩。并且，某物流园有限公司的抗辩理由涉及质量缺陷责任认定和具体金额，需另行认定后才能在诉争工程款中进行抵扣。因此，一审法院以某物流园有限公司未提出反诉为由未予准许其要求进行质量鉴定的请求，并未违反法定程序。某物流园有限公司若认为某建筑有限公司承建的案涉工程存在质量问题，其应当承担违约责任或者赔偿修理、返工、改建的合理费用等损失，可以另行提起诉讼。一审判决并未剥夺某物流园有限公司的诉讼权利。二审法院对某物流园有限公司的该项上诉请求，不予支持。

【律师评析】

《建设工程施工合同司法解释（一）》第十二条规定："因承包人的原因造成建设工程质量不符合约定，承包人拒绝修理、返工或者改建，发包人请求减少支付工程价款的，人民法院应予支持。"结合上述案例裁判观点可知，施工合同解除对已完工程进行验收，发现工程存在质量问题的，发包人应先要求承包人履行修复义务，承包人拒绝修复或修复后仍不合格的，发包人才可以直接扣减或拒绝支付工程款。发包人未先请求承包人修复，直接抗辩要求减少工程价款的，不予支持。

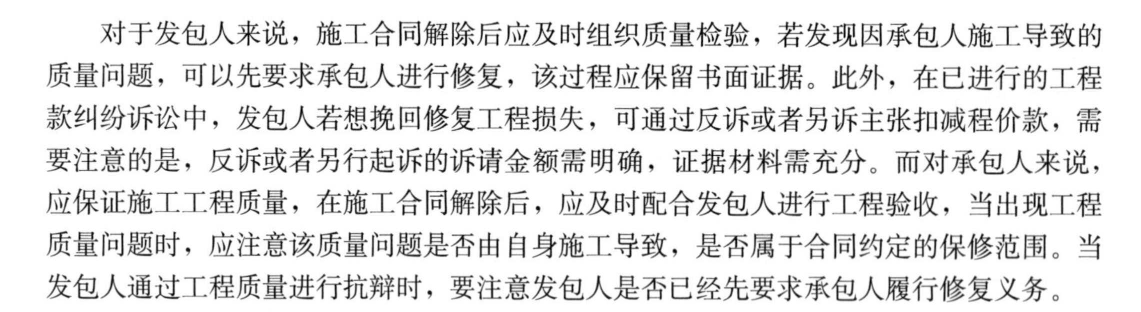
对于发包人来说，施工合同解除后应及时组织质量检验，若发现因承包人施工导致的质量问题，可以先要求承包人进行修复，该过程应保留书面证据。此外，在已进行的工程款纠纷诉讼中，发包人若想挽回修复工程损失，可通过反诉或者另诉主张扣减程价款，需要注意的是，反诉或者另行起诉的诉请金额需明确，证据材料需充分。而对承包人来说，应保证施工工程质量，在施工合同解除后，应及时配合发包人进行工程验收，当出现工程质量问题时，应注意该质量问题是否由自身施工导致，是否属于合同约定的保修范围。当发包人通过工程质量进行抗辩时，要注意发包人是否已经先要求承包人履行修复义务。

问题十一　施工合同解除，合同违约条款是否仍适用？

【问题概述】

根据《民法典》第五百七十七条的规定，当事人一方不履行合同义务或者履行合同义务不符合约定的，应当承担继续履行、采取补救措施或者赔偿损失等违约责任。但当施工合同解除后，合同双方能否继续依据合同违约条款主张违约责任？

【相关判例1】

某房地产开发有限公司与某建筑工程有限公司建设工程施工合同纠纷［最高人民法院（2020）最高法民申3680号］

【法院观点】

《合同法》第九十八条规定：“合同的权利义务终止，不影响合同中结算和清理条款的效力。”第七十八条规定：“当事人对合同变更的内容约定不明确的，推定为未变更。”第九十七条规定：“合同解除后，尚未履行的，终止履行；已经履行的，根据履行情况和合同性质，当事人可以要求恢复原状、采取其他补救措施，并有权要求赔偿损失。”《建设工程施工合同司法解释》第十条第一款规定：“建设工程施工合同解除后，已经完成的建设工程质量合格的，发包人应当按照约定支付相应的工程价款；已经完成的建设工程质量不合格的，参照本解释第三条规定处理。”根据二审法院查明的事实，案涉《建设工程施工承包合同》第七条付款方式第2点中约定：“如延期支付工程款甲方就应付而未付的欠款部分按月息2%计算滞纳金给乙方。”而此后双方当事人虽签订多份补充协议对工程进度款的支付金额、支付条件等内容进行了相应的变更，但就逾期支付工程进度款的违约责任并无新的约定。故二审法院依约判令某房地产开发有限公司按月息2%承担延期付款违约金，事实和法律依据充分，再审法院予以认可。

【相关判例2】

某房地产开发有限公司与某建筑有限公司建设工程施工合同纠纷［最高人民法院（2018）最高法民终300号］

【法院观点】

关于某房地产开发有限公司应否按照合同约定向某建筑有限公司支付工程欠款利息、违约金的问题。根据《合同法》第九十七条、第九十八条、第一百零七条的规定，某房地产开发有限公司违反与某建筑有限公司之间建设工程施工合同的约定，逾期支付工程进度款，应依法承担违约责任，并按照合同约定支付利息以及合同价款1%的违约金。某建筑有限公司在解除与某房地产开发有限公司的合同后，仍有权要求某房地产开发有限公司继续承担合同约定的违约责任。

【律师评析】

对于施工合同解除后能否继续适用合同违约条款的问题，实务中存在两种不同观点。第一种观点认为，施工合同解除，合同项下的权利义务关系随之消灭，其中违约条款不应再适用。根据《民法典》第五百六十六条的规定，合同解除的法律后果是承担返还不当得利、赔偿损失等形式的民事责任，而不应再按照承担违约责任来处理。因此，施工合同守约方若想主张违约方损失，只能依据损害赔偿制度。第二种观点认为，合同解除的法律后果是终止双方继续履行合同的义务及约束，根据《民法典》第五百六十七条的规定，合同的权利义务关系终止，不影响合同中结算和清理条款的效力，而违约条款属于结算和清理条款，即便施工合同无效，违约条款也应继续适用。此外，如果违约方无需承担违约责任，仅需赔偿损失，有违公平原则。因此，目前主流观点认为，施工合同解除，合同违约条款可以继续适用，但需注意违约条款是否符合法律规定。

对于发承包双方来说，订立施工合同时，应注意违约条款的设置。若因一方违约导致施工合同解除，最好是双方协商达成书面协议，若无法达成一致诉至法院，合同守约方应固定好违约证据，依据合同违约条款及时向违约方主张违约责任。

问题十二　工程项目未经审批通过，任何一方是否均有权主张解除建设工程合同？合同解除责任由哪一方承担？

【问题概述】

《建筑法》及相关法律法规明确规定了建设工程施工的行政审批前置程序，即办理规划和施工审批手续。但实践中，存在工程项目未经审批先行签订施工合同的情形，甚至存在未批先建的情况。工程项目未经审批通过，发包人与承包人签订建设工程合同的，任何一方是否均有权主张解除合同？合同解除的法律责任由哪一方承担？

【相关判例】

某天然气股份有限公司与成某、杨某合同纠纷［最高人民法院（2020）最高法民再215号］

【法院观点】

该案争议焦点是关于《加油站开发建设合同》解除原因及责任承担应如何认定的问题。该案中，某天然气股份有限公司起诉请求解除合同，成某亦反诉请求解除合同，杨某对此未持异议，该案二审判决解除案涉合同并无不当，再审法院予以维持。2011 年 3 月 8 日，某天然气股份有限公司与杨某、成某签订《加油站开发建设合同》，约定由杨某、成某负责开发建设位于湖南省长沙市某区县的加油站，杨某、成某应分别在 2011 年 11 月、2012 年 8 月、2012 年 10 月、2012 年 12 月将上述四座加油站交付某天然气股份有限公司。然而，2010 年 9 月 3 日，该县政府办公室发文载明：新区控制性详细规划等各层次规划正在进行编制，县政府决定即日起停止新区范围内加油站的规划选址、建设及相关审批活动，已获行业批文并取得建设工程规划许可的，暂停止建设；仅获行业批文的，暂缓办理用地、工程许可审批手续，等新区相关规划确定后，再由县政府对新区加油站的建设进行专题研究明确。该附件显示新区范围内 12 个加油站，其中 2 个加油站为意向确定规划选址、获行业批文，1 个加油站尚未进行规划迁址，其他加油站有的已取得用地、工程许可，但尚未建设。由此可见，合同约定的加油站项目已被当地政府要求停止审批、建设，某天然气股份有限公司、杨某、成某仍签订案涉合同，该案二审判决认定各方对合同解除均应承担责任，并无明显不当。案涉合同解除后的责任承担问题主要包括定金、土地使用权归属及已投入款项及利息的处理问题等。

【律师评析】

首先，关于就未批工程项目签订的建设工程合同能否解除的问题。《民法典》第五百六十三条第一款规定："有下列情形之一的，当事人可以解除合同：（一）因不可抗力致使不能实现合同目的；（二）在履行期限届满前，当事人一方明确表示或者以自己的行为表明不履行主要债务；（三）当事人一方迟延履行主要债务，经催告后在合理期限内仍未履行；（四）当事人一方迟延履行债务或者有其他违约行为致使不能实现合同目的；（五）法律规定的其他情形。"如上述案例中，在各方当事人明知工程项目已被当地政府要求停止审批、建设的情况下，各方当事人仍签订建设工程合同，致使建设工程合同无法履行，导致无法实现合同目的，依据上述规定，发包人和承包人有权主张解除合同。

其次，关于建设工程合同解除后的责任承担问题。《民法典》第五百六十六条第一款规定："合同解除后，尚未履行的，终止履行；已经履行的，根据履行情况和合同性质，当事人可以请求恢复原状或者采取其他补救措施，并有权请求赔偿损失。"如上述案例所示，发包人与承包人对于工程项目未审批通过的情况均明知，双方对于无法履行合同、无法实现合同目的均有过错，因此，发承包双方对于合同解除均应承担责任。

一般而言，发包人与承包人在签订建设工程合同时，对于工程项目是否审批通过的情况均应明知，因此，在工程项目未批先签或未批先建的情况下，承包人面临较大的风险，承包人更应作好风险预警，避免因审批原因致使合同履行不能或者无效。如果承包人对于工程项目是否审批不知情，或者发包人采用隐瞒手段导致工程项目未批先签或未批先建，建设工程合同解除系发包人导致，承包人可以根据《民法典》第五百六十六条第一款规定向发包人主张赔偿损失。

问题十三　通过会议纪要形式就退场相关事宜达成意向但未签订退场协议的，能否认定发承包双方已形成退场及解除施工合同的合意?

【问题概述】

工程施工过程中，可能会出现各种因素导致承包人无法继续施工而选择退场。一般而言，发承包双方达成退场及解除施工合同合意的，双方对施工界面进行固定，并签订退场协议，双方签订的施工合同解除。但因建设工程涉及多方利益，各方当事人会事先通过会议纪要形式对退场事宜达成意向，如果双方最终没有签订退场协议，仅以会议纪要作为依据，能否主张发承包双方已形成退场及解除施工合同的合意?

【相关判例】

某建设工程集团有限公司与某房地产开发有限公司建设工程施工合同纠纷［最高人民法院（2019）最高法民终 272 号］

【法院观点】

关于《施工合同》何时解除的问题。《合同法》第九十三条第一款规定："当事人协商一致，可以解除合同。"该案中，某建设工程集团有限公司和某房地产开发有限公司均同意解除《施工合同》，双方就合同解除已形成一致意思表示，故《施工合同》可以解除。但对合同解除的时间，二审法院认为，2016 年 8 月 5 日《会议纪要》载明某建设工程集团有限公司提出退场，2016 年 8 月 8 日《会议纪要》载明某建设工程集团有限公司提出退场，某房地产开发有限公司同意退场，2016 年 9 月 7 日《会议纪要》表明双方当事人将订立退场协议。因此，双方当事人在上述会议纪要中仅就退场形成初步意向，并约定具体内容在退场协议中予以明确，但双方当事人此后没有签订退场协议，没有就退场时间、退场后工程款的给付、违约责任等达成一致意见，且某建设工程集团有限公司于 2016 年 7 月 16 日停工后，仍指派部分员工留守施工现场，并未实际退场，故不能推断某房地产开发有限公司和某建设工程集团有限公司在 2018 年 8 月 5 日《会议纪要》中达成解除合同的合意。某房地产开发有限公司上诉主张《施工合同》于 2016 年 8 月 5 日解除缺乏事实依据，二审法院不予支持。

【律师评析】

根据《民法典》第五百六十二条第一款的规定，当事人协商一致的，可以解除合同。因此，发包人与承包人对退场及解除施工合同事宜协商一致的，符合意思自治原则，应予支持。但因施工合同解除会涉及相关债权债务的结算和清理，需由各方当事人达成明确合意并形成具体书面的合同解除协议，否则难以推定各方当事人就退场及解除合同事项达成合意。如上述案例所示，各方当事人达成施工退场及施工合同解除的合意，需由发包人与承包人就退场时间、工程款结算和给付、施工合同解除、违约责任等事项达成明确具体的退场协议，而会议纪要系记录参会各方沟通过程的纪要文件，并不符合解除协议或合同的要式要求。如若各方当事人仅通过会议纪要形式初步达成退场意向，并不必然导致施工合同的解除。另外，退场仅是建设工程上的概念，并不直接等同于或可由此推定施工合同解除。

因此，对于发包人和承包人来说，当出现施工合同无法继续履行的情形时，为更好保护各方利益，双方应及时就施工合同解除事项进行协商，对承包人退场、交接，发包人组织验收、工程款结算，违约责任等内容进行明确约定，形成书面解除协议，而仅记录了初步意向的会议纪要不宜作为认定施工退场及施工合同解除的依据。

问题十四　承包人退场但未进行施工界面交接，后续工程由第三方完工的，如何确定其已施工部分的工程款?

【问题概述】

承包人退场时未进行施工界面交接，也未对其已施工部分进行结算，在后续工程由第三方施工完成的情形下，如何确定承包人已施工部分的工程款?

【相关判例1】

某电力供电公司与某建设工程有限公司建设工程施工合同纠纷［最高人民法院（2021）最高法民申3914号］

【法院观点】

对于案涉39个争议项目，鉴定机构根据图纸以及会审记录、设计变更、工程签证、工作联系单等资料以及到施工现场勘查测量的情况，出具案涉造价意见书。图纸等资料是双方之间的建设工程施工合同的组成部分，图纸上所涉及的工程项目属于施工合同及补充协议约定的施工范围，鉴定造价中包含了该39个项目，施工成果客观存在，以上足以认定该39个项目属于某建设工程有限公司的施工范围。某电力供电公司不能证明项目为案外人施工，该案二审判决未予支持其该项主张并无不当。

【相关判例2】

某学校与某实业有限公司、某建筑安装工程有限公司、李某建设工程施工合同纠纷［最高人民法院（2020）最高法民申5591号］

【法院观点】

案涉工程施工中途某实业有限公司撤场，某学校已将后续工程交由案外人施工，应视为某学校对某实业有限公司已施工部分的工程质量无异议，据此对已完工部分的工程，一、二审判决认为应据实结算。经鉴定，依据某实业有限公司确定的标的物已完工程施工范围进行鉴定，案涉工程造价为23281915.33元；依据某学校提供的施工范围确定造价为

15760168.33元。因某实业有限公司系案涉工程的实际施工人，其根据工程进度提供相应施工资料，能比较客观反映已完工程的具体情况，故一、二审判决确定按照根据某实业有限公司提供的施工范围确定的工程造价进行结算，符合该案实际情况，并无不妥。

【律师评析】

承包人退场但未进行施工界面交接，后续工程已由第三方施工完工的，确定承包人施工部分的工程款，关键在于对承包人实际施工范围及施工量进行认定。从现行裁判观点来看，根据谁主张谁举证原则，若承包人主张争议工程量属于其实际施工范围，应由承包人初步举证证明。相应地，若发包人主张争议工程量属于第三方后续施工范围，也应提供充分证据证明。实务中，发包人和承包人一般会向法院提交工程施工图纸、会审记录、设计变更、工程签证、工作联系单等资料来证明自己的主张，法院根据双方举证情况及案件事实综合认定。

因此，对于发包人和承包人来说，为避免上述争议，应在施工合同解除后做好退场的施工界面交接工作，及时采用公证、第三方见证等方式固定施工界面。若双方存在较大矛盾，无法友好交接，可考虑共同委托鉴定机构对已完工程量进行确认。

问题十五　施工合同中途解除且未结算，如何认定建设工程价款优先受偿权起算之日?

【问题概述】

建设工程价款优先受偿权是指承包人对于建设工程的价款就该工程折价或者拍卖的价款享有的优先受偿权利，是承包人实现工程款债权的重要方式和手段。根据《建设工程施工合同司法解释(一)》第四十一条的规定，建设工程价款优先受偿权自发包人应当给付工程款之日起算。但施工合同中途解除且工程未经结算的，如何认定建设工程价款优先受偿权起算之日？

【相关判例1】

某物流有限公司与某集团有限公司、某钢铁集团公司建设工程施工合同纠纷［最高人民法院（2021）最高法民申6976号］

【法院观点】

关于某物流有限公司是否享有建设工程价款优先受偿权的问题。二审判决认定，案涉工程并未完工，且未进行竣工验收。在某物流有限公司停工后，虽然某钢铁集团公司和某物流有限公司对已完成的工程进行了结算，但双方未解除案涉施工合同。某物流有限公司诉请解除案涉施工合同，某钢铁集团公司提出要求某物流有限公司继续施工的反诉请求。案涉施工合同于诉讼中解除。虑及承包人的劳动已经物化于建筑物，法律规定了承包人享有建设工程价款优先受偿权。至于建设工程施工合同的解除是由何方所致，是违约责任应当解决的问题，与建设工程价款优先受偿权行使期限无关。合同解除后，承包人仍然享有建设工程价款优先受偿权。在某物流有限公司与某钢铁集团公司未就合同解除后的工程价款支付达成合意的情况下，二审判决以合同实际解除之日作为起算点计算建设工程价款优先受偿权的期限并无明显不当。

【相关判例 2】

某东方置地有限公司与某建设集团有限公司建设工程施工合同纠纷［最高人民法院（2021）最高法民终 742 号］

【法院观点】

关于某建设集团有限公司是否享有建设工程价款优先受偿权的问题。2018 年 7 月 5 日，某建设集团有限公司书面催告某东方置地有限公司复工、支付工程款、赔偿停工损失。经催告，某东方置地有限公司在合理期限内仍未履行相应义务。案涉工程至今未取得合法施工手续，处于未复工、未完工、未交付、未结算的状态，形成事实上的烂尾工程。至 2018 年 8 月 6 日某建设集团有限公司书面通知某东方置地有限公司解除两份《补充协议》、两份《建设工程施工合同》之前，双方合同关系持续存在。在此期间，工程处于停工的不确定状态，难以确定某东方置地有限公司应付工程价款之日。一审法院以某建设集团有限公司通知解除合同的时间作为某东方置地有限公司应付工程价款之日，并以此认定某建设集团有限公司一审起诉主张建设工程价款优先受偿权，较为符合该案客观实际，并无明显不当。某东方置地有限公司该项上诉理由不能成立，二审法院不予支持。

【律师评析】

首先，施工合同解除不影响承包人主张建设工程价款优先受偿权。根据上述最高人民法院裁判观点，建设工程施工合同具有一定的特殊性，施工人的劳动与建筑材料已经物化到建筑工程中，从建设工程优先受偿权保护施工人的立法本意出发，合同解除后，承包人对建设工程仍应享有优先受偿权。

其次，关于施工合同解除后，如何认定建设工程价款优先受偿权的起算点的问题。《建设工程施工合同司法解释（一）》第四十一条规定："承包人应当在合理期限内行使建设工程价款优先受偿权，但最长不得超过十八个月，自发包人应当给付建设工程价款之日起算。"该条明确建设工程价款优先受偿权的起算点为发包人应当给付建设工程价款之日。但承包人在施工合同中途解除且未结算的情况下退场的，难以确定发包人应当给付的工程款数额及付款时间。对此，如上述案例所示，主要有两种裁判观点：第一种观点认为，发承包双方未就合同解除后的工程价款支付达成合意的，建设工程价款优先受偿权应自合同实际解除之日起算；第二种观点认为，通知解除合同的时间是发包人应付工程价款之日，以诉讼方式通知解除合同的，可以起诉之日作为发包人应付工程价款之日，此时建设工程价款优先受偿权自起诉之日起算。

下　篇

新形势下建筑
企业合规体系建设

第十三章

大合规视野下建筑企业合规体系建设与实践研究

建筑行业是我国国民经济的支柱产业，亦是我国实施“走出去”战略和“一带一路”倡议的重要主体。但多年以来，大部分建筑企业为追求规模化效益，往往采取粗放型管理的发展模式，导致建筑行业产生诸多不合规现象，最终集中体现在层出不穷的建设工程合同纠纷中，且建设工程各环节中衍生的法律问题均体现出纷繁复杂的类案特征，从本书第一部分提炼的近年热点法律问题中便可窥其一二。

与此同时，基于建筑企业粗放型管理的传统特性，许多建筑企业在“走出去”过程中面临着适应国际环境的“水土不服”，被世界银行制裁的知名企业不在少数。在不断强调企业合规管理的新时代新形势下，建筑企业开展合规管理体系建设，建立完善法律、合规、风险、内控一体化管理的现代化企业治理模式[1]，不仅是应对当前日趋严格的监管的必经之路，更是建筑企业自身高质量发展的内在需求。

因此，本书第二部分将以建筑企业主要法律风险为基础，从企业大合规的视角[2]，分析建筑行业的合规意义、合规现状、主要合规风险等内容，进一步为建筑企业合规体系建设提供实务指引，以期回应当前建筑企业的合规实践需求，助力建筑企业将法律风险防控前移，提高建筑企业依法合规经营竞争力。

一、实践检视：建筑企业合规建设的必要性

（一）国内监管要求

建筑行业在我国属于强监管属性的经济行业，强监管属性意味着强管理要求。近年

[1] 国务院国有资产监督管理委员会《关于全面推进法治央企建设的意见》第十一条：“加快提升合规管理能力，建立由总法律顾问领导，法律事务机构作为牵头部门，相关部门共同参与、齐抓共管的合规管理工作体系，研究制定统一有效、全面覆盖、内容明确的合规制度准则，加强合规教育培训，努力形成全员合规的良性机制。探索建立法律、合规、风险、内控一体化管理平台。”

[2] 基于我国企业合规的本土实践情况，我国企业合规的内涵与外延不断发展，已从狭义的刑事合规演变为当前的企业大合规。本章即以企业大合规为视角，探讨当前建筑企业合规体系建设及相关实践研究。

来，我国密集出台相应规范性文件，强调建筑企业的合规管理要求，比如，国务院办公厅在2017年2月21日下发《国务院办公厅关于促进建筑业持续健康发展的意见》，提出了“完善监管体制机制，优化市场环境，提升工程质量安全水平，强化队伍建设，增强企业核心竞争力”的总体要求；国务院国有资产监督管理委员会在2018年11月2日发布《中央企业合规管理指引（试行）》，从中央企业开始先行推动全面加强合规管理；国家发展改革委办公厅、工业和信息化部办公厅、住房和城乡建设部办公厅等八部门于2019年8月20日联合发布《工程项目招投标领域营商环境专项整治工作方案》，在全国开展工程项目招标投标领域营商环境专项整治；等等。

地方主管部门也对建筑市场作出严格细致的规定，比如为从源头治理建设工程招标投标的违规乱象，青岛市住房和城乡建设局于2010年2月5日就已发布《关于进一步加强建设工程招投标管理工作的通知》，江苏省住房和城乡建设厅也于2020年8月31日印发《关于印发深化房屋建筑和市政基础设施工程招标投标改革意见的通知》。

除以上规范性文件外，在司法层面上，最高人民检察院在2021年6月3日举办的“依法督促案涉企业合规管理，将严管厚爱落到实处”新闻发布会上发布企业合规改革试点典型案例，其中“新泰市J公司等建筑企业串通投标系列案件”作为建筑行业的合规整改典型案例发布。紧随其后，最高人民检察院会同全国工商联等八部门在2021年印发《关于建立涉案企业合规第三方监督评估机制的指导意见（试行）》，全国工商联办公厅等九部门联合于2022年发布《涉案企业合规建设、评估和审查办法（试行）》，在司法层面上均体现以刑事激励方式大力推动建立企业合规管理体系。

（二）国际环境要求

我国建设“一带一路”以来，越来越多“走出去”的建筑企业在国际建筑市场上竞争海外项目，但在适应国际环境上，涌现出许多合规风险问题。

根据《世界银行集团诚信合规指南》、国际标准化组织ISO 37301：2021《合规管理体系　要求及使用指南》等标准，建筑企业不仅要建立诚信合规体系，而且要建立全面合规体系。因此，国家发展改革委、外交部、商务部等在2018年12月26日联合发布实施《企业境外经营合规管理指引》，明确对外承包工程的“走出去”建筑企业应确保经营活动全流程、全方位合规，全面掌握关于投标管理、合同管理、项目履约、劳工权利保护、环境保护、连带风险管理、债务管理、捐赠与赞助、反腐败、反贿赂等方面的合规要求[1]。

简言之，虽然我国受世界银行制裁的建筑企业数量逐年下降，但我国建筑企业在国际环境中仍然面临较为严峻的合规态势，尽快建立并完善合规管理体系已成为燃眉之急。

（三）内部合规管理需求

根据《法治中国建设规划（2020—2025年）》《法治社会建设实施纲要（2020—2025年）》《国民经济和社会发展第十四个五年规划和2035年远景目标纲要》等中央文件精神，

[1] 《企业境外经营合规管理指引》第八条：“企业开展对外承包工程，应确保经营活动全流程、全方位合规，全面掌握关于投标管理、合同管理、项目履约、劳工权利保护、环境保护、连带风险管理、债务管理、捐赠与赞助、反腐败、反贿赂等方面的具体要求。”

我国企业已处于合规管理的新时代。在我国建设中国特色社会主义法治社会的重要时期，将法治思想贯彻落实到企业合规现代化治理体系当中，应当成为所有企业践行社会责任、实现行稳致远的基本共识。

具体到建筑行业，合规建设管理在建筑企业防范违规风险、企业高质量发展、推进企业依法治理、提高企业参与国际市场的竞争力、促进行业经济发展等方面均具有重要的积极作用。换言之，在当前建筑行业竞争压力空前的形势下，建筑企业过往依靠追求短期效益、追求规模化扩展所获取的发展效益已触边际，通过建设合规管理体系而转向管理效能发力，从而保障企业可持续发展，已然成为新时代新形势下建筑企业行稳致远的内在驱动力。

二、现状困境：建筑企业合规建设的难点与挑战

（一）当前我国建筑企业的合规管理现状

在企业类别数量上，建筑行业中，除国有企业和中央企业基本逐步建立合规管理体系外，大多数民营企业尚未建立规范的合规管理体系，甚至尚未意识到建立合规管理体系的紧迫性，在企业治理上仍遵循“重业务、轻合规”的传统理念，呈现合规意识淡薄、企业治理方式与新时代要求脱轨等问题。

在合规管理模式上，我国建筑企业已初步形成两种合规管理模式：一种是日常性合规管理模式，另一种是合规整改模式。前者是指以防控合规风险为目的的公司治理体系。后者是指在面临监管部门的行政调查、司法机关的刑事追诉或国际组织制裁的情况下，企业针对涉嫌实施违规、违法或者犯罪行为等合规问题进行合规整改，属于一种“危机应对式合规管理模式”，又可细分为“简易整改模式”和“普通整改模式”[1]。

（二）我国建筑企业合规建设的难点问题

我国开展合规建设的建筑企业总体数量少，整体进程缓慢，主要出于以下原因。

1. 合规意识有待提升

我国建筑行业通常采取“重业务、轻合规”的粗放型管理模式，建筑企业管理者难以转变这一传统管理理念，或者即使充分认识到合规的重要性，基于企业管理模式的惯性，也难以快速将合规管理融入企业治理体系中。

2. 客观驱动力不充足

当前我国建筑行业处于高度饱和的充分竞争状态，多数建筑企业在行业压力下不断创造效益以图生存或发展，而投入合规建设成本往往不能带来直接的短期效益，因为合规建设的价值在于防止效益流失。但从长远来看，建筑企业应该充分认识到，企业创造效益与防止效益流失同等重要。

3. 合规需求尚未成形

我国自2000年开始在金融行业正式推行合规建设以来，至今不过短短二十余年，其间虽在国有企业和中央企业先行推行全面建立合规建设管理，但在建筑行业及其他经济行业，合规需求尚未被充分激发。比如，有些建筑企业有意向建立合规体系，但无法精准确

---

[1] 陈瑞华．有效合规管理的两种模式［J］．法制与社会发展，2022（1）：5-24.

立合规计划，或者不确定合规管理应如何开展和落实；有些建筑企业长期不重视合规管理，但为应付相关部门检查或监管而建立起浮于表面的合规管理体系，导致制度与落实两张皮；有些建筑企业已有企业法务或已具备法务部门，可以满足日常合同审查等法律事务的需求，缺少将全面建设合规管理的动力；等等。

究其原因，相较于美国、英国等国家的企业合规历史，我国正式推行合规建设的历程较短，我国建筑行业尚未形成相对明确具体的合规需求。需求决定生产动力，笔者认为，单就我国建筑行业而言，各地区工程建设实际情况不同，各地区有待于进一步出台或制定更加具体细化的合规指引或规范性文件，在宏观层面因地制宜地推动本地建筑行业的合规建设，可能更有利于加快推进建筑行业的合规建设。比如，陕西省根治拖欠农民工工资工作领导小组办公室为规范当地工程建设领域劳动用工管理，切实维护农民工获得工资报酬的权益，于 2022 年 12 月 9 日印发《陕西省工程建设领域劳动用工合规指导手册》，明确要求当地工程建设领域在建工程项目进一步规范劳动用工管理，推进全面落实保障农民工工资支付各项制度。

4. 合规服务供给侧不足

合规管理要求具备法律风险管理能力并且熟悉企业管理。我国近年大力推动企业合规专业人才建设，但受限于合规管理的阶段性发展局限，我国合规管理服务供给端不够完善，合规管理实践的整体经验尚不成熟，难以切实匹配日新月异的形势变化。

（三）我国建筑企业的主要合规风险

企业合规风险的范围很广，不仅指狭义的法律风险，还包括财务风险、内控风险等其他风险。其中，法律风险是建筑企业最主要的合规风险。正如前述，建设工程案件的复杂性便在于，工程建设的各个环节都有可能产生法律争议。因此，结合本书第一部分提炼的法律实务热点问题，根据笔者既往的建设工程领域法律实务经验，将我国建筑企业的主要合规风险总结如下。

1. 招标投标合规风险

我国《招标投标法》《招标投标法实施条例》等法律法规明确规定了必须进行招标的工程建设项目以及依法招标投标的规则，但实践中，规避招标、串通投标、虚假承诺、恶意围标、借名投标、控制评标等违规乱象频出，这些违规行为可能导致建设工程合同无效，还可能导致建筑企业或相关负责人面临行政处罚，甚至可能导致建筑企业或相关负责人涉嫌串通投标犯罪等而承担刑事责任。

招标投标环节是工程项目的源头环节，也是工程建设中最容易受利益驱动而导致出现合规问题的环节。业务部门是合规管理的第一道防线，建筑企业应当首要重视招标投标合规管理，从根源防范法律风险于未然。

2. 经营行为合规风险

建设工程领域高发借用资质、挂靠、转包、违法分包等违法经营行为。在借用资质或挂靠的违法情形中，建筑企业可能是挂靠主体，也可能是被挂靠主体。根据《建设工程施工合同司法解释（一）》第七条的规定："缺乏资质的单位或者个人借用有资质的建筑施工企业名义签订建设工程施工合同，发包人请求出借方与借用方对建设工程质量不合格等因出借资质造成的损失承担连带赔偿责任的，人民法院应予支持。"该条明确了挂靠人与被挂靠人对工程款支付、建设工程质量安全、造成第三人损失等承担连带责任，遏制了此前被挂靠建筑企业以仅收取管理费、不参与实际施工等理由逃避责任承担的现象，体现了禁止被挂靠单位以违法行为获利的公平正义价值。

在转包、违法分包的情形中，不仅容易发生腐败问题，损害建筑市场交易秩序，而且建筑企业可能面临建设单位违约索赔、分包单位起诉、质量责任问题、安全责任问题等法律风险。此外，根据《建筑法》的规定，实施借用资质、挂靠、转包、违法分包等违法行为的建筑企业还可能面临责令改正、没收违法所得并处罚款、责令停业整顿、降低资质等级、吊销资质证书等行政处罚。

3. 安全质量合规风险

安全质量方面包括两大主要合规风险：安全生产合规风险与工程质量合规风险。安全生产合规风险管理需要建设单位、施工单位、监理单位、设计单位、勘察单位等多方主体共同履行各自的安全生产合规义务，近年来的安全事故通常系由多方原因导致。比如，广东省东莞市应急管理局于 2023 年 3 月公布的《东莞市桥头镇“8·18”一般坍塌事故调查报告》显示，东莞市某科技有限公司内某建设项目在 2021 年 8 月 18 日进行辐照装置屏蔽体顶面浇筑时发生坍塌事故，涉事单位包括建设单位、总承包单位、分包单位、建筑设计单位等，间接原因系各主体单位层层违规操作，导致生产安全事故发生。该事故导致严重后果，公安机关依法对土建工程实际承包人、涉事工程项目现场施工指挥人员、事故工程高支模搭设工程承包人、事故工程高支模搭设工程脚手架搭设劳务承包人进行立案侦查，并移送司法机关依法追究其刑事责任。相关部门依法对建设单位、总承包单位、违规出借资质单位以及 3 名相关人员进行行政处罚。纪检监察机关对相关职能部门公职人员共 15 人予以追责问责。

工程质量合规风险也是施工过程中容易埋下的隐患，比如对建筑物主体材料的质量把控不严格，或者由于质量检测环节把控不严格，导致工程虽暂时通过竣工验收，但达不到工程质量管理体系执行标准，导致出现“豆腐渣”工程。工程质量是百年大计，我国对于工程质量问题越来越重视，许多涉事建筑企业因工程质量问题受到严厉打击。

4. 劳动用工合规风险

建筑行业劳动用工合规风险突出表现在农民工管理问题。建筑行业是劳动密集型的行业，其中农民工是主要劳动主体。在以往粗放型管理的模式下，建筑企业长期忽视农民工用工管理问题，比如未按规定签订合同、未按规定缴纳社保及其他保险、未实行实名制管理、未严格实行农民工专用账户代发工资制、对分包管控不严导致农民工维权等合规问题。这些合规风险可能造成农民工罢工导致工程停工、建筑企业受到相关主管部门处罚等后果，更有严重者，可能导致相关人员构成拒不支付劳动报酬罪等刑事犯罪。

近年来，建筑企业劳动用工合规问题愈来愈受社会关注，我国在 2020 年 5 月施行的《保障农民工工资支付条例》以及 2016 年 1 月施行的国务院办公厅《关于全面治理拖欠农民工工资问题的意见》中，明确要求施工企业严格规范用工管理，全部实行农民工实名制管理，建立劳动计酬手册，记录施工现场作业农民工的身份信息、劳动考勤、工资结算等信息，实现信息化实名制管理，推行总承包代发工资制度，设立农民工工资专用账户等合规管理制度。各地方也相继出台具体的建筑企业劳动用工合规管理规范性文件，比如前述的陕西省根治拖欠农民工工资工作领导小组办公室《陕西省工程建设领域劳动用工合规指导手册》。

5. 合同管理合规风险

建筑企业合同管理合规风险既包括合同签订时的合规风险，也包括合同履约过程中的各类合规风险。常见的合同签订时的合规风险有合同效力风险与合同权利义务风险。合同效力风险需要关注该建设工程施工合同是否存在可能导致合同无效的情形，比如，是否已履行办理建设工程规划许可证、施工许可证等行政审批手续，建筑企业是否具备相应资质，或者是否存在出借资质、挂靠、转包或违法分包等情形。合同权利义务风险涉及建设工程合同中关于施工范围、价款、设计变更、竣工结算等实质性内容的约定是否完整以及是否明确，这些内容通常对建设工程合同纠纷中诉辩双方合同风险责任分配起到关键作用。

建设工程合同履约过程中的合规风险，强调以项目管理为重点合规管理手段，比如最常见的签证管理问题。签证是建筑行业特有的合同履约补充手段，在通常意义上，签证能够产生变更或补充事先已签订的建设工程合同的法律效力。因此，签证是否及时、是否规范、是否准确等问题，均可能影响建筑企业能否充分实现项目效益，尤其是关于工程量、工程价款等方面的签证。但根据笔者的建设工程合同纠纷争议解决经验，在诉讼或仲裁实践中，大多建筑企业签证管理不规范，导致签证单的证据效力大大降低，甚至在涉及合同重大变更内容时，由于签证不规范等原因，导致法院对签证单不予采信，致使建筑施工企业无法充分实现合法权益。

6. 环保合规风险

环保合规领域也是近年来建设工程领域法律风险越来越高发的地带。根据《建设项目环境保护管理条例》《环境影响评价法》《环境保护税法》等法律法规的规定，建筑企业在建工程项目应当履行环境影响评价、建筑垃圾处置（包括污水处理、防治扬尘、防治噪声污染）、缴纳环境保护税等环保合规义务，否则可能面临行政处罚、信用惩戒等后果。

7. 资金财税合规风险

工程项目一般建设周期长，涉及工程款数额大，资金类项繁杂，在工程项目建设过程中，容易发生工程款付款周期混乱、付款金额混乱、多头付款、不规范抵扣工程款、利用关联公司“走账”等资金管理风险，不仅可能导致工程款结算出现争议，还可能导致产生实付款项与开立票据不统一等税务合规风险，甚至可能导致建筑企业涉嫌虚开增值税发票等刑事犯罪。

8. 第三方合规风险

除以上企业内部可能存在的合规风险外，建筑企业极易忽略的是来自企业外部的第三方[1]合规风险。其中，最常见的合规风险是商业贿赂与腐败合规风险。建筑行业之所以容易发生商业贿赂行为，主要在于工程项目的经济利益驱动，或者建筑企业自身存在管理问题导致员工在谈判或竞争工程项目时实施贿赂或者接受贿赂等违法行为。商业贿赂行为可能导致建筑企业及相关负责人涉嫌非国家工作人员受贿罪、对非国家工作人员行贿罪、单位受贿罪、对单位行贿罪等刑事犯罪，我国历来严厉打击这一违法行为。

---

[1] 本书所称“第三方”仅指企业的业务合作伙伴。不同法律法规及监管文件对于第三方的定义及合规管理范围划定有所不同。比如，美国《反海外腐败法》认为第三方包含合伙人、代理商等。《世界银行集团诚信合规指南》（2010）认为第三方合规管理范围包括代理人、顾问、咨询专家、承包商、经销商、分销商、供应商等第三方。我国实践中有观点认为，对企业而言，第三方一定是独立的，比如会计师事务所，第三方可以是利益相关方，比如业务合作伙伴。参见：李素鹏、叶一珺、李昕原．合规管理体系标准解读及建设指南［M］．北京：人民邮电出版社，2021.

此外，第三方合规风险也是最隐蔽的合规风险。根据“水漾理论”，一个企业的违法违规行为后果，会产生严重的附随后果，波及与该企业有合作关系或关联关系的其他企业。在建筑行业中，上游企业与下游企业的合规责任极易互相牵涉，比如下游供应商提供材料质量不合格，由此造成的质量问题往往会波及上游施工企业。因此，建筑企业理当重视第三方合规风险管理。

以上合规风险系建筑企业高发的合规风险，对当前较为发生频率较低的合规风险（如知识产权合规风险），本文便不赘述。基于以上对建筑企业主要合规风险的分析，下文将针对性探讨建筑企业合规管理体系建设要点。

三、探索路径：建筑企业合规体系建设的实务要点

（一）合规体系建设概述

现在普遍认为合规概念发端于1977年美国颁布的《反海外腐败法》，该法案第一次提出了企业合规的概念。我国企业合规的溯源较后于美国，我国企业合规发展大致历经四个阶段。

第一个阶段是萌芽阶段，我国于2000年率先在银行、保险、证券等金融行业开展合规建设，这是我国第一次正式提出并推行合规建设。

第二个阶段是起步阶段，自2016年起，国务院国有资产监督管理委员会在中国石油、中国移动、东方电气集团、招商局集团、中国中体等五家中央企业开展合规管理试点工作。

第三个阶段是发展阶段，国务院国有资产监督管理委员会于2018年印发《中央企业合规管理指引（试行）》，标志着我国企业进入合规管理元年。

第四个阶段是加速阶段，2020年最高人民检察院启动涉案企业合规不起诉制度，此后，在2021年，我国《国民经济和社会发展第十四个五年规划和2035年远景目标纲要》明确“引导企业加强合规管理”，并提出“推动民营企业守法合规经营，鼓励民营企业积极履行社会责任、参与社会公益和慈善事业。弘扬企业家精神，实施年轻一代民营企业家健康成长促进计划”。最高人民检察院会同全国工商联等八部门印发《关于建立涉案企业合规第三方监督评估机制的指导意见（试行）》。在2022年，全国工商联等九部门发布《涉案企业合规建设、评估和审查办法（试行）》，国务院国有资产监督管理委员会发布《中央企业合规管理办法》（以下称“2022年《中央企业合规管理办法》”）。我国已进入企业合规加速推进阶段。

我国建筑企业合规体系建设可以适用或者参照2022年《中央企业合规管理办法》。根据该办法第三条的规定，合规风险是指企业及其员工在经营管理过程中因违规行为引发法律责任、造成经济或者声誉损失以及其他负面影响的可能性；合规管理是指企业以有效防控合规风险为目的，以提升依法合规经营管理水平为导向，以企业经营管理行为和员工履职行为为对象，开展的包括建立合规制度、完善运行机制、培育合规文化、强化监督问责等有组织、有计划的管理活动。

同时，笔者结合自身企业合规建设实务经验，将建筑企业合规建设基本体系总结为：第一层次，合规风险识别与合规制度建立；第二层次，建立合规管理组织体系；第三层

次，合规制度运行与落实；第四层次，形成企业合规文化。笔者将在下文中一一阐述。

（二）合规风险识别

合规风险识别，也就是识别企业需要遵循哪些合规义务、合乎哪些规范。根据2022年《中央企业合规管理办法》第三条的规定，合规义务的来源，是指国家法律法规、监管规定、行业准则和国际条约、规则，以及公司章程、相关规章制度等。这也是当前合规实务中的普遍共识。

合规风险识别，或者合规义务界定，是每一家企业开展合规体系建设的第一步，也是合规体系建设中最关键的一步，因为企业合规体系建立在企业合规义务的基础之上。前已阐述，从建筑行业的整体情况观之，建筑企业存在招标投标合规风险、经营行为合规风险、安全质量合规风险、资金财税合规风险等主要合规风险。但具体到建筑企业个案，企业之间实际经营情况有所差异，存在或潜在的合规风险也不同，因此，需要“因企而异”地识别和评估建筑企业的合规风险。

如何有针对性地识别和评估建筑企业的合规风险？合规风险识别的目的在于有效界定企业需要遵循的合规义务范畴，以此确定企业在经营过程中因违规行为可能导致其承担不利后果的可能性，并为应对合规风险、管控合规风险及制定合规制度提供数据。因此，基于当前合规建设经验，笔者建议，企业在进行合规风险识别时，理当把握全面性、准确性、科学性原则，具体如下。

第一，全面性原则，即全面梳理合规风险清单。建筑企业可以从管理架构、职能部门、工程项目三个层面，以业务部门、合规管理部门、内部审计监督部门三道防线视角，在企业日常经营的业务流程环节中，全方位梳理可能存在的合规风险，形成建筑企业内部的合规风险清单，并作好相应合规风险应对或防控措施的事前研究。

第二，准确性原则，即准确识别重大合规风险。前述招标投标、经营行为、安全质量、资金财税、劳动用工等方面的主要合规风险往往是建筑企业高发的重大合规风险，因此，建筑企业应当着重梳理前述领域的合规风险，准确识别重点合规风险，有效减少企业重大合规风险敞口。

第三，科学性原则，即科学评估并进行合规风险排序。在全面梳理合规风险及准确识别重点合规义务的基础上，建筑企业需要根据其合规治理需要，对已识别的合规风险进行科学评价和风险级别排列。比如，依据该类合规风险可能对建筑企业产生的不利后果程度，建筑企业可以将存在或潜在的合规风险分为重大风险、一般风险及轻微风险。又如，建筑企业根据风险领域，将存在或潜在的合规风险分为招标投标合规风险、合同管理合规风险、经营行为合规风险等合规风险类别。简言之，科学评估和合规风险排序，是建筑企业细化合规风险管控措施、优化合规风险管控程度、精准合规风险管控治理的重要抓手。

此外，在开展合规风险识别的主体方面，实践中存在三种情形：一是企业自身开展合规风险识别，通常由企业合规部门或法务部门牵头开展；二是企业聘请律师、税务师、会计师等第三方专业机构进行合规风险识别；三是企业内部由合规部门或法务部门牵头组织合规风险识别，兼以第三方专业机构辅助开展，或者以第三方专业机构牵头开展，企业内部合规部门或法务部门进行配合。

（三）合规制度建立

合规制度是一家企业所要遵守的合规义务要求的规范文件，也是一家企业将外规内化的重要体现。根据2022年《中央企业合规管理办法》的规定，合规管理基本制度的建立，要求明确总体目标、机构职责、运行机制、考核评价、监督问责等内容。针对反垄断、反商业贿赂、生态环保、安全生产、劳动用工、税务管理、数据保护、涉外业务等重点领域，以及合规风险较高的业务，要制定合规管理具体制度或者专项指南[1]。

在合规建设实践中，合规制度通常包含合规管理目标、合规管理计划、合规风险展示、合规风险管控措施、合规要求、合规组织架构、合规管理流程、合规监督机制等规则体系，有合规管理手册、企业合规场景化指引、业务合规手册等多元化形式。其中，合规手册或合规管理手册是集企业合规管理体系建设各项内容为一体的概括性成果，也是企业合规管理的纲领性规范文件。

企业合规制度与企业所要规制的合规风险息息相关，也应与企业合规目标、发展愿景等价值理念保持同一性。同时，企业的实际经营情况与所处外部环境也影响着企业的实际合规需求，在建筑行业中，建筑企业之间的差异性更大。因此，建筑企业合规制度更应强调“因企而异”进行定制化编制，在充分了解建筑企业实际情况的基础上，可以参考2022年《中央企业合规管理办法》、国际标准化组织ISO 37301：2021《合规管理体系 要求及使用指南》等规定或标准，构建适合建筑企业自身发展需求的重点领域合规制度、岗位职责清单等合规管理制度体系。

值得注意的是，合规制度体系的建立不仅需要在前期做好信息收集准备工作（包括对合规风险识别的前瞻性研究），还需要有企业管理层的高度重视和深度参与，这样才能更好地确保后续合规制度的贯彻落实。当然，合规制度编制过程中需要重点关注合规制度体系的可操作性和可执行性，在制度内容上需要注意合规义务的适当性以及语言表述的通俗性。此外，需要定期对合规制度进行审查、维护和更新，以确保其能够及时适应企业内部发展变化以及法律法规、政策等变化。

（四）合规管理组织体系

合规管理组织是保障企业合规制度落地的重要基础，建筑企业需要根据其企业规模、地域特性、主业性质等综合因素，设立权责清晰的合规管理组织体系。根据合规建设实践，合规管理组织体系一般包括三层架构。

第一层级是决策层，通常包括董事会、监事会及合规委员会。决策层作为合规管理组织体系的最高机构，主要发挥顶层设计作用，对合规战略规划、合规基本制度、合规组织权力配置、人事任免等重大事项进行决策，并通过有效监督来管理合规体系。

第二层级是管理层，主要包括经理层与合规负责人。管理层在合规管理组织体系中处于承上启下的中间层，主要负责具体执行决策层决策的合规工作事项，同时接受决策层监督，向决策层负责。根据2022年《中央企业合规管理办法》第九条规定：“中央企业经理层发挥谋经营、抓落实、强管理作用，主要履行以下职责：（一）拟订合规管理体系建设

[1] 2022年《中央企业合规管理办法》第十七条、第十八条。

方案，经董事会批准后组织实施。（二）拟订合规管理基本制度，批准年度计划等，组织制定合规管理具体制度。（三）组织应对重大合规风险事件。（四）指导监督各部门和所属单位合规管理工作。”

第三层级是执行层，包括合规管理部门和公司业务部门，负责合规制度的具体落实。业务部门是合规管理的第一道防线，要做到“业务谁主管，合规谁负责”。在尚不具备设立合规管理部门的企业中，法务部门、风控部门等相关部门亦可代替合规管理部门履行合规管理职责。

建筑企业可以参照以上三个层级构建合规管理体系。除此之外，建筑企业还可以同时参考“三道防线”的风险管理体系[1]，即业务部门是防范合规风险的第一道防线，业务部门负责人及业务人员应当承担职责范围内的首要合规责任；合规管理牵头部门是防范合规风险的第二道防线，同时也是合规管理体系建设的责任单位；内部审计和纪检监察部门是防范合规风险的第三道防线，根据职责开展合规风险防控。

值得注意的是，建筑企业在设立合规管理组织体系时，必须遵循合规管理组织体系的独立性原则，这是合规管理组织不受干扰地落实合规管理体系的核心原则。另外，考虑到当前建筑行业中建筑企业规模不一的实际情况，建筑企业在设立合规管理组织时，还应遵循适当性原则，建立与其企业经营规模、合规风险防范需求等相适应的合规管理体系。因此，在企业人力资源和组织架构不完善的情况下，合规委员会、合规管理机构、合规管理牵头部门等组织机构是否必须设立，也是合规建设中值得探讨的问题。笔者倾向认为，不应机械设立这些合规管理组织，在满足相关合规职责划分及落实要求的前提下，根据企业实际发展情况，适当精简合规管理体系，也并无不可。

（五）合规制度运行与落实

合规制度运行的目的在于将合规要求和合规规范嵌入业务流程、财务流程、管理流程等企业日常经营全过程全环节。合规制度运行需要通过合规培训、合规举报、合规审计等主要措施落实，这些主要措施亦是合规管理体系的基本组成部分。

合规培训是合规制度运行和落实的必要举措。合规培训强调树立岗位相关的合规意识，建筑企业应当针对不同岗位，分级分类别开展相应的合规培训，这样才能确保合规培训的有效性。比如，针对建筑企业管理骨干，应当重点强调管理骨干合规管理责任的合规培训课程；针对建筑企业工程项目经理，应当针对不同工程项目场景下的合规管理要求配置合规培训课程。同时，要关注到，根据合规实践，合规培训在一定程度上可以在企业责任、员工责任和第三方责任之间建立有效的隔离带，尤其在员工岗位和工程项目均相对复杂的情况下，建筑企业要高度重视保存合规培训的记录，建立专门的合规培训记录档案，包括合规培训通知、合规培训签到记录、合规培训资料、合规培训学员抽查记录、合规培训效果反馈等相关记录。

合规举报是监督合规制度运行的重要环节。建筑企业可以建立集企业内部的合规举报规范、合规举报奖励机制、举报保护和反打击报复措施、举报宣传和日常咨询、跟进与救

---

[1] 2022年国务院国有资产监督管理委员会在《中央企业合规管理办法（公开征求意见稿）》中提出合规管理体系“三道防线”的概念，2022年《中央企业合规管理办法》未直接使用“三道防线”的表述，但在内容上实际沿用“三道防线”的内涵。

济等为一体的合规举报体系，提高企业合规管理水平，形成企业、员工、社会等合力共治、合规共管的良好合规生态。

合规审计主要适用于定期评价企业合规体系设计和执行的有效性，通过发现企业合规运行过程中的缺陷问题，为企业优化合规管理体系提供建议和指导。合规审计一般由企业内部审计部门或者外聘第三方专业机构配合开展。

（六）形成合规文化

企业形成的合规文化是该企业长期传承、沉淀出来的以规则为导向的行为规范、思维方式和价值观的综合[1]。2022 年《中央企业合规管理办法》第五章从企业领导、合规培训、宣传教育、全员合规等四个方面倡导形成合规文化。形成从“要我合规”到“我要合规”，再到实现“全员合规”的合规文化，是企业合规管理体系价值的核心所在。

四、专项先行：建筑企业的重点领域合规体系建设

前已阐述，建筑企业之间的合规需求存在差异，但从建筑行业整体视角来看，建筑企业存在共性的专项合规风险领域。结合上述合规管理体系构建的基本要点，对于建筑企业的重点领域合规体系建设，笔者提出以下实务建议，供各位实务同仁参考。

（一）招标投标合规管理

我国关于招标投标的立法较为细致。在法律位阶，主要有《招标投标法》《政府采购法》等法律规定；在行政法规位阶，主要有《招标投标法实施条例》《政府采购法实施条例》等行政法规；在部门规章位阶，主要有《房屋建筑和市政基础设施工程施工招标投标管理办法》《必须招标的工程项目规定》《建筑工程设计招标投标管理办法》《必须招标的基础设施和公用事业项目范围规定》等部门规章；还有住房和城乡建设部《关于进一步加强房屋建筑和市政基础设施工程招标投标监管的指导意见》，国家发展改革委办公厅、市场监管总局办公厅《关于进一步规范招标投标过程中企业经营资质资格审查工作的通知》等规范性文件。

1. 全面梳理招标投标合规义务规范清单

建筑企业在招标投标领域涉及的合规风险和合规义务众多，因此，建筑企业首先应当建立招标投标合规义务规范清单，针对不同的招标投标违法违规典型风险，规定相应的合规行为准则，见表 13-1。

建筑企业招标投标合规义务规范清单（示例）　　**表 13-1**

合规风险类型	合规义务行为	法律依据	法律责任
串通投标		（1）《招标投标法》第三十二条规定：“投标人不得相互串通投标报价，不得排挤其他投标人的公平竞争，损害招标	（1）涉及行政责任：根据《招标投标法》第五十三条及《招标投标法实施条例》第六十七条的规定，投标人相

[1] 王志乐．企业合规管理操作指南［M］．北京：中国法制出版社，2017：2.

续表

合规风险类型	合规义务行为	法律依据	法律责任
串通投标	（1）作为投标人不得与其他投标人串通投标； （2）作为招标人不得与其他投标人串通投标	人或者其他投标人的合法权益。投标人不得与招标人串通投标，损害国家利益、社会公共利益或者他人的合法权益。禁止投标人以向招标人或者评标委员会成员行贿的手段谋取中标。” （2）《招标投标法实施条例》第三十九条：“禁止投标人相互串通投标。有下列情形之一的，属于投标人相互串通投标：（一）投标人之间协商投标报价等投标文件的实质性内容；（二）投标人之间约定中标人；（三）投标人之间约定部分投标人放弃投标或者中标；（四）属于同一集团、协会、商会等组织成员的投标人按照该组织要求协同投标；（五）投标人之间为谋取中标或者排斥特定投标人而采取的其他联合行动。” （3）《招标投标法实施条例》第四十条：“有下列情形之一的，视为投标人相互串通投标：（一）不同投标人的投标文件由同一单位或者个人编制；（二）不同投标人委托同一单位或者个人办理投标事宜；（三）不同投标人的投标文件载明的项目管理成员为同一人；（四）不同投标人的投标文件异常一致或者投标报价呈规律性差异；（五）不同投标人的投标文件相互混装；（六）不同投标人的投标保证金从同一单位或者个人的账户转出。” （4）《招标投标法实施条例》第四十一条：“禁止招标人与投标人串通投标。有下列情形之一的，属于招标人与投标人串通投标：（一）招标人在开标前开启投标文件并将有关信息泄露给其他投标人；（二）招标人直接或者间接向投标人泄露标底、评标委员会成员等信息；（三）招标人明示或者暗示投标人压低或者抬高投标报价；（四）招标人授意投标人撤换、修改投标文件；（五）招标人明示或者暗示投标人为特定投标人中标提供方便；（六）招标人与投标人为谋求特定投标人中标而采取的其他串通行为。”	互串通投标或者与招标人串通投标的，投标人向招标人或者评标委员会成员行贿谋取中标的，中标无效；构成犯罪的，依法追究刑事责任；尚不构成犯罪的，对单位及其直接负责的主管人员和其他直接责任人员处以罚款，有违法所得的，并处没收违法所得；情节严重的，取消其一年至二年内参加依法必须进行招标的项目的投标资格并予以公告，直至由工商行政管理机关吊销营业执照；给他人造成损失的，依法承担赔偿责任。 （2）涉及刑事责任： 根据《刑法》第223条的规定，投标人相互串通投标报价，损害招标人或者其他投标人利益，情节严重的，处三年以下有期徒刑或者拘役，并处或者单处罚金。投标人与招标人串通投标，损害国家、集体、公民的合法利益的，依照上述的规定处罚

2. 系统建立招标投标的专项合规制度

建筑企业应建立招标投标专项合规制度。建筑企业可以根据主业范围，按照工程勘察、工程设计、工程施工、工程监理、与工程建设有关的设备和材料采购等工程项目类别，细化招标或投标、评标、中标、签订书面合同等招标投标各个环节中的合规义务和合规规范，专项制定明确具体的招标投标合规制度体系。

一般而言，建筑企业招标投标专项合规制度包括招标/投标管理部门与招投/投标组织（或实施）部门相分离制度、招标/投标文件策划和会审制度、招标/投标合规考核与奖惩制度、招标/投标合规审计制度、保密制度、文档管理制度等具体制度。

3. 将招标投标合规规范内化为公司治理规范

除了制定专项合规制度以外，在公司治理层面，建筑企业应将招标投标合规规范嵌入公司章程、股东会决议规则、董事会决议规则、工程项目管理部门规章制度等公司管理制度规范层面，在企业发展层面上重视招标投标的合规风险管理问题。同时，配套相关的招标投标合规举报和监督机制，强化建筑企业的招标投标合规风险防控治理。

4. 完善信息化建设，加强招标投标合规风险管控

招标投标合规风险散布在工程项目的流程化环节中，建筑企业应当进行合规管理信息化建设，通过将招标投标合规制度、合规培训、违规行为记录等信息嵌入信息系统，提高建筑企业的合规管理效率，便于建筑企业定期梳理招标投标合规风险，实现合规流程信息化、合规审查信息化、合规管理信息化，强化招标投标合规风险管控的力度。

（二）安全生产合规管理

我国高度重视建设工程的安全生产风险问题。党的二十大报告中指出："坚持安全第一、预防为主，建立大安全大应急框架，完善公共安全体系，推动公共安全治理模式向事前预防转型。"我国2021年修订的《安全生产法》强调，安全生产工作应当以人为本，坚持人民至上、生命至上，把保护人民生命安全摆在首位，树牢安全发展理念，坚持安全第一、预防为主、综合治理的方针，从源头上防范化解重大安全风险。我国《民法典》《建筑法》《建设工程安全生产管理条例》《国务院关于特大安全事故行政责任追究的规定》《突发事件应对法》《应急部关于加强安全生产执法工作的意见》等相关法律法规或规范性文件对建设工程安全生产合规风险进行了相应的规范。

建筑企业是落实安全生产合规义务的责任主体。建筑企业应当在检测和评估企业存在或潜在的安全生产合规风险的基础上，建立安全生产合规管理体系，全面管控建设工程项目经营活动各环节的安全生产合规风险。具体而言，建议建筑企业参考以下四个方面进行安全生产合规管理。

1. 构建安全生产合规风险库

建筑企业可以从经营管理过程中涉及安全生产的业务环节、与安全生产相关的组织机构设置、违反安全生产合规义务的责任、可能引发安全生产问题的原因、违规典型案例等方面，结合《安全生产法》及相关规定，多角度识别安全生产合规义务，结合自身实际需求，根据安全生产合规风险可能造成民事责任、监管处罚、经济损失、形象损失等后果的概率，以及对企业经营产生影响的程度，进一步确定安全生产合规风险等级，建立分类分等级的安全生产合规风险管理库。建筑企业安全生产合规风险管理库示例见表13-2。

建筑企业安全生产合规风险管理库（示例）　　**表13-2**

安全生产业务流程环节	引发合规风险的原因/行为	合规义务	合规要求（法律依据）	涉及部门	合规风险严重程度	合规风险发生概率	合规风险等级

2. 工程主体共建安全生产合规承诺制度

上文已述，工程安全生产合规管理需要建设单位、施工单位、监理单位、设计单位、勘察单位等工程项目中的多方主体共同履行各自安全生产合规管理职责，因此，建筑企业有必要设立安全生产合规承诺制度，与上游工程主体、下游工程主体、利益相关主体等各方签订关于安全生产合规的合规承诺或合规协议（尤其在分包工程施工、业主指定分包工程施工、撤场等施工管理衔接部分），实行风险共管、责任共担，全面防控工程安全生产

合规风险。

3. 强化安全生产合规培训制度

在安全生产风险领域，合规培训是保障安全生产和防控安全生产合规风险的必要措施。建筑企业应当点对点地根据工程项目拟定合规培训计划，合规培训理当贯穿工程项目建设施工全过程。

在工程项目启动或进场之前，一方面，建筑企业应当明确该工程项目安全生产的合规管理主体，可以通过设置合规小组或合规专员的方式明确相关主体在该工程项目过程中的安全生产合规管理职责，并由该合规小组或合规专员全过程落实与监督该工程项目的安全生产合规管理。另一方面，建筑企业应当就该工程项目组织开展安全生产合规培训，要求参与该工程项目的员工及其他相关员工认真学习合规培训内容，将安全生产风险防控的关口移到事前。

在工程项目实施或施工过程中，建筑企业应当通过专题安全教育会议、重点安全防范问题研讨会、安全生产合规培训会等形式，持续进行安全生产合规培训。同时，工程项目的合规小组或合规专员应当定期汇报安全生产情况，全过程监控、排查和防范安全生产隐患，并作好相应的安全生产合规记录。

在工程项目竣工并交付后，建筑企业应当对该工程项目施工过程中的安全生产合规情况进行讲解和复盘，优化建筑企业安全生产合规管理制度，巩固全体员工的合规管理意识。

4. 完善安全生产合规保障机制

建筑企业应当建立健全安全生产合规巡视制度、安全危险隐患报告制度、应急管理制度、安全事故应对机制、安全生产合规奖惩制度、安全生产合规报告制度等安全生产合规制度体系，并为安全生产管理体系的有效运行提供人力支持、资金支持、技术支持等资源保障。

（三）劳动用工合规管理[1]

建筑企业应当根据《劳动法》《劳动合同法》《保障农民工工资支付条例》等法律法规及相关规定的合规义务，从以下三方面作好劳动用工合规管理。

1. 建立规范农民工劳动合同制度

建筑企业应在工程项目进场施工前，与农民工签订书面劳动合同或用工书面协议，并要求和指导农民工签署进场承诺书。在内容上，书面劳动合同或用工书面协议中用工期限、工程项目、工作地点、工作时间、工作内容、工资计算标准、支付时间、支付方式等内容均应明确具体，且符合我国劳动用工法律法规及相关规定。在形式上，要求所签订的书面劳动合同或用工书面协议的签字、印章、日期均应齐全，且用工单位、农民工、项目部应当各留存一份用工档案资料。

2. 建立规范农民工工资支付制度

建筑企业应当规范建立农民工工资专用账户制度、农民工工资保证金存储制度、拨付工程款和人工费用制度、按时足额支付工资制度、工资支付信息公示制度、农民工工资领取登记制度等农民工工资支付管理制度。

---

[1] 建筑企业的劳动用工合规问题突出表现在农民工用工管理问题，因此，本书仅针对性讨论农民工劳动用工的合规管理问题。

3. 建立规范农民工管理保障制度

一方面，建筑企业应当就工程项目设置用工合规专员，负责从工程项目进场施工前到完工退场后的全过程农民工用工管理，包括在工程项目进场施工前，监督并指导农民工签订书面劳动合同或用工书面协议；在施工过程中，利用信息化技术，按照规定对农民工进行实名制考勤管理；在完工退场后，在清偿拖欠的农民工工资后或无欠薪的情况下，指导农民工签订退场确认书，依法解除或终止劳动合同或用工书面协议，并规范保存工程项目劳动用工档案。

另一方面，建筑企业应当维护农民工工资权益，通过设立维权信息告示牌、发放工程项目维权信息告知函等方式，将工程建设项目、建设单位、总承包单位、分包单位、项目合规专员、当地最低工资标准、工资支付日期、当地建筑行业主管部门、当地劳动监察保障部门或劳动仲裁申请渠道、公共法律服务热线等信息告知农民工，充分保障农民工的合法权益。

（四）合同管理合规

如上文所述，建筑企业向来有"重业务、轻合规"的问题，建筑企业合规管理的重大法律风险敞口之一就在于合同管理。基于建筑行业相较于其他经济行业的特殊性，建筑企业在进行合同管理时，应当考虑建立以下合规制度。

1. 合同评审合规制度

针对不同种类的建设工程合同，结合建筑企业实际情况，在建设工程合同示范文本的基础上，建立相对应的合同合规内部审查制度，重点覆盖合同相对方主体审查、工程范围、工程工期、合同价款或计价方式、工程款支付、施工进度、质量安全等核心内容。根据既往合同审查经验，建议建筑企业参考以下顺序开展合同评审合规工作。

第一，审查拟签订合同效力。合同有效性是保障后续正常履约的基础，建筑企业应当从相关主体是否已履行取得建设工程规划许可证等工程项目手续，工程是否属于必须招标的项目，是否存在中标无效情形，合同内容是否与招标投标文件及中标通知书等实质性内容一致，相关主体是否具备相应承包资质或者存在借用资质、挂靠等方面审查合同的效力问题。

第二，审查合同相对方的履约能力。建筑企业应当从工程建设资金是否属于自筹，合同相对方的经营状况、资信状况、主体资质、涉诉情况如何，合同相对方是否被列为失信被执行人等方面，综合评审合同相对方是否具有足够的履约能力。

第三，审查合同具体条款。包括对施工内容、合同工期、工程价款、付款方式、人材机价格调差、变更签证、竣工验收、工程结算、变更签证、印章管理、违约责任、质量安全、索赔条款、争议解决、送达条款等内容的全面审查，最大程度降低合同风险。

2. 合同签订合规制度

合同签订形式极易为建筑企业所忽略，在实践中不乏仅有签字但未盖章、签字人员没有授权权限、加盖非公司公章的其他印章等不规范情形，导致难以认定合同是否成立或者是否对合同相对方发生效力。

2023年12月5日施行的《民法典合同编通则司法解释》中第二十二条对人章关系作出明确规定："法定代表人、负责人或者工作人员以法人、非法人组织的名义订立合同且未超越权限，法人、非法人组织仅以合同加盖的印章不是备案印章或者系伪造的印章为由主张该合同对其不发生效力的，人民法院不予支持。合同系以法人、非法人组织的名义订立，但是仅有法定代表人、负责人或者工作人员签名或者按指印而未加盖法人、非法人组织的印章，相对人能够证明法定代表人、负责人或者工作人员在订立合同时未超越权限的，人民法院应当认定合同对法人、非法人组织发生效力。但是，当事人约定以加盖印章作为合同成立条件的除外。合同仅加盖法人、非法人组织的印章而无人员签名或者按指印，相对人能够证明合同系法定代表人、负责人或者工作人员在其权限范围内订立的，人民法院应当认定该合同对法人、非法人组织发生效力。在前三款规定的情形下，法定代表人、负责人或者工作人员在订立合同时虽然超越代表或者代理权限，但是依据民法典第五百零四条的规定构成表见代表，或者依据民法典第一百七十二条的规定构成表见代理的，人民法院应当认定合同对法人、非法人组织发生效力。”

以上规定着重解决“真人假章”“认人不认章”“假人真章”“有章无人”等裁判问题[1]，即明确无论是“有人无章”还是“有章无人”的情况下认定合同是否对法人、非法人组织发生效力，均要求相对人能够证明合同系法定代表人、负责人或者工作人员在其权限范围内订立，但实践中此举证标准较高，证明难度较大，如果为此增加争议解决成本，将不利于提高经济效率。因此，建筑企业应当高度重视合同签订的合规问题，在签订合同时不仅要做到“人章兼具”，而且要求交易对手在签订合同时也应“人章兼具”。此外，建筑企业应当通过公司章程、董事会会议规则、股东会会议规则等治理工具，在建筑企业内部明确或细化有可能对外签订合同的法定代表人、负责人或工作人员的职权范围，以及建立签订合同前内部备案审批的管理制度，对合同签订时的合规风险加强防控。

3. 合同全过程管理制度

建筑工程项目周期冗长，合同履行过程中容易出现不可控的合规风险，建筑企业在建立上述合同管理制度的基础上，应当建立合同全过程管理的合规制度。建筑企业应当根据不同的履约阶段，以清单方式列明和监督合同全过程的合规风险。合同全过程管理合规检查清单示例见表 13-3。

建设工程合同全过程管理合规检查清单（示例）　　表 13-3

合同管理阶段	合规风险事项	合规检查情况
合同订立阶段	相对方履约能力是否审查	
	合同效力问题是否审查	
	合同具体条款是否审查	
	合同签订是否“人章兼具”	
	其他合规风险	
合同履行阶段	是否设立合规专员跟进本合同履行	
	合同条款是否出现或存在潜在的争议	
	是否出现或存在潜在的履行不能的合规风险	
	是否可能存在拒绝履行的合规风险	

[1] 最高人民法院民事审判第二庭、研究室．最高人民法院民法典合同编通则司法解释理解与适用［M］．北京：人民法院出版社，2023：265-266.

续表

合同管理阶段	合规风险事项	合规检查情况
合同履行阶段	是否出现或存在潜在的合同不适当履行的合规风险	
	是否出现或存在潜在的相对方(债务人)责任财产减少的风险	
	是否存在相关资料、证据等保存不当的合规风险	
	合同印章管理是否规范	
合同履行变更	是否以实际履行行为变更约定	
	合同变更形式是否规范	
	变更事项约定是否明确	
	签证变更是否规范	
合同终止阶段	农民工工资是否已经结清	
	与建设单位、分包单位等主体的债权债务是否已经结清	
	行使解除权时是否符合解除条件	
	是否按行权方式解除或终止合同	
	是否符合解除权期限要求	
	合同档案是否规范保存管理	

（五）财税合规管理

建筑企业财税合规管理应当从财务和税务两方面入手。财务合规制度应当包括工程款支付制度、保证金支付制度、垫资管理制度、停工项目资金应对制度、保函开具管理制度、非现金支付管理制度等合规制度。在税务合规制度方面，应当重点建立款项支付与发票开具相统一的管理制度，严格管控虚假增值税发票的合规风险问题。由于资金财税制度涉及细则众多，笔者在此仅作以上简要提示，不再详述。

（六）第三方合规管理

第三方业务合作伙伴的合规风险具有隐蔽性和传递性，极易为建筑企业所忽略。建筑企业第三方合规管理建设应强调全流程和全面性，根据第三方业务合作伙伴的不同类别和特性（建设单位、分包单位、供应商等）进行分类合规管理，具体建议如下。

1. 建立第三方全过程合规管理制度

对于第三方合规风险的全过程管理，可以按照与第三方合作开始前、与第三方合作过程中、与第三方合作结束后等三个阶段进行合规管理。在与第三方合作开始前，应当注重收集第三方合规风险信息，比如对意向联合体成员的经营状况、业务规模、涉诉情况、资信情况等合规风险信息进行评估，比如对分包单位的经营许可和资质证明、专业能力、机具装备、资金能力、纳税情况、技术、质量安全、施工管理能力等合规信息进行评估，以此作为是否开展业务合作以及如何进行后续合规风险管控的依据。在与第三方合作过程中，要重点管控履约过程中可能出现或潜在发生的合规风险，必要时可以要求第三方签署合规承诺书或在合作协议里设置第三方合规承诺条款。在与第三方合作结束后，要对第三方的合规风险进行分析与分级，优化和完善第三方合规风险库，以便提高后续应对第三方合规风险的效率。

2. 完善第三方合规管理的资源配置

除第三方合规风险诱发合规问题之外，第三方合规管理风险还有可能来自于建筑企业内部，比如建筑企业内部员工受利益驱动与第三方联合产生不合规行为。因此，建筑企业还应考虑配置完善的资源保障机制，比如对在第三方合规管理过程中表现突出的内部员工给予正向激励、赋予涉及第三方业务合作的组织部门合规监管权限、重点管控与第三方之间在业务流程交点上的合规风险、考虑建立独立进行业绩考核的管理部门等措施，以保证第三方合规管理工作有效开展。

3. 形成第三方合规管理的合规文化

建筑企业应在合规文化上体现对第三方合规管理的重视，比如通过适当调整企业文化的宣传表述、在员工合规培训时侧重强调第三方合规管理、向第三方业务合作伙伴发送企业合规文化宣传资料等措施，营造良好的第三方合规管理文化氛围。

五、余论

ESG（Environment Social Governance，即环境、社会和治理）背景下，建筑行业通过合规体系管理转向企业治理体系现代化。合规意味着比法律法规更严格的标准和要求，但建设更高要求的合规管理体系，可以为建筑企业带来可持续、高质量的发展驱动力，为建筑企业提供具有核心优势的合规竞争力，合规的价值正在于此。尽管当前我国企业合规建设实践尚待进一步形成成熟机制与经验沉淀，但建筑企业不妨尽快开展企业自主合规建设，实施合规发展战略，研究制定合规目标，建立健全合规体系，培育形成合规文化。